AF672369

MITTEILUNGEN

der

Geographischen Gesellschaft in Hamburg

Band 56

Im Auftrage des Vorstandes herausgegeben

von

Professor Dr. Albert Kolb

Mitglied des Vorstandes

Schriftleitung Dr. Ilse Möller

1965

IM SELBSTVERLAG DER

GEOGRAPHISCHEN GESELLSCHAFT

IN HAMBURG

Alle Rechte vorbehalten
Im Selbstverlag der Geographischen Gesellschaft in Hamburg
Gesamtherstellung: Ludwig Appel, Hamburg 22
Printed in Germany

HEINRICH BARTH
ZUM GEDENKEN

INHALTSVERZEICHNIS

VORWORT

Der vorliegende Band der Mitteilungen der Geographischen Gesellschaft in Hamburg ist dem Gedenken an Heinrich Barth gewidmet, dessen Todestag sich am 25. November 1965 zum hundertsten Male jährt.

Hamburg ist die Vaterstadt dieses großen Gelehrten und Afrikaforschers. Heinrich Barth wurde am 16. Februar 1821 in der Hansestadt geboren und besuchte hier die bekannte „Gelehrtenschule des Johanneums". Nach der Schulzeit studierte er in Berlin Altertumswissenschaften und Geographie. Von seinen Universitätslehrern haben ihn August Böckh, Carl Ritter und Alexander von Humboldt am stärksten beeinflußt.

Schon als Zwanzigjähriger unternahm Heinrich Barth eine zehnmonatige Reise durch Italien. Nach seiner Promotion galt eine fast dreijährige Reise der Erforschung der Küstenländer des Mittelmeerraums, den er als kulturgeographische Einheit erkannte. Diese Unternehmung, mit Zielstrebigkeit und außerordentlicher Tatkraft geplant und durchgeführt, wirkt wie ein Auftakt zu der ausgedehnten fünfjährigen Forschungsreise durch Nord- und Zentralafrika, die Barth 1850 mit dem Hamburger Geologen Overweg unter der Führung des Engländers Richardson antrat und von der er 1855, nach großen Strapazen und Entbehrungen, als einziger Überlebender zurückkehrte.

Den Beobachtungen und Aufzeichnungen der Afrika-Expedition — schon 1857/58 erschien Barths fünfbändiges tagebuchähnliches Reisewerk — verdanken wir die erste Beschreibung der Mittleren Sahara zwischen dem Dschebel von Nordwesttripolis und dem Hochland von Aïr und die erste Darstellung des zentralen Sudans vom Mittleren Niger bis zum Land Baguirmi und vom Hochland von Aïr bis zum Bergland von Adamaua. Außerdem hat Heinrich Barth als erster den Tschadsee als ein flaches Süßwasserbecken erkannt und sowohl dessen größere Zuflüsse wie auch den Benue entdeckt. Seine Gedanken und Beobachtungen weisen ihn nicht nur als Geographen, sondern auch als Völkerkundler, Sprachforscher und Historiker aus. Für alle diese Wissenschaften bis hin zur Medizin hat er grundlegende Forscherarbeit geleistet.

Heinrich Barth hat durch sein Lebenswerk die Afrikaforschung in Hamburg eingeleitet und durch sein Vorbild bis in die Gegenwart befruchtet.

Im Gedenken an diesen großen Afrikaforscher hat eine Reihe berufener Persönlichkeiten im vorliegenden Band die seit Heinrich Barth von Hamburg aus betriebene Afrikaforschung in den verschiedensten Fachdisziplinen gewürdigt — der Handels-, Hafen-, Industrie- und Universitätsstadt am Tor zur Welt als stete Erinnerung an ihre Verpflichtung zur Forschung in Übersee zum Wohle aller Völker dieser Erde.

Der Vorstand der Geographischen Gesellschaft dankt allen Mitarbeitern und der Hochschulabteilung für ihre Hilfe.

Hamburg, den 25. November 1965

Albert Kolb

Beiträge von Hamburger Geographen zur Afrika-Forschung

Von Günter Borchert

Vor etwas mehr als 100 Jahren begann die systematische Erforschung des Innern Afrikas. Zwar war der Küstenverlauf nach der Umsegelung des Kap Agulhas durch Vasco da Gama im Jahre 1488 hinlänglich bekannt, und man kannte auch über weite Strecken die Natur der Küstenstriche, aber von Gegenden abseits der Faktoreienplätze und Küstenforts waren nur vage Berichte von gelegentlichen Handels- und Abenteuerreisen nach Europa gedrungen. Das wandelt sich in entscheidendem Maße innerhalb weniger Jahrzehnte um die Mitte und in der zweiten Hälfte des vorigen Jahrhunderts. Unter Anteilnahme weiter Bevölkerungskreise in Europa und Amerika gingen Forscher mit konkreten Fragestellungen zur Entschleierung des Innern Afrikas hinaus: Quelle, Verlauf und Mündung der vier großen Ströme galt es festzustellen; die Schneeberge unter dem Äquator oder die Stadt Timbuktu waren ebenso das Ziel wie die Durchquerung des Kontinents.

Dieser Phase der routenhaften Entdeckungsreisen mit Beschreibung und Ortsbestimmung im Innern des Kontinents folgt die Zeit der intensiven länderkundlichen Erforschung der weiten Räume. Die dabei erkannten Probleme regten zu vergleichenden Untersuchungen, die Ergebnisse zur Publikation verallgemeinernder Schlüsse und Vorstellungen über größere Regionen und Zonen an. So notwendig diese Überschau in den ersten Jahrzehnten unseres Jahrhunderts auch war, so zeigte sich doch, daß in der Vereinfachung der Fragestellungen ohne exakte, eindeutige Untersuchungen die Gefahr von Fehlschlüssen und einer falschen Beurteilung gegeben war; derartige übertriebene Einschätzungen der Möglichkeiten wie auch die Unkenntnis vieler Landschaften und ihrer Probleme sind heute mit ein Grund für die zahlreichen Rückschläge in der Entwicklung des Kontinents. Es ist daher und aus dem Gang der Wissenschaftsentwicklung verständlich, daß sich heute die geographische Forschung in Afrika dem Detail in der Fragestellung, in Zusammenarbeit mit anderen Fachdisziplinen vor allem aber auch der engbegrenzten Landschaftseinheit mit einer bis ins Einzelne gehenden Untersuchung zuwendet.

Was Hamburger Forscher in den einzelnen Epochen zur Afrikaforschung im Bereich südlich der Sahara beisteuerten, soll anläßlich des 100. Todestages von Heinrich Barth im folgenden kurz zusammengefaßt werden.

I. Entdeckungsreisen Hamburger Forscher

Den Beginn Hamburger Afrikaforschung können wir mit den Reisen HEINRICH BARTHS ansetzen. Zwar waren wenige Jahre vorher schon Handelsniederlassungen der Firmen D. Eppenhausen, A. J. Hertz, C. Woermann und O'Swald & Co. in West- und Ostafrika gegründet worden, und Berichte gelangten nach Hamburg, aber erst Barth betrieb auf seinen Reisen eine systematische länderkundliche Forschungsarbeit. Sein Vaterhaus stand am Hopfenmarkt im Schatten des Turmes von St. Nicolai. Die Kirchenbücher weisen aus, daß dem Knochenhauermeister Johann Christoph Heinrich Barth am 16. Februar 1821 ein Sohn Johann Hinrich geboren wurde. Aus seiner Schulzeit am Johanneum wird berichtet, daß er verschlossen war und sich absonderte, dabei aber — seinen Altersgenossen weit voraus — seine Ausbildung mit Fleiß, Wißbegier, Folgerichtigkeit und Zielstrebigkeit verfolgte. Die gleichen Wesenszüge kennzeichnen auch seine Berliner Studienjahre von 1839 bis 1844, in denen er Philologie, Archäologie, Geschichte und Geographie studierte. Vor allem waren es August Böckh, Carl Ritter und auch Alexander von Humboldt, die ihn beeinflußten und förderten. Schon während seines Studiums unternahm er eine zehnmonatige Reise nach Italien, und bereits damals faßte er den Vorsatz, das Mittelmeer als Kulturraum zum zentralen Problem seiner Studien zu machen. Am 31. Juli 1844 beendete er sein Studium und promovierte mit einer Dissertation „Corinthiorum commercii et mercaturae historiae particula". Als Berufsziel erstrebte er die Universitätslaufbahn.

Um diese Pläne einer Verwirklichung näher zu bringen, unternahm Barth von 1845—1847 eine fast dreijährige Reise, die ihn über London, Paris, Südfrankreich und Spanien die gesamte Küste Nordafrikas kennenlernen ließ; bis Wadi Halfa zog er den Nil aufwärts, bereiste die Halbinsel Sinai, Palästina, Syrien, Cypern und Kleinasien und kehrte über Konstantinopel und Griechenland nach Hamburg zurück. Finanziert hatte sein Vater diese Reise, obgleich bei dem Hamburger Brand 1842 auch sein Geburtshaus ein Opfer der Flammen geworden war, wobei auch Barths Bibliothek aus der Schul- und Studienzeit mit verbrannt war.

Am 20. Oktober 1848 habilitierte er sich dann in Berlin als Privatdozent und hielt seine erste Vorlesung über die Geographie Nordafrikas. Aus jener Zeit stammt auch der erste Band seines Reisewerkes „Wanderungen durch die Küstenländer des Mittelmeeres, ausgeführt in den Jahren 1845, 1846 und 1847". Erster Band: „Wanderungen durch das Punische und Kyrenäische Küstenland oder Mâg'reb, Afrikîa und Barka".

Zu dieser Zeit wurde von der britischen Regierung eine Expedition unter Leitung von James Richardson in den mittleren Sudan vorbereitet. Durch Intervention A. Petermanns und des preußischen Gesandten von Bunsen wurde die Teilnahme eines Deutschen erwirkt. Professor Carl Ritter machte Barth am 5. 10. 1849 auf diese Möglichkeit aufmerksam. 200 £ der Reisekosten mußten vom Teilnehmer selbst getragen werden. Das Zögern seines Vaters, ihm die gefahrenvolle Expedition zu finanzieren, führte dazu, daß die Wahl auf den Hamburger Geologen Overweg fiel.

Als der Vater dann doch noch einwilligte, waren es zwei Hamburger, die zusammen mit Richardson die Reise antraten.

Am 24. März 1850 brach man von Tripolis auf, und nur Barth kehrte nach fast $5^1/_2$ Jahren am 28. August 1855 nach dort zurück. Dazwischen lagen über 20 000 km Wegstrecke, Entbehrungen, Strapazen, Gefahren, Krankheit und harte Arbeit. Nachdem am 3. März 1851 Richardson und am 27. September 1852 Overweg verstorben waren, stand Barth den weiteren Aufgaben allein gegenüber. Aber wie er schon in früheren Jahren jede Sache mit Gründlichkeit, kalter Sachlichkeit und Zielstrebigkeit in Angriff genommen hatte, so können wir seinem Buch „Reisen und Entdeckungen in Nord- und Central-Afrika in den Jahren 1849—1855" [5 Bände, Gotha 1857/58] entnehmen, daß er planmäßig Schritt für Schritt seine Forschungen ins unbekannte Gebiet vortrug, sich stets vergewissernd, daß er Freunde zurückließ. Dabei half ihm ungemein, daß er nicht nur Arabisch in Wort und Schrift völlig beherrschte, sondern auch Vokabularien von mehreren Sudansprachen zusammenstellte. Vor allem hat er die erfolgreiche Durchführung seiner Forschungsreisen dem Sheihu Omar von Bornu (Regierungszeit 1835—1881) zu verdanken, von dessen Residenzstadt Kúkaua (heute Kukawa) aus er jeweils seine Einzelreisen vorbereiten konnte. Fünf Expeditionen unternahm Barth von hier aus. 1851 zog er nach Süden und erreichte bei Yola den Benue. Im gleichen Jahre hielt er sich noch im Reiche Kanem, nordöstlich des Tschadsees, auf. An der Jahreswende 1851/52 waren sein Ziel das Mandara-Bergland und das Reich Musgu, und danach führte ihn der Weg auf einer vierten Reise an die Flüsse Logone und Chari, als deren Ergebnis er einen detaillierten Bericht der Reiche Baguirmi und Oudai gibt.

Von 1852 bis Ende 1854 unternimmt Barth die längste Reise. Über Kano, Sokoto und die Reiche Gando und Hamd-Allahi erreichte er am 20. 6. 1853 bei Say den Niger und gelangte nach Überschreitung dieses Stromes in die Landschaft Gourma; von der grandiosen Inselberglandschaft, die bis zu den Hombori-Bergen reicht, gibt er uns ebenso treffliche Schilderungen wie von den Dörfern und Brunnen, den Tieren und den Menschen. Am 7. September 1853 zieht er als zweiter Europäer in Timbuktu ein, wo er dann 7 Monate lebt. Hier findet er bestätigt, was Caillié 25 Jahre vorher von dieser Stadt zu berichten gewußt hatte. Da dessen Glaubwürdigkeit später in Frage gestellt worden war, ist Barth in seinem Leben immer wieder für die Rehabilitierung von Caillié eingetreten. Die Lage der Stadt konnte von Barth nicht durch eine astronomische Ortsbestimmung festgelegt werden, und es ist ihm später immer wieder zum Vorwurf gemacht worden, daß er keine Längen- und Breitenbestimmungen durchgeführt habe. Er bediente sich der Routenaufnahme, wobei es Petermann auf Grund der Aufzeichnungen Barths gelang, die Lage Timbuktus nach der geographischen Breite auf 48' genau und in der geographischen Länge auf 6' genau festzulegen. Ortsbestimmungen waren aber nicht das Forschungsziel Barths; ihm kam es auf eine Erfüllung des Raumes mit lebendigen Beschreibungen an. Sein tagebuchartig abgefaßtes fünfbändiges Werk, das er bereits drei Jahre nach seiner Rückkehr aus Afrika fertiggestellt hatte, bietet dabei auch heute noch für vergleichende

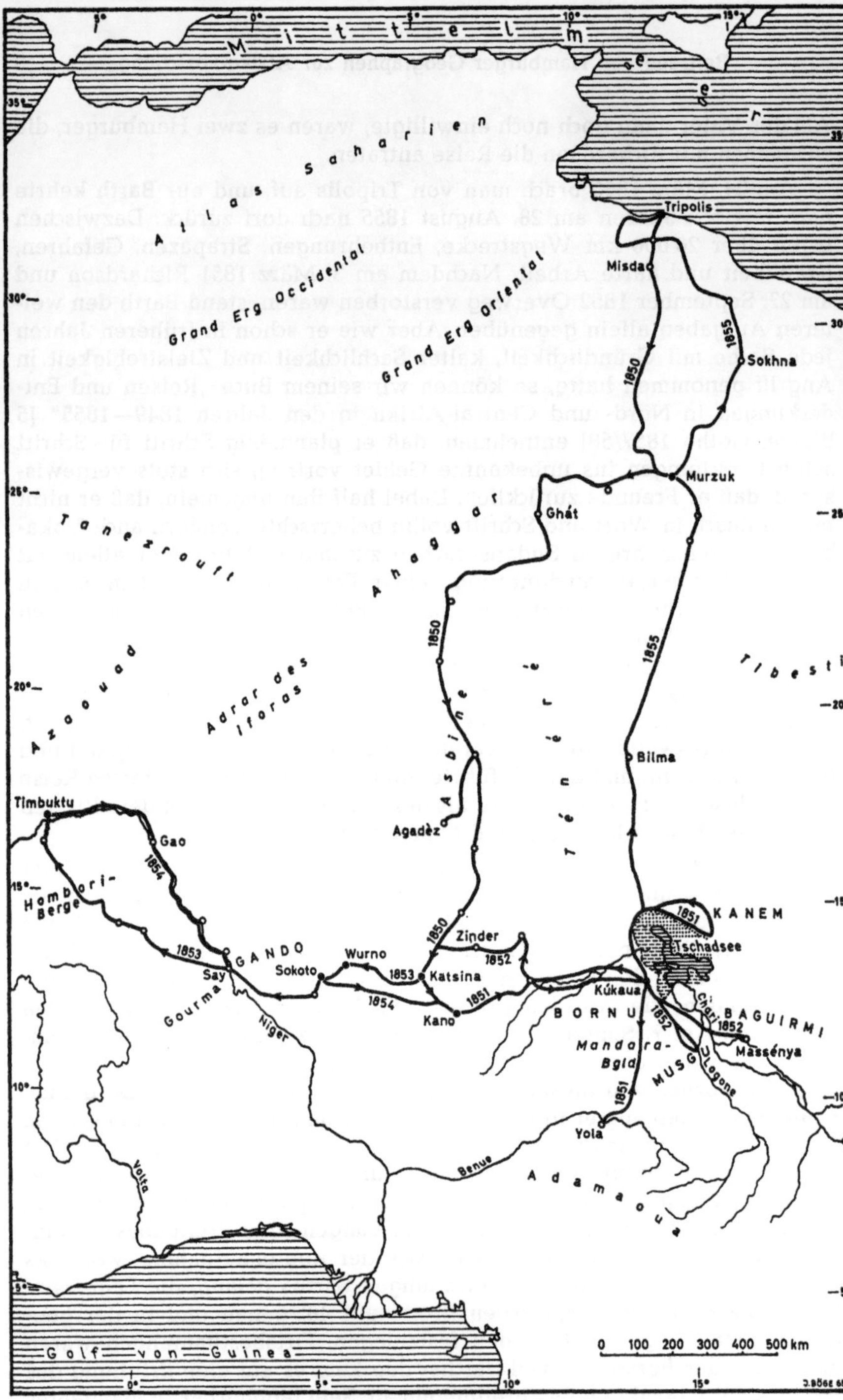

HEINRICH BARTHS Reiseroute 1850—1855

(Die punktierte Fläche im Tschad-Gebiet bezeichnet die Ausdehnung des Sees um 1850.)

systematische Bearbeitungen eine Fülle von Material; und in der damaligen Zeit brachte es Kunde von den kaum bekannten Landschaften des Sudans. Die wissenschaftlichen Ergebnisse der Reise würdigt E. Banse wie folgt in aller Kürze*):

> „Innerhalb der Sahara hat er die erste Karte des Dschebel von Nordwesttripolitanien und der gesamten Karawanenstrecke von Tripolis bis zum Sudan geschaffen. Innerhalb dieser Strecke hat er als erster betreten und beschrieben die wasserlose Hochfläche der Hammada el homra und das Hochland von Aïr. Seine Schilderungen gaben zum erstenmal Aufklärung über die wahre Oberflächengestalt und Natur der Sahara.
>
> Innerhalb des Sudans hat Barth als erster Europäer die Länder Kanem, Barhirmi, Musgu und Adamaua betreten und beschrieben, das Land Bornu, das Gebiet zwischen Tschad und Niger, also das Reich Sokoto, als erster eingehend geschildert und die Geschichte jener innerafrikanischen Reiche aufgezeichnet. Außerdem hat er die Flüsse Benue, Logone und Schari entdeckt und dazu nachgewiesen, daß der Benue vom Tschad unabhängig, sowie daß er die gegebene Wasserstraße zur Aufschließung dieses zentralafrikanischen Raumes sei. Sodann hat er die zwischen Timbuktu und Sai gelagerte Laufstrecke des Nigers als erster gut kartiert und festgelegt. Ferner hat er die Natur des Tschad als seichtes Süßwasserbecken nachgewiesen, das mit dem Meere in keiner Verbindung steht. Und schließlich hat er die ersten guten und ausführlichen Beschreibungen über die Völker der Tuareg und Fulbe, der Haussa und Kanuri, der Sonrhai und Musgu sowie anderer Neger gegeben."

Konnte Barth somit erfolgreich seine Reise — wenn auch nicht die vollständige Aufarbeitung des Materials — abschließen (von der Bearbeitung der Vokabularien liegen erst die beiden ersten Bände vor), so war Dr. ALBRECHT ROSCHER aus Altona (geboren am 27. 8. 1836) in den darauffolgenden Jahren nicht der gleiche Erfolg beschieden. Auch bei ihm finden wir schon in der Jugend die Entschiedenheit in der Vorbereitung auf seine angestrebte Forschungstätigkeit in Afrika; auch er umgrenzte mit seiner Veröffentlichung über „Claudius Ptolemäus und die Handelsstraßen in Afrika" im Jahre 1857 bereits während seines Medizinstudiums sein Interessengebiet. 1858 geht er nach Sansibar und bereist im folgenden Jahr die Küsten Ostafrikas. Trotz Krankheit macht er sich dann 1859 auf zum Nyassa-See, den er als erster Europäer erreicht. Unter vielen Widrigkeiten und Mühen hat er die Umgebung des Sees erforscht. Bei seiner Rückkehr zum Rovuma wurde er am 19. März 1860 im Dorf Hisonguni ermordet. Die Tagebücher wurden nicht wieder aufgefunden.

Forscherschicksale in jener Zeit, die Arbeit des einen verloren, vergessen, die des anderen bewundert und verehrt. Zwar hat Barth in seiner verschlossenen Art nicht die Publizität gesucht, aber die Anerkennung seiner Leistung blieb ihm nicht versagt. Zahlreiche Orden und Ehrungen wurden ihm zuteil. So verlieh ihm seine Vaterstadt Hamburg die Ehrenbürgerschaft; die Royal Geographical Society in London und die Société Géographie in Paris würdigten u. a. seine Verdienste; die Regierung Groß-

*) BANSE, E.: Unsere großen Afrikaner; Berlin 1940, S. 57.

britanniens setzte ihm eine Summe von 105 000 Mark aus; 1863 wurde er zum Präsidenten der Gesellschaft für Erdkunde in Berlin ernannt, und im gleichen Jahr erhielt er dann auch den erstrebten Lehrstuhl für Geographie als a. o. Professor. Während seiner Berliner Jahre unternahm er noch mehrere Reisen ins Mittelmeergebiet; vor allem muß man aber wissen, daß er sich in dieser Zeit stark für die Afrikaforschung einsetzte und sie dazu noch mit eigenen Mitteln unterstützte. Auch die Gründung der Karl-Ritter-Stiftung, deren Ziel die Finanzierung von Forschungsvorhaben war, geht hauptsächlich auf seine Initiative zurück. Die Erdkunde war für ihn eine weitumfassende Wissenschaft, in der er kulturhistorische und naturgebundene Beziehungen in einer synthetischen Schau vereinigte. Als Geograph war er ein unbeirrbarer, selbstloser Forscher, als Mensch ein in sich gekehrter Individualist und dabei gleichzeitig ein steter Förderer der von ihm vertretenen Wissenschaft.

In jenen Jahren war jede erfolgreich durchgeführte Expedition eine wissenschaftliche Großtat. Alles war Neuland, es galt nur zu sammeln, zu inventarisieren, zu beschreiben und eine möglichst genaue Routenaufnahme durchzuführen. Von Gesteinen, Pflanzen und Tieren mußten Sammlungen angefertigt werden; Oberflächenformen, Gewässer und Wetterablauf galt es zu verfolgen; daneben hatte man seine Aufmerksamkeit noch der Bevölkerung und ihren Siedlungen, der Verbreitung der Rassen und Sprachen sowie der Lebens- und Wirtschaftsformen zu widmen. Neben den Mühen und Gefahren eine fast übermenschliche Leistung!

In Hamburg mit seiner Weltoffenheit hat man damals den Entdeckungsreisen in Übersee stets Anteilnahme und großes Interesse entgegengebracht. Als Nachtigal auf seiner sechsjährigen Expedition in den Sudan (1868—1874), wobei er wie Barth Kúkaua als Stützpunkt wählte, auf der Rückreise in Geldschwierigkeiten geriet, konnte L. Friederichsen durch eine Sammlung an der Hamburger Börse in kurzer Zeit 2 600 Mark zusammenbringen und Nachtigal diese Spende zukommen lassen. Überhaupt hat sich der Verleger Friederichsen um die Geographie in Hamburg und dabei ebenfalls um die Afrika-Forschung in hervorragendem Maße verdient gemacht. 1873 wird auf Grund seiner Initiative die Geographische Gesellschaft in Hamburg gegründet. Tatkräftig hat er 1882 in Hamburg 15 200 Mark gesammelt und im Auftrage der Spender der Hamburger Geographischen Gesellschaft zum Geschenk angeboten, woran die Bedingung geknüpft war: „die Geographische Gesellschaft in Hamburg wolle die geplante Fischer'sche Expedition in das Massai-Land zu der ihrigen machen". Dr. Fischer hatte sich als Arzt auf Sansibar niedergelassen, nachdem er mit Dehnhardt 1878 eine Expedition in die südlichen Galla-Länder durchgeführt hatte; auch diese Expedition erhielt Unterstützung aus Hamburg. In einem Schreiben vom 4. Mai 1882 hatte Dr. Fischer dann angeboten, „seine Expedition zu einer speciell hamburgischen zu machen, wenn ihm ein Zuschuß von 15 000 Mark zur Verfügung gestellt würde". Die achtmonatige Expedition führte entlang des Pangani-Flusses, durch das Hochland zwischen Meru und Kilimanjaro bis an das Nordufer vom Naivasha-See und erbrachte 19 Kisten an Sammlungsmaterial, in welchen Gesteine, Herbarien, präparierte Tiere sowie ethnographische Belege enthalten waren. Vor allem aber brachte Dr. Fischer Kunde von den Massai und ihren Lebensgewohnheiten.

Auch die Forschungen FLEGELS im Benue- und Adamaua-Gebiet hat Friederichsen unterstützt, obgleich man hier nicht von einer unmittelbaren Hamburger Afrika-Forschung sprechen kann*). Es ist aber besonders ein Verdienst von L. Friederichsen, daß die Reisebriefe von Dr. J. Pfund von der Geographischen Gesellschaft angekauft und die Briefe als Dokument der Reise nach Kordofan und Dör-Für in Band 2 der Mitteilungen abgedruckt wurden. PFUND wurde am 8. November 1813 in Hamburg geboren; er war Mediziner, widmete sich aber in seinem Leben vor allem botanischen Studien. Er lebte in Prag und Alexandrien, und von hier aus nahm er dann an der vom ägyptischen Generalstab organisierten Expedition von 1874—1876 teil, auf der er am 21. 8. 1876 verstarb. Tagebuch, wissenschaftliche Aufzeichnungen und das mit viel Mühe angelegte Herbarium verfielen an den ägyptischen Generalstab, so daß nur die Briefe an seine Frau erhalten sind, die aber ebenfalls eine Fülle von wissenschaftlichen Beobachtungen und geographischen Fakten enthalten.

Ostafrika war also zunächst das Ziel Hamburger Forscher, wenn man von der Reise Heinrich Barths absieht. Auch in den folgenden Jahrzehnten lag hier weiterhin das Schwergewicht. Dabei sind zunächst die bedeutenden Arbeiten von Prof. Dr. FRANZ STUHLMANN zu erwähnen**. 1888 führte er selbst eine dreimonatige Forschungsreise im Küstenhinterland von Ostafrika durch und wurde dann 1890 ausersehen, Dr. EMIN PASCHA*** auf seiner Expedition zum Victoria-See, zum Edward-See und durch das Ruwenzori-Bergland zum Albert-See sowie bis an den Rand des Urwaldes im nordöstlichen Kongo-Becken zu begleiten. Die Expedition brach am 26. 4. 1890 von Bagamoyo auf, das an der Küste gegenüber von Sansibar liegt. Westlich des zentralafrikanischen Grabens im Kongo-Becken wurde sie von einer Pockenepedemie heimgesucht. Auf Weisung Dr. Emin Paschas zog Dr. Stuhlmann am 10. Dezember 1891 zum Victoria-See zurück und erreichte schließlich am 12. 7. 1892 wieder Bagamoyo. Dr. Emin Pascha, der krank zurückgeblieben war, hatte noch versucht, mit Hilfe der Manyéma den Kongo zu erreichen, ist dann aber von ihnen am 23. 10. 1892 ermordet worden. Es gelang, seine Tagebücher sicherzustellen, und die 16 Bücher mit Aufzeichnungen über Forschungen in Afrika seit 1874 konnten 1912 vom Kolonialinstitut in Hamburg aufgekauft werden. Die Herausgabe dieser Tagebücher und ihre wissenschaftliche Auswertung hat Stuhlmann in den Jahren 1916 bis 1921 übernommen. Vor allem aber hat Stuhlmann selbst über die Expedition in einem zweibändigen Werk Rechenschaft abgelegt. In chronologischer Abfolge ist seinen Berichten eine ungeheure Fülle an linguistischem, ethnologischem, geologischem

*) ROBERT FLEGEL, geboren am 13. 10. 1852 in Wilna, kam 1871 nach Deutschland. 1875 ging er für das Hamburger Kaufhaus Gaiser & Witt nach Lagos. 1879 nahm er an der Benue-Expedition unter J. A. Ashcroft teil. 1882—1884 unternahm er selbst eine Benue-Adamaua-Expedition und entdeckte die Quellen des Benue. Nach einem Deutschlandaufenthalt kehrte er zu einer großen Niger-Benue-Expedition 1885 nach Afrika zurück, wo er am 11. 9. 1886 in Brass verstarb.

**) STUHLMANN wurde am 29. 10. 1863 in Hamburg geboren, studierte in Freiburg Zoologie und war kurze Zeit Assistent in Würzburg. 1888 ging er nach Sansibar.

***) Gebürtiger Deutscher (eigentlich Ed. SCHNITZER), geb. 28. 3. 1840 in Oppeln. Mediziner. Trat 1876 in ägyptische Dienste, 1890 wechselte er in Ostafrika in deutsche Dienste über.

und ökologischem Beobachtungsmaterial zu entnehmen, und selbstverständlich hat er als Zoologe auch der Tier- und Pflanzenwelt sein Augenmerk gewidmet. Packend weiß er die Schwierigkeiten zu schildern, die sich bei dem Versuch, die Gletscher des Ruwenzori zu erreichen, ergaben. Zwar drang er bis zu einer Höhe von 4037 m vor, aber das Eis, zum Greifen nahe, erreichte er bei den Schwierigkeiten des Geländes und der unzureichenden Ausrüstung nicht. Immerhin erkannte er damals schon das Ruwenzori-Massiv als Kippscholle und beschrieb die Sedimentabfolgen und ihre Lagerungsverhältnisse.

Diese Expedition und vor allem die dabei unumgänglichen kartographischen Arbeiten haben Stuhlmann stärker mit der geographischen Forschung verbunden, ohne daß davon die Vielseitigkeit seiner Interessen und seines Wissens beeinflußt wurde. In den folgenden Jahren verfaßte er noch mehrere Monographien über die Wirtschaft und die Kulturgeschichte Ostafrikas. Als höchster Verwaltungsbeamter im ehemaligen Deutsch-Ostafrika hat er in den Jahren bis 1903 die Grundlagen gelegt für die hervorragenden Arbeiten der Landesaufnahme, des meteorologischen Dienstes und der Landnutzung in diesem Gebiet. Auf sein Betreiben geht die Gründung des weltbekannten Institutes in Amani zurück, dessen erster Direktor er war. 1908 wurde er dann zum Generalsekretär des neugegründeten Kolonialinstituts in Hamburg ernannt. Als Direktor des Hamburgischen Welt-Wirtschafts-Archives, wobei er inzwischen ebenfalls zum 2. Vorsitzenden der Geographischen Gesellschaft in Hamburg gewählt worden war, ereilte ihn am 19. 11. 1928 der Tod. Bei Prof. Dr. Franz Stuhlmann läßt sich schwer entscheiden, ob seine Feldforschungen in Afrika oder sein organisatorischer Einsatz zur wissenschaftlichen Erschließung Afrikas höher zu bewerten sind. Für ihn, der als stets offener, ehrlicher und nüchtern denkender Mensch geschildert wird, war Afrika mit seinen Problemen Lebensinhalt.

II. Landeskundliche Arbeiten

Mit der Jahrhundertwende schon war das Zeitalter der großen Entdeckungen im Innern Afrikas abgeschlossen. Nicht, daß es nichts mehr zu entdecken gab; in großen Zügen war das Land erst bekannt, und es galt jetzt, den durchmessenen Raum zu füllen. Das aber brachte keine sensationellen Ergebnisse mehr, sondern erforderte eine sorgsam geplante, zentral gelenkte Kleinarbeit. So laufen die Arbeiten dieser Jahre aus verschiedenen Forschungsrichtungen in großen Instituten zusammen und werden von diesen Institutionen her inspiriert und koordiniert.

Auch Hamburg erhielt damals eine derartige Forschungsstelle. Am 6. April 1908 wird das Hamburgische Kolonialinstitut geschaffen. Auf den Lehrstuhl für Geographie wird Prof. Dr. SIEGFRIED PASSARGE zum 1. Oktober 1908 berufen. Damit besteht fortan in Hamburg eine Institution, die sich unter anderem mit geographischen Forschungen in Afrika beschäftigt. Passarge mit seiner starken Persönlichkeit und seiner unbändigen Schaffenskraft bestimmt dabei mit über 60 Beiträgen zur Afrika-

Forschung in seiner Hamburger Zeit für fast drei Jahrzehnte die Ausrichtung des Institutes.

Aber nicht er, sondern sein Assistent Dr. E. Obst konnte im Jahre 1911 mit den Feldforschungen im Auftrage der Geographischen Gesellschaft in Hamburg beginnen. Die Geographische Gesellschaft in Hamburg war nach den „Kassa-Bilanzen" von 1910—1913 dazu in der Lage, nicht nur die Expedition von Dr. E. Obst mit insgesamt 17 100 Mark zu finanzieren, sondern sie steuerte gleichzeitig Mittel zu der Expedition des Herzogs Adolf Friedrich zu Mecklenburg in den Sudan (3 100 Mark) und zu der Filehnerschen Antarktis-Expedition (1 000 Mark) bei; auch R. Lütgens konnte damals für seine Reise nach Südamerika eine Beihilfe (1 000 Mark) erhalten.

Ziel der Expedition von Obst war das abflußlose Rumpfschollenland in Deutsch-Ostafrika. Am 26. Januar 1911 traf er in seinem Arbeitsgebiet ein, von dem er uns eine bis heute unübertroffene Landschaftsanalyse gegeben hat. Als er am 18. März zurückkehrend nach Kilimatindi die Feldarbeit abschloß, hatte er eine bewundernswerte Fülle von Material aus allen Bereichen der Landes- und Volkskunde zusammengetragen. Schon 1911 legte er den ersten Bericht vor, dem 1912 zwei weitere folgten, und 1913 beschloß eine vierte Veröffentlichung die vorläufigen Berichte der Expedition. Nicht in Tagebuchform, sondern die Landschaft als Ganzheit beschreibend, weiß Obst eine packend-treffende Schilderung des Raumes zu geben. Dabei hat er seine Beobachtungen ebenso auf die Naturlandschaft mit allen ihren Erscheinungen wie auch auf die Menschen, ihre Sprache, Sitten und Gebräuche gerichtet. Acht Wochen allein lebt er mit den Wakindiga zusammen, einem aussterbenden, zur ostafrikanischen Urbevölkerung gehörenden Stamm, nimmt Teile ihrer Sprache auf, macht anthropologische Erhebungen und erforscht daneben noch eingehend ihren Lebensraum. Die Kunst einer exakten, aber dennoch lebendigen Beschreibung wie kaum ein anderer beherrschend, lenkt Obst bereits in den ersten vier Berichten das Interesse des Lesers stets auf die Probleme in der Landschaft. Dagegen behandelt der 1. Teil der Veröffentlichung „Das abflußlose Rumpfschollenland im nordöstlichen Deutsch-Ostafrika" in viel stärkerem Maße den Ablauf der Reise, und erst im 2. Teil gibt Obst eine zusammenfassende geographische analytische Landeskunde mit Schwergewicht im Bereiche der Morphologie, der Volkskunde und der Nutzungsprobleme. Diesem Werk hat der Autor den damals üblichen schematischen Aufbau in der Länderkunde zugrunde gelegt. Aber auch hier vermag sein Stil jeden Abschnitt zu beleben, so daß die Gegebenheiten der Landschaft vor unserem Auge sichtbar werden. Die Ergebnisse dieser Expedition mit ihren kartographischen Erhebungen, die in sieben thematischen Karten ihren Niederschlag fanden, haben auch heute noch fast uneingeschränkt Gültigkeit. Man darf die wissenschaftlichen Leistungen dieser Expedition mit zu den größten in der Hamburger Afrikaforschung rechnen.

Die Nachfolge von Dr. E. Obst in Hamburg hatte 1910 Dr. E. Kremer angetreten. Auch er beschäftigte sich auf Anregung Passarges mit Afrika;

von ihm liegt aus dem Jahre 1913 eine Literaturstudie über den Export von Togo und Kamerun vor. Es ist verständlich, daß Passarge aus seinem Interesse für afrikanische Probleme auch weitere Literaturarbeiten anregte. Auf diese und besonders auf die Dissertationen seiner Schüler hier einzugehen, würde den Rahmen dieser Abhandlung sprengen. Sie sind im Literaturverzeichnis aufgeführt.

PASSARGE selbst hatte seine wichtigsten Forschungsreisen in Afrika vor seiner Amtszeit in Hamburg gemacht. So war er 1893/94 in Kamerun, 1896—98 in Südafrika und in der Kalahari und im Frühjahr 1906 sowie im Spätsommer 1907 in Algerien gewesen. Von Hamburg aus unternahm er nur noch zwei kurze Reisen: 1914 nach Ägypten und 1928 nach Südtunesien. Der reiche Schatz an Eindrücken und dazu seine Materialsammlungen gestatteten es ihm aber, zeitlebens in seinen Arbeiten auf Beispiele aus Afrika zurückzugreifen. Daß seine Ansichten dabei Wandlungen erfuhren, nimmt nicht Wunder, war ihm doch eine über sechzigjährige wissenschaftliche Tätigkeit beschert. Als er 1929 das Problem der Inselberglandschaften diskutierte, rückte er weit ab von Vorstellungen ihrer Genese, wie er sie noch 1905 vertreten hatte. Seine Forderungen einer exakten, ins Detail gehenden Untersuchung haben noch heute in dieser Form Gültigkeit [Passarge 1929, S. 122] und werden nomothetischen, ganzheitlichen Arbeitsmethoden in der Morphologie gerecht. Überhaupt war er in der methodischen Konzeption ein Wegbereiter. So ist die Arbeit über die Steppen-Flußtalung des Okawango ein Beispiel für eine — wir würden heute sagen — landschaftsökologische Forschung und Darstellung. Er hat hier Wege aufgezeigt, die die Landschaftskunde zu einem Zweig wissenschaftlicher Forschung erhoben.

Dabei weiß er um die Mängel seiner länderkundlichen Darstellungen über Südafrika [1908], Togo [1914] und Kamerun [1914], indem er selbst den Vorwurf der Problemlosigkeit erhebt. Immerhin geben besonders die Länderkunden über Togo und Kamerun, die er am Kolonialinstitut in Hamburg konzipierte, eine umfassende Dokumentation der geographischen Kenntnisse, soweit sie damals von dieser Region vorlagen. Erstaunlich dabei ist, wie Passarge sich in die Landschaften Togos hineinzuversetzen vermochte, obgleich er doch nie dort war. Man könnte glauben, er habe alles selbst kennengelernt. Man kann daraus ermessen, daß das Kolonialinstitut in Hamburg damals eine zentrale Funktion besaß; hier lief alles Material zusammen, aus dem dann ein Gesamtbild des Landes erstellt wurde. 1914 brachen die wissenschaftlichen Arbeiten des Instituts ab und konnten auch nach Überführung an die neugegründete Universität nie wieder in gleichem Maße aktiviert werden, wie wir es aus der Entwicklung gleichartiger Institute in anderen Ländern kennen. Verfolgen wir die Publikationen Passarges weiter, so müssen wir bei der Durchsicht auch hier feststellen, daß es nur wenige kleine Aufsätze sind, in denen er zu Forschungsproblemen in Afrika südlich der Sahara Stellung nimmt*. Ohne das Material von Expeditionen, ohne die Impulse, die eine Feldforschung verleiht, konnte Passarge zwar Wesentliches zur Wissen-

*) Da die Veröffentlichungen von Prof. Dr. Dr. h. c. PASSARGE äußerst schwer zusammenzustellen sind, enthält das Literaturverzeichnis auch die Publikationen über Nordafrika.

schaftsentwicklung beitragen, eine weitere Forschung in Afrika südlich der Sahara blieb ihm aber versagt.

III. Problemforschung in Afrika

So wichtig auch weiterhin die Veröffentlichung von Länderkunden sein wird, so hat sich dabei doch in den letzten Jahrzehnten der Akzent geographischer Forschung von der ideographischen zu einer stärker nomothetisch ausgerichteten Arbeitsrichtung verlagert. Zwar ist weiterhin die exakte Beschreibung der Phänomene Ausgangspunkt der Betrachtung; die dann zur Klärung der Sachverhalte benötigten Unterlagen müssen aber zunächst durch umfangreiche Messungen, Erhebungen oder durch Aufarbeitung von statistischem Material gewonnen werden. Mit anderen Worten ausgedrückt, stehen wir heute in einer neuen Phase der Bestandsaufnahme mit verfeinerten Methoden und konkreten Fragestellungen. Bei der Größe der Erdräume eine immense Arbeitsaufgabe.

Auch aus früheren Jahren liegen uns schon derartige Intensivstudien vor, zu denen wir beispielsweise die Überarbeitung des Berichtes von G. Waldau über den Ausbruch des Kamerunberges im Jahre 1922 durch W. Semmelhack [1929] zählen dürfen. Daneben erscheinen in diesen Jahren aber auch mehrere Publikationen, die wiederum, wie die von E. Maass, zurückfallen in den problemlosen Tagebuchbericht oder aber bei Behandlung von Problemen phantasievolle Gedankenkonstruktionen ohne reale wissenschaftliche Grundlagen enthalten. Aufarbeitung der Literatur, Bewältigung der Fülle von Meßdaten und statistischen Zahlenwerten sowie Konzipierung einer ganzheitlichen Schau der Landschaften und ihrer Probleme unter Berücksichtigung der kausalgenetischen und funktionellen Gegebenheiten, das ist heute das Anliegen geographischer Forschung.

Für diese Arbeitsrichtung gibt uns E. Weigt unter den Beiträgen von Hamburger Geographen zur Afrika-Forschung 1948 ein erstes Beispiel. Ein mehrjähriger Aufenthalt in Ostafrika, umfangreiche eigene Erhebungen sowie Berücksichtigung aller nur irgendwie zugänglichen Angaben befähigten ihn zu einer Studie über die Europäer in Ostafrika, über die von ihnen bevorzugten Klimagebiete sowie über ihren Handel und ihre Wirtschaft. In einem 2. Teil werden die einzelnen Siedlungsgebiete behandelt. Dabei werden sowohl der gesamte Komplex der physisch-geographischen Grundlagen als auch die Ökologie der Nutzpflanzen, die Siedlungsstruktur und auch die Rentabilität behandelt. Die Grenzen und Möglichkeiten werden klar abgesteckt.

Ende 1956 erhielt V. Praechter ein Stipendium für ein zweisemestriges Studium an der Universität von Natal, das er zu einer 1961 als Dissertation vorgelegten siedlungsgeographischen Untersuchung der Hafenstadt Durban nutzte. — Dieser größte, gerade erst 100 Jahre alte, an einer hafenfeindlichen Küste gelegene Handelshafen Südafrikas erfährt eine den Ansprüchen der modernen Siedlungsgeographie gerecht werdende

Behandlung. Ausgehend von einer Schilderung der Physiognomie Durbans, werden die naturgeographischen Grundlagen, die Entwicklung und das heutige Siedlungsbild behandelt.

Seit 1958 konnte auch die Feldforschung in Afrika wieder aufgenommen werden. G. BORCHERT führte 1958/59 eine siebenmonatige Expedition nach Südost-Angola durch und stellte Vergleichsuntersuchungen auf dem Planalto Mittelangolas an. Hydrographische, bodenkundliche, morphologische und vegetationskundliche Erhebungen bilden die Grundlagen für Aussagen über den Wasserhaushalt, die Landschaftsgenese, die Landschaftsökologie sowie die Entwicklungsmöglichkeiten.

Der Brandrodungswanderhackbau ist auf dem Planalto die optimale Wirtschaftsform für die Eingeborenen. Jeglicher Ackerbau auf den tropischen Rot- und Gelblehmen führt zu Strukturverschlechterung und irreversibler Festlegung der für das Pflanzenwachstum notwendigen Mineralstoffe. Mulchen vermag die Bodengare, -feuchtigkeit und -fruchtbarkeit zu erhalten, ist aber nur in Pflanzungen durchführbar. Die kaolinitischen Böden der Flachmuldentäler und die übersandeten Eisenkrusten der Planaltofläche sind Endprodukte der Bodenentwicklung und nicht zu nutzen.

Die Kalahari-Decksande in Südost-Angola speichern das Wasser der Regenzeit, begünstigen den Wasserhaushalt des Gebietes, sichern die Wasserversorgung des Trockensavannenwaldes und bewirken eine ausgeglichene, im Jahresgang sich nur allmählich ändernde Wasserführung in den Flüssen. Für den Trockensavannenwald sind die Sande physiologisch feuchte Standorte. An den Flüssen gibt es keine Galeriewälder. Chanas, das sind regenzeitlich vernäßte, schlecht durchlüftete, waldlose, offene Grasflächen, säumen die Flüsse und markieren ebenfalls ein fossiles, versandetes Gewässernetz. In dieser Arbeit bildete also die Landschaftsökologie das Zentralproblem, während die kleine Studie von Borchert über das Siedlungsgebiet von Cela in vielem der umfangreichen Arbeit von Weigt nahekommt.

Nachdem diese Arbeiten am Institut zu verschiedenen klärenden Diskussionen Anlaß gegeben hatten und nachdem A. KOLB 1961 an einer Bereisung der Guinealänder durch eine Senatsdelegation der Freien und Hansestadt Hamburg teilgenommen hatte, traten Kolb [1963 und 1965] und Borchert [1963] in verschiedenen Vorträgen nach Aufarbeitung eines umfangreichen Materials der weit verbreiteten Meinung von den brachliegenden Entwicklungsmöglichkeiten in den Ländern Tropisch-Afrikas entgegen und stellten die realen natur- und wirtschaftsgeographischen Komplexe dagegen; wobei hier nur angeführt werden soll, daß die Wirtschaftskraft der Länder Tropisch-Afrikas äußerst gering ist, reicht doch keines dieser Länder mit seinem Budget auch nur im entferntesten an das der Freien und Hansestadt Hamburg heran.

Daneben hat H.-G. GIERLOFF-EMDEN 1963 in Zusammenarbeit mit Hansa-Luftbild für die Herstellung der ersten 11 Blätter der Karte von Liberia [Republic of Liberia 1 : 20 000, 1963] im Geländevergleich und bei Geländebegehungen den Interpretationsschlüssel für die Luftbildreihen aufgestellt. J. SCHULTZ hat 1963 im Distrikt Mbulu, Tanzania, landschaftsökologische Untersuchungen durchgeführt und konnte dabei eine Reihe von großmaßstäbigen Kartierungen durchführen; die Arbeit steht vor dem Abschluß. Schließlich war Borchert 1964 für kurze Zeit in Nigeria und konnte sich einen Überblick über die landschaftsökologischen Zonen vom tropischen Regenwald bis zur Sahel-Zone verschaffen. Die nachfolgenden Wasserhaushaltsberechnungen machten es möglich, den tropischen Regenwald in Westnigeria als Relikt auszugliedern. Darüber hinaus konnte eine Erklärung für die äußert dünn besiedelte Trockenzone gefunden werden, die zwischen der schmalen Feuchtsavannenzone im Süden und den Trockensavannengebieten mit einer Regenzeit im Norden eingeschaltet ist. Diese Zone ist nicht etwa eine historisch bedingte Stammesscheide, sondern eine durch den Landschafts- und Wasserhaushalt bedingte, auch in Zukunft kaum zu nutzende wirtschaftlich sterile Trockenregion.

IV. Wege und Erfordernisse einer zukünftigen deutschen Afrikaforschung

Aus der Fülle der Entdeckungen, Reisebeschreibungen und Forschungen konnten nur einige Arbeiten hier erwähnt werden; im einzelnen muß auf die im Literaturverzeichnis zusammengestellten Publikationen verwiesen werden. Der 100. Todestag von Heinrich Barth mag dabei ein Anlaß zur Rückschau und zur Besinnung sein, für die gegenwärtigen Forschungen bringt er keine abschnitthafte Unterbrechung. Vorgesehen ist noch in diesem Jahr, daß Borchert im Auftrage des Deutschen Instituts für Afrikaforschung e. V. eine Untersuchung über die Transportfazilitäten in Angola anstellt. Auf der Grundlage der theoretischen fob-Preise und der landschaftsökologischen Gegebenheiten sollen die Wirtschaftsregionen und die potentiellen Wirtschaftsräume abgegrenzt werden; weiterhin läßt sich absehen, daß sich bei der augenblicklichen Wissenschaftsentwicklung manche naturgeographischen Probleme nur mit einem immensen Aufwand an Gerätschaften und unter Zusammenarbeit mit den anderen erdwissenschaftlichen Disziplinen einer Lösung näherbringen lassen werden. Will die Hamburger Afrikaforschung daher weiterhin ihren Platz behaupten, so muß man sich der personellen und materiellen Erfordernisse bewußt werden. Ein erster Schritt zur Aktivierung und Koordinierung der Forschung in Übersee wurde mit der Gründung des „Deutschen Übersee-Instituts" als Stiftung des bürgerlichen Rechts am 16. Dezember 1964 in Hamburg bereits getan. Es wird sich zeigen, ob wir, anknüpfend an frühere Epochen, noch die Dynamik besitzen, unserer Übersee-Forschung auch in den Ländern Afrikas einen Platz zu sichern als Ausdruck unserer Geisteshaltung, unseres Könnens und unserer Wirtschaftskraft.

Literatur

BARTH, HEINRICH [1849]: Wanderungen durch die Küstenländer des Mittelmeeres, ausgeführt in den Jahren 1845, 1846 und 1847. Bd 1 u. d. T.: Wanderungen durch das Punische und Kyrenäische Küstenland oder Mâg'reb, Afrikîa und Barka. Mit 1 Kt. — Berlin 1849.

BARTH, HEINRICH [1857/58]: Reisen und Entdeckungen in Nord- und Central-Afrika in den Jahren 1849—1855. Bd 1—5. — Gotha 1857/58.

BARTH, HEINRICH [1857/58]: Travels in North and Central-Africa; being a journal of an expedition undertaken under the auspices of H. B. M's Government in the years 1849—55. Vol. 1—5. — London 1857/58.

BARTH, HEINRICH [1858]: Kurze Skizze von Timbuktu in der Vergangenheit und Gegenwart. Eingesandt zur Feier des 30. Stiftungsfestes des Geographischen Vereins in Berlin. — (In: Zur Erinnerung an die Feier des 30jährigen Stiftungsfestes der Gesellschaft für Erdkunde in Berlin am 18. April 1858.) — Berlin 1858.

BARTH, HEINRICH [1859/60]: Reisen und Entdeckungen in Nord- und Central-Afrika in den Jahren 1849 bis 1855. (Im Auszuge bearb.) Bd 1.2. — Gotha 1859/60.

BARTH, HEINRICH [1862/63]: Sammlung und Bearbeitung Central-Afrikanischer Vokabularien. Collection of vocabularies of Central-African languages. (Unvollendet.) Abt. 1.2. — Gotha 1862/63.

BORCHERT, GÜNTER [1951]: Das heutige Verkehrsbild Afrikas. — (Geogr. Rdsch. Jg. 3. 1951, S. 125—135.)

BORCHERT, GÜNTER [1960/61]: Afrika. — Kiel, Hannover 1960/61. (Hirt's Erdkunde in Stichworten. H. 5.)

BORCHERT, GÜNTER [1961]: Die heutigen Kartenwerke von Angola. — (Peterm. geogr. Mitt. Jg. 105. 1961, S. 150—153.)

BORCHERT, GÜNTER [1961]: Cela — ein Entwicklungszentrum im Hochland von Angola. — (Erdkunde. Bd 15. 1961, S. 295—306.)

BORCHERT, GÜNTER [1963]: Südost-Angola. Landschaft, Landschaftshaushalt und Entwicklungsmöglichkeiten im Vergleich zum zentralen Hochland von Mittel-Angola. — Habil. Schr. Hamburg 1963. (Hamburger geogr. St. H. 17.)

BORCHERT, GÜNTER [1963]: Die naturgeographischen Grenzen der Entwicklungsmöglichkeiten im tropischen Afrika. — (Erde. Jg. 94. 1963, S. 313—320.)

ELMENHORST, WILHELM LUDWIG GEVERHART [1926]: Das Haus in Südwest-Afrika. — Phil. Diss. Hamburg 1926.

FLEGEL, EDUARD ROBERT [1880]: Städtebilder aus West- und Central-Afrika. — (Mitt. geogr. Ges. Hamburg. Bd 3, 1878—79. 1880, S. 300—327.)

FLEGEL, EDUARD ROBERT [1883]: Westafrikanische Scenerien. I. Die Sklavenküste. — (Mitt. geogr. Ges. Hamburg. Bd 4, 1880—81. 1883, S. 392—400.)

FLEGEL, EDUARD ROBERT (Hrsg.) [1890]: Vom Niger-Benue. Briefe aus Afrika. — Leipzig 1890.

FISCHER, G. ADOLF [1884/85]: Bericht über die im Auftrage der Geographischen Gesellschaft in Hamburg unternommene Reise in das Massai-Land. T. 1—3. — (Mitt. geogr. Ges. Hamburg. Bd 5, 1882—83. 1884/85, S. 36—99, S. 189—237, S. 238—279.)

FRIEDERICHSEN, LUDWIG [1880]: Der geographische Standpunkt Afrikas Ende 1879. — (Mitt. geogr. Ges. Hamburg. Bd 3, 1878—79. 1880, S. 178—200.)

HAHN, URSULA [1944]: Der Begriff der „Verkehrsküste" am Beispiel der Ober- und Niederguineaküste von Tropisch-Westafrika. [Maschinenschriftl.] — Diss. Hamburg 1944.

HEIN, CHRISTIANE [1932]: Madagaskar. Versuch einer landschaftskundlichen Gliederung nebst Hinweisen auf die Bedeutung der einzelnen Landschaften für den Menschen. — Diss. Hamburg 1932.

HEINZ, RUDOLF [1933]: Ein vorzeitlicher Tränkplatz in der Namibwüste bei Lüderitzbucht (Deutsch-Südwestafrika). Mit Bemerkungen zum Problem des Atlantischen Ozeans. — (Mitt. geogr. Ges. Hamburg. Bd 43. 1933, S. 267—302.)

HORN, GEORG-FRIEDRICH [1956]: Grundlagen und Betriebsformen des Bananen- und Tomatenanbaus auf der Insel Tenerife in ihrer geographischen Bedingtheit. [Maschinenschriftl.] — Wirtschaftswiss. Diss. Hamburg 1956.

KEILHACK, KARL [1943]: Die Baumwollerzeugung als Eingeborenenkultur im Belgischen Kongo. [Maschinenschriftl.] — Rechtswiss. Diss. Hamburg 1943.

KÖRL, WILHELM [1942]: Die Gummiakazien Afrikas. [Maschinenschriftl.] — Diss. Hamburg 1942.

KOLB, ALBERT [1962]: Die Entwicklungsländer im Blickfeld der Geographie. Festvortrag, gehalten auf dem Deutschen Geographentag in Köln am 23. Mai 1961. — (In: Verhandlungen des Deutschen Geographentages. Bd 33, S. 55—72. Wiesbaden 1962.)

KOLB, ALBERT [1963]: Entwicklungsplanung und geographische Forschung in Afrika. Festvortrag anläßlich des Tages der Afrikaforschung der Gesellschaft für Erdkunde zu Berlin am 19. April 1963. (Erde. Jg. 94. 1963, S. 191—205.)

KOLB, ALBERT [1965]: Geographical aspects of planning and development policy in Africa. — Hamburg 1965. (Hamburger Beitr. zur Afrikakde. Nr 2.)

KOOPS, WERNER [1935]: Die Landschaftsgürtel des westlichen Sudan. Eine vergleichend-landschaftskundliche Betrachtung. — Diss. Hamburg 1935.

KREMER, EDUARD [1911]: Die Entwicklung des Exports in Togo und Kamerun. — (Mitt. geogr. Ges. Hamburg. Bd 25. 1911, S. 99—114 u. S. 115—127.)

MAASS, EDGAR [1940]: Eine Reise durch das abessinische Seengebiet. — (Mitt. geogr. Ges. Hamburg. Bd 47. 1940, S. 365—390.)

MOHR, HANS N. [1929]: Das Problem der entdeckungsgeschichtlichen Darstellung, erläutert an der Entdeckungsgeschichte Deutsch-Ost-Afrikas von 1845—84. — Diss. Hamburg 1929.

OBST, ERICH [1911]: Von Kilimatinde durch die Landschaft Turn nach Mkalama im Februar bis März 1911. Vorläufiger Bericht (I) der Ostafrika-Expedition der Hamburger Geographischen Gesellschaft. — (Mitt. geogr. Ges. Hamburg. Bd 25. 1911, S. 73—97.)

OBST, ERICH [1912]: Von Mkamaland ins Land der Wakidinga ‹Deutsch-Ostafrika›. Vorläufiger Bericht (II) der Ostafrika-Expedition der Hamburger Geographischen Gesellschaft. — (Mitt. geogr. Ges. Hamburg. Bd 26. 1912, S. 1—45.)

OBST, ERICH [1912]: Die Landschaften Issansu und Iramba ‹Deutsch-Ostafrika›. Vorläufiger Bericht (III) der Ostafrika-Expedition der Hamburger Geographischen Gesellschaft. — (Mitt. geogr. Ges. Hamburg. Bd 26. 1912, S. 108—132.)

OBST, ERICH [1913]: Der östliche Abschnitt der großen ostafrikanischen Störungszone ‹Irangi, Uassi, Ufiomi, Burungi, Ussandani›. Vorläufiger Bericht

(IV = Schlußbericht) der Ostafrika-Expedition der Hamburger Geographischen Gesellschaft. — (Mitt. geogr. Ges. Hamburg. Bd 27. 1913, S. 153—202.)

OBST, ERICH [1915]: Das abflußlose Rumpfschollenland im nordöstlichen Deutsch-Ostafrika. Bericht über eine im Auftrag der Hamburger Geographischen Gesellschaft in den Jahren 1911/12 ausgeführte Forschungsreise. T. 1: Aufgaben, Vorbereitung und Verlauf der Reise. Ergebnisse der topographischen Arbeiten und Sammlungen. — (Mitt. geogr. Ges. Hamburg. Bd 29. 1915.)

OBST, ERICH [1923]: Das abflußlose Rumpfschollenland im nordöstlichen Deutsch-Ostafrika. T. 2: Grundzüge einer geographischen Landeskunde. — (Mitt. geogr. Ges. Hamburg. Bd 35. 1923.)

PAAP, WERNER [1933]: Die Niederschlagsverhältnisse des Schutzgebietes Deutsch-Ostafrika. — Diss. Hamburg 1933. (= Aus dem Archiv der dt. Seewarte. Bd 53. 1934, Nr 3.)

PASSARGE, SIEGFRIED [1908]: Südafrika. Eine Landes-, Volks- und Wirtschaftskunde. Leipzig 1908.

PASSARGE, SIEGFRIED [1908]: Die ethnographischen Forschungen von L. Desplagnes im West-Sudan. — (Z. Ges. Ekde Berlin. 1908, S. 549—557.)

PASSARGE, SIEGFRIED [1908]: Die Tektonik der afrikanischen Küsten. — (Peterm. geogr. Mitt. Bd 54. 1908, S. 140—141.)

PASSARGE, SIEGFRIED [1908]: Die natürlichen Landschaften Afrikas. — (Peterm. geogr. Mitt. Bd 54. 1908, S. 147—160 u. S. 182—188.)

PASSARGE, SIEGFRIED [1908]: Morphologische Skizze des Atlas zwischen Philippville und Biskra. — (Globus. Bd 94. 1908, S. 169—174.)

PASSARGE, SIEGFRIED [1908]: Geologische Beobachtungen in den Tropen und Subtropen. Stuttgart 1908.

PASSARGE, SIEGFRIED [1908]: L. Schultzes Reise ins Namaland und Kalahari. — Berlin 1908.

PASSARGE, SIEGFRIED [1909]: Kamerun im Jahre 1907/08. — (Koloniale Rdsch. Jg. 1. 1909, S. 513—522.)

PASSARGE, SIEGFRIED [1909]: Verwitterung und Abtragung in den Steppen und Wüsten Algeriens. — (Geogr. Z. Jg. 15. 1909, S. 493—510.)

PASSARGE, SIEGFRIED [1910]: Die Kalkpfannen des östlichen Damaralandes. Eine kritische Studie. — (Globus. Bd 98. 1910, S. 216—222.)

PASSARGE, SIEGFRIED [1910]: Geomorphologische Probleme aus Kamerun. — (Z. Ges. Ekde Berlin. 1910, S. 448—465.)

PASSARGE, SIEGFRIED [1911]: Die pfannenförmigen Hohlformen der südafrikanischen Steppen. — (Peterm. geogr. Mitt. Jg. 57. 1911, 2. Halbbd, S. 57—61 u. S. 130—135.)

PASSARGE, SIEGFRIED [1911]: Der Entenschnabel. Der wirtschaftliche Wert Deutsch-Bornus. — (Dt. Kolonialztg. Jg. 28. 1911, S. 716—717.)

PASSARGE, SIEGFRIED [1912]: Die Vollendung der großen Karte von Deutsch-Ostafrika im Maszstab 1 : 300 000. — (Dt. Kolonialztg. Jg. 29. 1912, S. 2—3.)

PASSARGE, SIEGFRIED [1912]: Der wissenschaftliche Nachlaß Emin Paschas. — (Dt. Kolonialztg. Jg. 29. 1912, S. 291—293 u. S. 330—332.)

PASSARGE, SIEGFRIED [1912]: Acht Reliefs von Pfannen der Kalahari. — Berlin 1912.

PASSARGE, SIEGFRIED [1913]: Die Trockengebiete Algeriens. — Berlin 1913. (Geologische Charakterbilder. H. 17.)

PASSARGE, SIEGFRIED [1913]: Pechuel-Lösche. — (Dt. Kolonialztg. Jg. 30. 1913, S. 547—548.)

PASSARGE, SIEGFRIED [1913]: Die Forschungen des Herrn Frobenius im Sudan. — (Dt. Kolonialztg. Jg. 30. 1913, S. 626—627 u. S. 641—643.) [„Zu Herrn Frobenius' Entgegnung", ebenda S. 673—674.]

PASSARGE, SIEGFRIED [1914]: Kamerun. — Leipzig, Wien 1914. (In: Das Deutsche Kolonialreich. Bd 1, T. 2, S. 419—635 u. Anh.)

PASSARGE, SIEGFRIED [1914]: Togo. — Leipzig, Wien 1914. (In: Das Deutsche Kolonialreich. Bd 2, T. 1, S. 1—127 u. Anh.)

PASSARGE, SIEGFRIED [1919]: Die Steppen-Flußtalung des Okawango im Trockenwald-Sandfeld der Nordkalahari. Ein Beispiel landschaftskundlicher Forschung und Darstellung. — (Mitt. geogr. Ges. Hamburg. Bd 32. 1919, S. 1—40.)

PASSARGE, SIEGFRIED [1923]: Die Inselberglandschaft der Massaisteppe. — (Peterm. geogr. Mitt. Jg. 69. 1923, S. 205—209.)

PASSARGE, SIEGFRIED [1924]: Das Problem der Skulptur-Inselberglandschaften. Eine landschaftskundlich-formerklärende Betrachtung. — (Peterm. geogr. Mitt. Jg. 70. 1924, S. 66—70.)

PASSARGE, SIEGFRIED [1924]: Die politische Erdkunde Afrikas vor dem Eingreifen der europäischen Kolonisation. — (Peterm. geogr. Mitt. Jg. 70. 1924, S. 253—261.)

PASSARGE, SIEGFRIED [1925]: Beobachtungen über Verwitterung während einer Reise in Ägypten im Jahre 1914. — (In: E. Blanck u. S. Passarge: Die chemische Verwitterung in der ägyptischen Wüste. Hamburg 1925) = (Abh. aus dem Gebiet d. Auslandskde der Hansischen Univ. R. C Naturwissenschaften, Bd 17, Nr 6.)

PASSARGE, SIEGFRIED [1926]: Georg Schweinfurth. — (Mitt. geogr. Ges. Hamburg. Bd 37. 1926, S. 1—11.)

PASSARGE, SIEGFRIED [1927]: Die Ausgestaltung der Trockenwüsten im heißen Gürtel. — Breslau 1927. (Düsseldorfer Vorträge der Naturforscher-Tagung.)

PASSARGE, SIEGFRIED [1928]: Panoramen afrikanischer Inselberglandschaften. — Berlin 1928.

PASSARGE, SIEGFRIED [1929]: Das Problem der Inselberglandschaften. Vortrag, gehalten am 21. September 1928 auf der Versammlung der Naturforscher und Ärzte. — (Z. Geomorph. Bd 4. 1929, S. 109—122.)

PASSARGE, SIEGFRIED [1930]: Ergebnisse einer Studienreise nach Südtunesien im Jahre 1928. — (Mitt. geogr. Ges. Hamburg. Bd 41. 1930, S. 96—122.)

PASSARGE, SIEGFRIED [1931]: Ägypten und der arabische Orient. — Berlin 1931. (Weltpolitische Bücherei. Länderkdl. R., Bd 23.)

PASSARGE, SIEGFRIED [1932]: Die Hauptprobleme der Anthropologie Afrikas. — (Forschg. Fortschr. Bd 8. 1932, S. 35—36.) = (Comitato italiano per lo studio dei problemi della popolazione. Rom 1932.)

PASSARGE, SIEGFRIED [1933]: Morphologische Untersuchungen in der Wüste bei Heluan. — (In: Siegfried Passarge u. Wilhelm Meinardus: Studien in der ägyptischen Wüste. Berlin 1933, S. 1—92.) = (Abh. Ges. Wiss. Göttingen. Math.-nat. Kl. F. 3, H. 9.)

PASSARGE, SIEGFRIED [1933]: Morphologische Studien in der Wüste von Heluan. — (Forschg. Fortschr. Bd 9. 1933, S. 410—411.)

PASSARGE, SIEGFRIED [1933]: Die Wüste Sahara und das Hungerland Tibesti. — Langensalza 1933.

PASSARGE, SIEGFRIED [1933]: Hackbau und Hirtenvölker im Sudan. — Langensalza 1933. (Raum und Volk. Gruppe 4, H. 2.)

PASSARGE, SIEGFRIED [1933]: Abflußlose Seen. — (In: Handwörterbuch der Naturwissenschaften. 2. Aufl. Jena 1933. Bd 8, S. 1191—1202.)

PASSARGE, SIEGFRIED [1935]: Abessinien und Italien. — (Geogr. Wochenschr. Jg. 3. 1935, S. 241—247.)

PASSARGE, SIEGFRIED [1935]: Wirtschaftsmöglichkeiten im eigentlichen Abessinien. — (Geogr. Wochenschr. Jg. 3. 1935, S. 809—819.)

PASSARGE, SIEGFRIED [1939]: Fellachenleben in Oberägypten; Dorfleben, Landwirtschaft und Marktleben. — Stuttgart, Berlin 1939. (Beih. d. Reichsanst. f. Film u. Bild in Wissenschaft u. Unterricht. F 222.)

PASSARGE, SIEGFRIED [1939/40]: Kolonien und Kolonialgeographie. — (Afrika-Rdsch. Jg. 5. 1939/40, Nr 1, S. 7—8.)

PASSARGE, SIEGFRIED [1940]: Die Urlandschaft Ägyptens und die Lokalisierung der Wiege der altägyptischen Kultur. — Halle 1940. (Nova acta Leopoldina. Bd 9, Nr 58.)

PASSARGE, SIEGFRIED [1940/41]: Afrika als Kolonialland. — (Afrika-Rdsch. Jg. 6. 1940/41, Nr 4, S. 46—50.)

PASSARGE, SIEGFRIED [1941]: Wissenschaftliche Ergebnisse zweier Reisen nach Algerien in den Jahren 1906 und 1907. — Hamburg 1941. (Abh. aus dem Gebiet d. Auslandskde d. Hansischen Univ. Bd 52.)

PASSARGE, SIEGFRIED [1943]: Die Kalkpfannen im Hereroland und in der Kalahari. — (In: G. Wolff: Beiträge zur Kolonialforschung. Bd 5. Berlin 1943.)

PASSARGE, SIEGFRIED [1948]: Ergebnisse geomorphologischer Forschungen bei Assuan. — (Forschg. Fortschr. Jg. 24. 1948, S. 258—260.)

PASSARGE, SIEGFRIED [1949]: Zur Kenntnis des Fayums. — (Naturwissenschaften. Jg. 36. 1949, H. 1.)

PASSARGE, SIEGFRIED [1949]: Ägypten als Lebensraum des Menschen. — Bad Pyrmont 1949. [Maschinenschriftl.]

PASSARGE, SIEGFRIED [1950]: Grundlinien im Aufbau Afrikas. — (Naturwissenschaften. Jg. 37. 1950, S. 343—346.)

PASSARGE, SIEGFRIED [1951]: Drei Sudanprobleme. Vortrag, geh. am 15. 12. 1950 im Geographischen Institut der Universität Hamburg. — (In: Passarge: Gesammelte Aufsätze. Hamburg 1951. [Maschinenschriftl.])

PASSARGE, SIEGFRIED [1951]: Der West- und Zentralsudan — eine landschaftskundlich-kulturgeographische Betrachtung. — (In: Passarge: Gesammelte Aufsätze. Hamburg 1951. [Maschinenschriftl.])

PASSARGE, SIEGFRIED [1952]: Sudanstudien. — Hamburg 1952. [Handschriftl.]

PASSARGE, SIEGFRIED [1952]: Dahome. — (In: Passarge: Studien im West- und Zentralsudan. Hamburg 1952. [Maschinenschriftl.])

PASSARGE, SIEGFRIED [1952]: Nigerdelta. — Hamburg 1952. [Handschriftl.]

PASSARGE, SIEGFRIED [1954]: Die Halbinsel El Kenissa am Birket el Karun (Fayum). — Hamburg 1954. [Maschinenschriftl.]

PASSARGE, SIEGFRIED [1955]: Morphologische Studien in der Wüste von Assuan. — Hamburg 1955. (Abh. aus dem Gebiet d. Auslandskde der Hansischen Univ. Bd 60.)

PFUND, J. [1878]: Reisebriefe aus Kordofan und Dar-Fur. — (Hamburger geogr. Mitt. Bd 2. 1876/77. 1878, S. 121—305.)

PRAECHTER, VOLKMAR [1961]: Durban. Siedlungsgeographische Untersuchung einer Hafenstadt. — (Universität Hamburg. Abh. Gebiet Auslandskde. Bd 67. 1961.)

SCHEEPERS, GERT HENDRIK [1938]: Maisanbau und Klima im sogenannten Maisdreieck der Südafrikanischen Union. — Diss. Hamburg 1938 (= Aus dem Archiv der Deutschen Seewarte und des Marineobservatoriums. Bd 58, Nr 1.)

SCHRÖDER, INGRID [1957]: Die politische Emanzipation der Eingeborenen Französisch-Afrikas und Madagaskars nach 1945. — Phil. Diss. Hamburg 1957. [Maschinenschriftl.]

SEMMELHACK, WILHELM [1929]: Der Ausbruch des Kamerungebirges vom Jahre 1922. Nach einem Bericht des Herrn G. Waldau-Debundscha ‹Kamerun›. — (Mitt. geogr. Ges. Hamburg. Bd 40. 1929, S. 181—201.)

STUHLMANN, FRANZ [1889]: Bericht über eine Reise durch Usega und Ungúu ‹17. 8.—6. 10. 1888›. — (Mitt. geogr. Ges. Hamburg. Bd 8. 1887—1888. 1889, S. 143—175.)

STUHLMANN, FRANZ [1894]: Mit Emin Pascha ins Herz von Afrika. Ein Reisebericht. Mit Beiträgen von Emin Pascha. — Berlin 1894.

STUHLMANN, FRANZ [1898]: Die wirtschaftliche Entwicklung Deutsch-Ost-Afrikas. — Berlin 1898. (Verh. d. dt. Kolonial-Ges., Abt. Berlin-Charlottenburg. 1897—98, H. 4.)

STUHLMANN, FRANZ [1909]: Beiträge zur Kulturgeschichte von Ostafrika. Allgemeine Betrachtungen und Studien über die Einführung und wirtschaftliche Bedeutung der Nutzpflanzen und Haustiere mit bes. Berücks. von Deutsch-Ostafrika. — Berlin 1909. (Deutsch-Ost-Afrika. Bd 10.)

STUHLMANN, FRANZ [1910]: Handwerk und Industrie in Ostafrika. Kulturgeschichtliche Betrachtungen. — Hamburg 1910. (Abh. des Hamburgischen Kolonial-Inst. Bd 1.)

STUHLMANN, FRANZ (Hrsg.) [1916—1921]: Die Tagebücher von Dr. Emin Pascha. Bd 1—5. — Hamburg, Braunschweig, Berlin 1916—1921.

VIDAL, KONRAD [1950]: Der Goldbergbau der Südafrikanischen Union unter bes. Berücks. des Witwatersrand-Goldfeldes. — Rechts- u. staatswiss. Diss. Hamburg 1950. [Maschinenschriftl.]

WEIGT, ERNST FELIX MAX [1948]: Lebensbedingungen und Wirtschaftsgrundlagen der Europäer im äquatorialen Ostafrika. — Habil. Schr. Hamburg 1948. [Maschinenschriftl.] (Im Buchhandel u. d. T.: Europäer in Ostafrika. Klimabedingungen und Wirtschaftsgrundlagen. Köln 1955. = Kölner geogr. Arb. H. 6/7.)

WOERMANN, ADOLF [1880]: Kultur-Bestrebungen in West-Afrika. Vortrag, gehalten in der Geographischen Gesellschaft zu Hamburg am 1. Mai 1879. — (Mitt. geogr. Ges. Hamburg. Bd 3. 1878—79. 1880, S. 58—71.)

WOERMANN, ADOLF [1883]: Über Tauschhandel in Afrika. Vortrag, gehalten in der Geographischen Gesellschaft zu Hamburg am 3. März 1881. — (Mitt. geogr. Ges. Hamburg. Bd 4. 1880—81. 1883, S. 29—43.)

ZICKENHEIMER, GEORG-WILHELM [1952]: Die Ernährungswirtschaft Afrikas. Eine räumliche Gliederung der afrikanischen Ernährungsformen als Beitrag zu einer Geographie des Konsums. — Diss. Hamburg 1952. [Maschinenschriftl.]

REPUBLIC OF LIBERIA 1 : 20 000. Publ. by the Government of Liberia in cooperation with the German Federal Republic. Sheet 1—11. Münster, Westf. 1963. [Schlüssel zur Luftbildinterpretation Hans-Günther Gierloff-Emden.]

Zu Hamburgs West- und Ost-Afrika-Beziehungen
Wechselwirkungen von Afrika-Wirtschaft und -Wissenschaft

Von GÜNTHER JANTZEN

I.

Als im Sommer 1849 JAMES RICHARDSON der englischen Regierung „den Plan zu einer größeren Expedition nach einigen der wichtigeren Königreiche von Mittelafrika vorlegte", hatte er — wie HEINRICH BARTH berichtete — „als Hauptzwecke die Abschaffung des Sklavenhandels und die Anknüpfung von Handelsverbindungen vor Augen." Die Anti-Sklaverei-Bewegung und humanitär-christliche Missionsmotive verbanden sich mit dem Drang zur Entdeckung, dem Streben nach der Aufhellung des dunklen Erdteils und dem Wunsch zur Erschließung neuer Märkte. Diese von London ausstrahlende Afrika-Initiative war bereits in der Gründung der African Association zum Ausdruck gekommen. Der nachhaltige Eindruck des Verlustes der Kolonien in Nord-Amerika hatte den Willen geweckt, in Afrika neue Betätigungsmöglichkeiten zu eröffnen; die junge African Association (Association for Promoting the Discovery of the interior Parts of Africa, 1830 in die Royal Geographical Society aufgehend), in der eine Vielheit von Interessen miteinander verknüpft wurde, sollte durch die Erforschung des Inneren Afrikas ebenso der Förderung des Handels wie der Abschaffung des Sklavenhandels dienen. Männer wie Fox, Wilberforce und Clarkson betrachteten jedenfalls die 1788 gegründete Vereinigung als ein verheißungsvolles Instrument zur Unterdrückung des Sklaven-Geschäftes[1]).

Die Geschichte der Expeditionen in der ersten Hälfte des 19. Jahrhunderts ist reich an Leistungen, aber auch an Fehlschlägen und Enttäuschungen. Manche Erwartungen, die an sie geknüpft worden waren, vor allem im Hinblick auf den Handel mit dem Inneren, blieben unerfüllt. Man kann von einer Forschungsperiode vor und einer nach HEINRICH BARTH sprechen. Barth, der „unbestritten zu den größten der europäischen Erforscher Afrikas zählt"[2]), steht am Beginn einer Entwicklung, die zur Ausbreitung in Afrika, zum Übergang von der Punkt-Kolonisation zur Flächen-Kolonisation und schließlich im Wettrennen der Mächte zur Aufteilung des Kontinents führen sollte, einer Entwicklung voller Wechselwirkungen zwischen wissenschaftlicher Arbeit und wirtschaftlichen

1) CROWDER, MICHAEL: The Story of Nigeria. London 1962, S. 118 f.

2) FAGE, J. D.: An Introduction to the history of West Africa. 3. ed. Cambridge 1962, S. 116.

Bestrebungen. Barths Erfolge und die von ihm ermittelten Kenntnisse gaben noch während seiner Anwesenheit in Afrika den Anstoß zur Wiederaufnahme der Expeditions-Tätigkeit im Niger-Delta. Die von Dr. Baikie[3]) geführte Expedition erschloß den Niger als Handelsweg zum Inneren.

Im Jahre 1849, als Richardson mit Barth und Overweg die große Expedition vorbereitete, war JOHN BEECROFT zum Britischen Konsul bestellt worden; sein „Amtsbezirk" erstreckte sich auf die Benin- und die Biafra-Bucht, seine Aufgabe auf die Wahrung der Interessen der britischen Händler an der Küste zwischen Dahomey und Kamerun. Zu seinen Obliegenheiten gehörte auch die Kontrolle der Küste zwecks Unterbindung des Sklavenhandels, der durch die berühmte, während des Wiener Kongresses am 8. Februar 1815 unterzeichnete Erklärung geächtet worden war. Ein besonderes, für den Westafrika-Dienst aufgestelltes Geschwader operierte zunächst von Freetown aus, um Sklaventransporte abzufangen. Als sich die Sklavenhändler auf die südlichen Teile der westafrikanischen Küste zurückzogen, mußte die englische Marine auch dortige Schlupfwinkel unter schärfere Kontrolle nehmen. Wiederholte Interventionen führten schließlich zur Okkupation von Lagos und zur Verkündung des Protektorates über die Insel (1861), welche zur Keimzelle der britischen Ausdehnung in Nigeria werden sollte.

II.

Um die Jahrhundertmitte war die westafrikanische Küste Tätigkeitsbereich des Hamburger Handels. Wie der „als Statistiker allgemein anerkannte A. Soetbeer" (Percy-Ernst Schramm) schon im Jahre 1846 feststellte, hatten sich die Handelsbeziehungen Deutschlands mit der afrikanischen Westküste „während der letzten drei Jahre ansehnlich gehoben", an mehreren Punkten waren „Etablissements begründet, welche den Tauschhandel mit den Eingeborenen vermitteln"; nächst den Engländern hätten die Hansestädte „jetzt den bedeutendsten Anteil an dem europäischen Verkehr mit der Küste von Guinea und weiter südwärts"[4]). Es hatte draußen Zusammenstöße mit der englischen Händlerschaft gegeben, die, über die Konkurrenz verärgert, in merkantilistischen Auffassungen befangen, keineswegs immer bereit war, die Spielregeln des modernen Freihandels in fairer Weise anzuerkennen. Von Hamburger Kaufleuten und Kapitänen war auch die mit der Bekämpfung des Sklavenhandels begründete Durchsuchung Hamburger Schiffe und Ladungen oftmals als schikanös empfunden worden. Verdächtigungen und Anklagen wegen

3) 1852 war die englische Regierung durch eine Botschaft Barths unterrichtet worden, daß er den Benue überquert hatte und daß dieser vermutlich identisch sei mit dem bei Lokoja in den Niger mündenden Tschadda. Diese Nachricht veranlaßte die Londoner Regierung zu einer Expedition, die nach dem Tode von Beecroft von Dr. Baikie, einem Marinearzt, geführt wurde. Tropenmedizinisch war sie von Bedeutung, weil auf der 900 Meilen langen Reise ins Innere kein Europäer dem Fieber erlag; Chinin als Vorbeugung gegen Malaria brachte den Beweis, daß Europäer in den gefährdeten Regionen leben könnten. Nach dieser Erkundung von 1854 wurde das Hinterland mit Handelsstationen und Missionsstationen erschlossen.

4) SCHRAMM, PERCY-ERNST: Deutschland und Übersee. Der deutsche Handel mit den anderen Kontinenten, insbesondere Afrika, von Karl V. bis zu Bismarck. Ein Beitrag zur Geschichte der Rivalität im Wirtschaftsleben. Braunschweig 1950. S. 181.

einer „Hamburger" Beteiligung an dem bis zur Mitte des 19. Jahrhunderts immer noch betriebenen Sklavengeschäft, langwierige Prozesse in den 40er Jahren, in denen jedoch die gegen Hamburger Firmen erhobenen Beschuldigungen zusammenfielen[5]), dürften in verschiedenen Fällen manche bitteren Empfindungen zurückgelassen haben.

In späteren Jahren, am Vorabend und zur Zeit des großen Wettrennens nach den bislang noch unkolonisierten Teilen Afrikas, ist es ebenfalls zu einem Zusammenprall der Interessen gekommen. Diese „Kollisionen", bei denen es den Hamburger und Bremer Firmen und ihren draußen gegründeten Niederlassungen an Schutz fehlte, haben wesentlich zu der Besitzergreifung in Westafrika geführt. Die Niederlassungen Hamburger Firmen erstreckten sich um 1880 auf die gesamte Westküste bis Angola; Schwerpunkte hatten sich in Liberia, Gabun und Lagos herausgebildet. Die Situation dieser Niederlassungen — 1884 unterhielten ungefähr 15 deutsche Häuser über 60 Niederlassungen und Faktoreien — war ungleich schwieriger als die der englischen, französischen oder portugiesischen Unternehmungen. Sie konnten sich nicht wie diese auf Besitzungen ihrer Staaten stützen, ihnen standen auch keine Berufskonsulate zur Verfügung, und bei Auseinandersetzungen mit den nicht immer freundlich gesinnten afrikanischen Machthabern verfügten sie nicht über den Schutz, den die Kolonialmächte ihren Untertanen durch Entsendung von Kriegsschiffen gewährten. Dieser Mangel an äußerem Schutz war es, der die in Westafrika engagierten Häuser zu ihrem Schutzersuchen führte[6]) und die Veranlassung gab zu der bekannten Denkschrift der Handelskammer Hamburg vom 6. Juli 1883. Den eigentlichen Anstoß bildete eine Anfrage des Auswärtigen Amtes an die Senate von Hamburg, Bremen und Lübeck vom 14. April 1883, durch die man sich ein Bild über das Ausmaß der deutschen Beschwerden hinsichtlich der Behinderungen durch englische und französische Behörden verschaffen wollte[7]).

III.

Die Denkschrift der Handelskammer, an der Adolf Woermann maßgeblichen Anteil hatte, enthielt neben handelspolitischen Forderungen zur Sicherung der Unternehmungen in Westafrika und zur Verbesserung des deutschen Handels präzise Wünsche bezüglich einer politischen Aktivität des Reiches. Es war darin die Rede von der Errichtung einer Flottenstation in Fernando Póo, vom Erwerb der Küste an der Biafra-Bucht, der Neutralisierung der Kongo-Mündung und von Maßnahmen zum Schutze der Deutschen in den „unabhängigen Gebieten". Diese Denkschrift, eine Enquete über die deutschen Interessen, war eine auf Erfahrun-

---

5) Vgl. SCHRAMM, a.a.O. S. 187 ff.

6) Schon im Jahre 1874 hatte das Auswärtige Amt Informationen erbeten, ob in Westafrika besondere Schutzmaßnahmen durch das Reich notwendig wären. In diesem Jahre hatte auch der Hamburger Kaufmann Thormählen, damals noch Vertreter von C. Woermann in Kamerun, später Mitbegründer der Firma Jantzen & Thormählen, dem Auswärtigen Amt vorgeschlagen, an der westafrikanischen Küste ein Berufskonsulat zu schaffen, da die Deutschen nur auf den Schutz des englischen Konsuls und die ihm zur Verfügung stehenden Machtmittel angewiesen seien, was der Autorität der in Westafrika arbeitenden deutschen Firmen abträglich sei.

7) Unwillen hatte eine britisch-französische Konvention vom Jahre 1882 erregt, die u. a. zu Diskriminierungen des deutschen Handels in Sierra Leone geführt hatte.

gen und Beobachtungen beruhende, wohlüberlegte Auseinandersetzung mit den Aufgaben und Problemen kolonisatorischer Betätigung in Westafrika. Die Frage von Handels- und Plantagen-Kolonien wurde erörtert, phantastische Vorstellungen über unbegrenzte Möglichkeiten wurden widerlegt. Pessimistische Auffassungen, wie sie einer im Freihandelsdenken erzogenen Generation im Hinblick auf überseeische Erwerbungen entsprachen, wurden zu korrigieren versucht. Durch diese Arbeit wurde Bismarck zum ersten Male mit der afrikanischen Problematik bekannt gemacht; sie flößte dem Kanzler ein Vertrauen zu Adolph Woermann und der politisch-administrativen Leistungsfähigkeit der Kaufleute ein, welches Woermann später, als es zur Erörterung einer kolonialen Verwaltung kam, enttäuschen mußte[8]). Aber darüber hinaus ist die Denkschrift vom 6. 7. 1883 interessant, weil sie manche Wechselwirkungen von Forschung, wissenschaftlicher Behandlung der afrikanischen Bedingungen und praktischer wirtschaftlicher Erfahrung bereits deutlich machte.

IV.

Die Bedeutung der Forschungsreisen, der wirtschaftliche Wert von Spezialforschungen, aber auch allgemeiner Untersuchungen wurden von der Hamburger Kaufmannschaft, auch wenn es sich nicht um unmittelbare Interessen handelte, erkannt. Einige Beispiele aus der vorkolonialen Zeit mögen das erläutern. Die Commerz-Deputation gab 1859/60 einen namhaften Betrag, um die Reise ALBRECHT ROSCHERS in das Innere Ostafrikas zu ermöglichen, eine Forschungsfahrt, die durch den tragischen Tod Roschers — er wurde am Nyassa-See 1860 ermordet — einen jähen Abschluß fand. Noch ehe CARL CLAUS VON DER DECKEN, im September 1860 in Zanzibar angekommen, seinen Fuß an Land gesetzt hatte, hörte er von dessen Schicksal. Er hatte sich — wie Kersten berichtet — Roscher anschließen wollen — „mit Roscher verbunden, glaubte Decken Großes leisten zu können, und dieser Gedanke war es allein gewesen, welcher ihn bestimmt hatte, seine Reiselust auf diesen Theil Ostafrikas zu lenken"[9]). Fünf Jahre später sollte der große Reisende auf seiner Djuba-Expedition das gleiche Schicksal wie Roscher erleiden. Bezeichnend für die Einstellung der Kaufmannschaft ist die bekannte Episode, daß LUDWIG FRIEDERICHSEN 1874 an der Börse in Hamburg im „Handumdrehen" 2600 Mark sammelte, um sie dem nach siebenjähriger Abwesenheit im damals unbekanntesten zentralen Afrika mittellos in Kairo eingetroffenen Gustav Nachtigal zu übersenden. Wochenlang hatten sich bereits

8) Bismarck wollte die Verwaltung den deutschen Kaufleuten überlassen, zu Woermann sagte er: „Mit preußischen Geheimräten kann ich keine Kolonialpolitik treiben. Ich kann Ihnen doch keinen Landrat nach Kamerun setzen" (POSCHINGER, HEINRICH VON.: Fürst Bismarck und die Parlamentarier. Breslau 1893/94, S. 150). Woermann lehnte jedoch ab, das von Bismarck angeregte Syndikat für Westafrika als Regierungs- und Verwaltungsbehörde in Kamerun fungieren zu lassen. Rücksichten auf die ausländische Konkurrenz und Abneigung, Privatinteresse mit dem Staatsinteresse zu verquicken, waren seine Argumente für die Ablehnung.

9) Baron Carl Claus von der Decken's Reisen in Ostafrika in den Jahren 1859/61 und 1862/65 nebst Darstellung von R. Brenner's und Th. Klingelbach's Reisen zur Feststellung des Schicksals der Verschollenen 1866 und 1867. Bearbeitet von OTTO KERSTEN. Bd 1. 2. Leipzig, Heidelberg 1869/71. S. 140.

Berliner Stellen mit dem Notruf aus Ägypten befaßt; Friederichsen hörte davon und handelte sofort.

Friederichsen, Kartograph und Verleger, vor allem ein glänzender Organisator, hat für die Verbindung von Afrika-Wirtschaft und -Wissenschaft überhaupt Erstaunliches geleistet. Daß die 1873 gegründete Geographische Gesellschaft in Hamburg zu einem Mittelpunkt der Meinungsbildung über Afrika wurde, ja sich das historische Verdienst zurechnen darf, an der Entschleierung des „dunklen Erdteils" tätigen Anteil genommen zu haben, ist auf die Initiative von Männern wie Friederichsen zurückzuführen, eine Initiative, die mit getragen wurde von dem ungeheuren geographischen Interesse, welches das Bürgertum des ausgehenden 19. Jahrhunderts erfaßt hatte. Hinzu trat in Hamburg die lebendige Anschauung der Verhältnisse in Übersee, die es für Wissenschaftler aller Disziplinen reizvoll machte, das Gespräch über Afrika in Hamburg zu suchen, aber auch die Praktiker zum Meinungsaustausch reizte. So findet man in den Mitteilungen der Geographischen Gesellschaft aus den späten 70er Jahren unter den kritischen Rezensenten Namen wie Adolf Woermann.

Die Geographie war als das umfassende Wissenschaftsgebiet nach Zunftgesichtspunkten zwar noch eine sehr junge Disziplin[10]), aber das neue Lebensgefühl, zweifellos eine gewaltige Antriebskraft der europäischen Expansion, gab ihr eine Bedeutung, wie sie zu Beginn des 19. Jahrhunderts der Historie mit der Wiederentdeckung der deutschen Vergangenheit zugekommen war. Auch in späteren Jahren blieb das geographische Interesse lebendig. Werner von Melle berichtet, daß er in den 90er Jahren für die damals von der Oberschulbehörde veranstalteten Vorlesungen Geographen wie Kirchhoff, von Drygalsky und Ratzel — letzteren zum Thema: „Politische Ethnographie" — gewinnen konnte. An einem zwischen die Vorlesungen fallenden Sonntag hätten sich dann um Ratzel als Mittelpunkt zu einem angeregten Kreise der Bürgermeister Burchardt, Adolf Woermann, Neumayer (der Direktor der Seewarte), der Bürgerschaftspräsident Hinrichsen und Brinckmann bei ihm versammelt[11]).

Für das Zusammenwirken der Afrika-Firmen und der Wissenschaft war es bedeutsam gewesen, daß deutsche Reisende und Forscher in den Niederlassungen Stützpunkte besaßen. So hat das Haus Wm. O'Swald & Co. in Zanzibar schon seit den 50er Jahren vielen Expeditionen zur Seite gestanden, für den Nachschub an Lebensmitteln, Medikamenten oder Trägern gesorgt, Verbindungen gehalten und sich um die Sicherung wertvoller Aufzeichnungen — wie nach dem Tode Roschers — bemüht. Brenner gibt im Zusammenhang mit der Schilderung der Expeditionen von der Deckens und der Bedeutung Zanzibars als Ausgangsbasis ostafrikanischer Forschungsreisen einen interessanten Einblick in diesen Bereich hanseatischen Wirkens. Anschaulich sind auch die Schilderungen

10) 1810 war in Berlin der erste geographische Lehrstuhl geschaffen worden, dem erst nach 1870 weitere Lehrstühle folgten.

11) MELLE, WERNER VON: Dreißig Jahre Hamburger Wissenschaft 1891—1921. Rückblicke und persönliche Erinnerungen. Bd 1. Hamburg 1921, S. 206.

des Greifswalder Zoologen REINHOLD BUCHHOLZ, der von 1872—1875 das Gebiet der Goldküste, dann die Landstriche um den Kamerunberg, Gabun und das Flußgebiet des Ogowe durchforschte und eine größere Sammlung der Kleintierfauna zurückbringen konnte. Für die Eingeborenen sah die Forschung so aus: „White man lives for bird and snake and everything for book palaver; king of Hamburg wants to show him everything"! „King of Hamburg" war Herr THORMÄHLEN, Vertreter von C. Woermann, der auf einer Hulk von 600 t, einem abgetakelten russischen Kriegsschiff, residierte und dort den Handel mit Rum, Salz und Textilien betrieb. Buchholz teilte für eine längere Zeit Thormählens Leben auf der Hulk, was ihm die Möglichkeit gab, das afrikanische Leben, wie es sich hier in und um King Bell Town — das die Eingeborenen Duala nennen — abspielte, kennenzulernen[12]).

Das Problem neuer landwirtschaftlicher Kulturen in Afrika beschäftigte Hamburger Firmen genauso wie manche anderen europäischen Handelsunternehmungen und vor allem die Missionsgesellschaften, von denen die Basler Mission an der Goldküste und die Norddeutsche Mission in Togo mit großem Eifer und manchen Enttäuschungen um den Anbau neuer Produkte bemüht waren. ADOLF WOERMANN, der in den Straits Settlements und in Niederländisch-Indien tätig gewesen war, ging mit Elan an die Aufgabe heran, in Gabun die Kaffee-Kultur heimisch zu machen. Erfahrungen an der Goldküste und in Liberia hatten ihn ermutigt; er verpflichtete den Botaniker Soyaux, aber das Unternehmen endete mit einem Mißerfolg und schweren finanziellen Verlusten für die Firma C. Woermann. Trotz dieser bitteren Erfahrung hat Woermann die Bemühungen um den Anbau von Produkten für den Weltmarkt nicht aufgegeben; der Fehlschlag der Gabun-Pflanzung (1879—1881) war kein Einzelfall, Vorwürfe brauchte sich Woermann im Hinblick auf die sorgfältigen Vorbereitungen nicht zu machen. Der Übergang von der Sammelwirtschaft zur höheren Stufe einer für den internationalen Markt produzierenden Bauernwirtschaft oder Plantagenwirtschaft, wie er Europäern vorschwebte, bedurfte einer neuen politischen Ordnung.

V.

Die koloniale Aufteilung, in Bewegung gebracht durch König Leopold II. mit seinem Kongo-Unternehmen, für das er dank der Rivalität der großen Mächte auf der Berliner Konferenz von 1884/85 die internationale Anerkennung als Kongo-Staat erntete, war mit dem Ausgang des 19. Jahrhunderts abgeschlossen. Die Auseinandersetzung Großbritanniens und Frankreichs um den oberen Niger (1898), die Eroberung des Sudans (1898) und der Burenkrieg brachten den Abschluß eines Wettrennens, bei dem sich die beiden traditionellen Überseerivalen — Frankreich und Großbritannien — zur Entente Cordiale zusammenfanden. Es gab Enttäuschte und Saturierte. Argwöhnische Beobachter der Weltentwicklung, die wie Portugal um ihren Besitzstand bangten, witterten Begehrlichkeit.

12) HÄNEL, KARL: Reinhold Buchholz' Reisen in Westafrika 1872—1875. (Afrika-Rdsch. Jg. 4. 1938/39, S. 77 ff.)

Erschließung und Entwicklung gingen unterschiedlich vonstatten; Rückschläge und blutige Befriedungsaktionen blieben nicht aus. Der Hamburger Afrika-Handel verlor in dieser imperialistischen Epoche von 1885 bis 1914 die Führung der kolonialen Angelegenheiten, sein politischer Einfluß schwand; seine Interessen waren zudem oft nicht mit neomerkantilistischen Tendenzen zu vereinen. Handelspolitisch bestand er auf der Innehaltung liberaler Grundsätze im Verkehr mit den deutschen Schutzgebieten; die Abwehr protektionistischer Bestrebungen, z. B. der zollmäßigen Präferenzierung von Produkten der deutschen Kolonien, war noch ein Verdienst Adolf Woermanns. Rücksichten auf deutsche Interessen in den britischen Gebieten spielten eine ausschlaggebende Rolle; die Gefährdung des deutschen Handels mit diesen Ländern, der das Volumen des Handels mit den eigenen Kolonien übertraf, stand den Hamburgern wie ein drohender Schatten vor Augen. Man blickte nach London; ja, man bezog in Hamburg aus der englischen Kolonialpraxis manche Anregungen, britische Vorbilder beeinflußten das kolonialwirtschaftliche Konzept der „Westafrikanischen Kaufleute".

Das alte West-Afrika-Syndikat hatte sich überlebt; am 5. Juni 1902 berief Albert Weber die konstituierende Versammlung des „Vereins Westafrikanischer Kaufleute" ein. Durch die Arbeit des Vereins zieht sich wie ein roter Faden die ständige Auseinandersetzung mit der deutschen Kolonialpraxis. Auch wenn das Arbeitsgebiet das gesamte Westafrika bis Angola umfaßte, somit Togo und Kamerun nur einen Teil des Tätigkeitsfeldes der dem Verein angeschlossenen Firmen ausmachten, sah man sich laufend veranlaßt, zu grundsätzlichen und aktuellen kolonialen Fragen Stellung zu nehmen. Das brachte den Verein nicht selten in Gegensatz zu der Politik der Gouverneure und der vom Gouvernement geförderten Plantagengesellschaften. Kritik wurde laut an den Arbeiteranwerbungsmethoden und den oft rigorosen Maßnahmen zur Beschaffung der Arbeitskräfte für die Pflanzungen. In dem Abzug der Arbeitskräfte erblickte man eine Vernachlässigung der Eingeborenen-Kulturen; Vietor aus Bremen, der in Zusammenarbeit mit der Norddeutschen Mission schon vor der Schutzerklärung Togos Grundlagen einer Bauernwirtschaft geschaffen hatte, wachte darüber, daß Togo nicht zum bevorzugten Arbeitsgebiet von Pflanzungsgesellschaften wurde. Mit ihm vertrat Breckwoldt von der Firma C. Woermann die Auffassung, daß die Entwicklung in Westafrika nur durch eine energische Förderung der Eingeborenen-Kulturen voranzubringen sei. „Hätte man", schrieb Breckwoldt aus Kamerun, „wie in Togo oder wie in englischen Kolonien von Anfang an die Eingeborenen-Kulturen unterstützt, ihnen die nötige Aufmerksamkeit geschenkt, dann hätten wir heute bereits eine glänzende Entwicklung, um ganz andere Summen im Handel umzusetzen" (Akten u. Protokolle d. Vereins Westafrik. Kaufleute [unveröff.]. Vgl. Afrika-Verein: Afrika-Bericht 1959/60, Hbg 1960).

Gewiß, das Interesse der Kaufmannschaft lag — wie Breckwoldt schrieb — „unbedingt und ausschließlich auf seiten der Eingeborenen-Kulturen"; es waren — durchaus verständliche — egoistische Motive! Trotzdem hat die Diskussion, da sie letzthin auch in andere Bereiche führte, wie die der Eingeborenenpolitik überhaupt und besonders der Eingeborenen-Erziehung, dazu beigetragen, die Beschäftigung mit dem „Eingeborenen" zu vertiefen.

VI.

Mit der Berufung DERNBURGS[13]) wurde eine neue Ära der Deutschen Kolonialpolitik eingeleitet. Die Konzeption der „Entwicklung" wurde eigentlich jetzt erst herausgebildet. Die wissenschaftliche Vertiefung der Kenntnis von Land und Menschen mit dem Ziel, zu einer größeren Verantwortlichkeit zu erziehen, wurde ein Teil dieser neuen, auf Entwicklung ausgerichteten Politik. Als in der Budgetkommission des Reichstages der Zentrumsabgeordnete Freiherr von Hertling im April 1907 den Antrag stellte, eine ordentliche Professur für Kolonialwissenschaft zu schaffen, griff der Referent für den Kolonialetat, Dr. Semler, die Anregung auf und setzte durch, daß die Budgetkommission einen Vorschlag an den Reichstag richtete, diesen Lehrstuhl bei dem Etat-Posten „Subvention für das Hamburgische Institut für Schiffs- und Tropenkrankheiten" unterzubringen. Das war die Geburtsstunde des Kolonialinstituts; Hamburg griff zu, Professor THILENIUS entwarf die Grundidee eines Institutes, dessen Lehrkörper durch die Direktoren wissenschaftlicher Anstalten und Dozenten des Vorlesungswesens zu bilden war. Nach einer Rücksprache mit Professor FÜLLEBORN „reichten die in Hamburg vorhandenen Mittel und Kräfte aus, sofern der Nationalökonom und ein Linguist für afrikanische Sprachen hinzukommen" (MELLE, WERNER VON: a.a.O. Bd 1, S. 453). Aufschlußreich sind die Argumente, mit denen auf hamburgischer Seite argumentiert wurde, um die Reichsregierung von rivalisierenden Bestrebungen in Berlin abzubringen. Es waren die bestehenden Hamburger Einrichtungen, die Kontakte mit dem praktischen Leben, welche den Staatssekretär nach einem Besuch in Hamburg von der Richtigkeit der Entscheidung überzeugten.

Die Kaufmannschaft, vertreten durch die Handelskammer Hamburg, hat an den Vorarbeiten zur Gründung des Kolonialinstituts und an seiner Konzeption regen Anteil genommen. So entschieden sich die Handelskammer gegen das Projekt einer Handelshochschule geäußert hatte[14]) und so ablehnend trotz geteilter Auffassungen in der Kaufmannschaft sie sich zu dem Gedanken einer Universitätsgründung verhielt, so positiv stellte sie sich zur Schaffung eines Kolonialinstituts ein. Hervorragende Männer wie Adolf Woermann, Max Warburg[15]) und Justus Strandes haben Anteil am Aufbau dieses Instituts gehabt, das nach den Vorstellungen von BERNHARD DERNBURG zwei große Funktionen erfüllen sollte: „Es muß in dem Kolonialinstitut erstens eine Zentralsammelstelle für exaktes

---

13) Dernburg, vormals Direktor der Darmstädter Bank, wurde 1906 noch interimistisch zum Direktor der Kolonialabteilung des Auswärtigen Amtes, dann 1907 zum Staatssekretär des neuen Reichskolonialamtes berufen.

14) BAASCH, ERNST: Die Handelskammer zu Hamburg 1665—1915. Bd II, 2. Hamburg 1915, S. 854 ff.

15) Moritz Warburg und sein Sohn Max Warburg waren mit Dernburg gut bekannt. Dernburgs Verbindung mit Hamburg und seine Entscheidung zugunsten der Hamburger Gründung ist wesentlich auf den Einfluß Max Warburgs zurückzuführen.

wissenschaftliches Material über die Kolonien geschaffen werden unter der Leitung einer führenden, organisatorisch begabten Persönlichkeit, die die Kolonien genau kennt. Und zweitens muß das Institut für die in die Kolonien gehenden Kaufleute und Beamten die Vorbildung liefern, sie mit dem für ihre Tätigkeit erforderlichen wissenschaftlichen und praktischen Rüstzeug versehen"[16]). Die unmittelbare Mitarbeit der Afrika-Wirtschaft Hamburgs an dem neuen Institut wurde durch den Kaufmännischen Beirat gesichert, in dem JUSTUS STRANDES eine einflußreiche Rolle spielte. Auf Strandes' Mitwirkung ist u. a. die Errichtung einer Orient-Professur zurückzuführen, es handelte sich — wie von Melle berichtet — „um die erste unserer auch die ‹Realien› mit berücksichtigenden, ja sie in den Vordergrund stellenden Sprach- und Kulturprofessuren".

Justus Strandes verkörperte in seltener Weise den erfahrenen und erfolgreichen Kaufmann, welcher den Wert der Forschung und wissenschaftlichen Lehre für eine moderne Kolonialpolitik erkannt hatte, sich jedoch nicht beschränkte auf die angewandten Wissenschaften, von denen ein unmittelbarer Nutzen zu erwarten war, sondern — wie er bei der Entscheidung über eine ständige Professur für Orientalistik bewies — die Grundlagenforschung der Geisteswissenschaft und ihre Auswertung für die nach Afrika gehenden Beamten, Kaufleute und Offiziere betont wissen wollte[17]). Er selbst war lange Jahre als Generalagent der Hamburger Firma Hansing & Co. in Zanzibar tätig gewesen und danach Chef des Hamburger Hauses geworden; seiner Vaterstadt Hamburg diente er später auch als Senator und Gesandter in Berlin. Mit seinem im Jahre 1899 erschienenen Buch „Die Portugiesenzeit von Deutsch- und Englisch-Ostafrika" hat er sich mehr als nur ein literarisches Verdienst erworben. Strandes gehörte zu den gebildeten Kaufleuten, deren Urteil auch von denen, die ihm politisch nicht folgten, beachtet wurde. Die Hamburgische Universität — Strandes war im Gegensatz zu manchen seiner Freunde in der Handelskammer ein Befürworter der Universität — erkannte seine Verdienste im Jahre 1922 durch die Verleihung der Ehrendoktorwürde der Philosophischen Fakultät an.

Für die Entwicklung und Förderung der „Afrika-Wissenschaften" im weitesten Sinne und die Ausweitung des Tätigkeitsgebietes des Kolonialinstituts über den engeren Bezirk der Deutschen Schutzgebiete hinaus hat ein anderer Hamburger, ein großer Patriot, wie Strandes Mitglied des Kaufmännischen Beirates und wie er ein Befürworter der Universitäts-

---

16) MELLE, WERNER VON: a.a.O. S. 465 ff.

17) Aus einem Brief von Justus Strandes zur Frage der Orient-Professur: „Die ganze Kultur der Eingeborenen der Küste von Deutsch-Ostafrika hat sich seit länger als einem Jahrtausend unter islamitischen Anschauungen entwickelt, und seit nahezu einem Jahrhundert sind diese Anschauungen auch im Innern im Vordringen begriffen. Wahrscheinlich geht man in der Annahme nicht zu weit, daß dort das bekannte stetige Vordringen der Suaheli-Sprache auch gleichzeitig die Ausbreitung mohammedanischer Lebensanschauung kennzeichnet . . . Wenn auch nicht in demselben Maße wie in Ostafrika, so hat auch in dem Hinterlande von Kamerun und Togo der Islam durch die Haussa und Fulbe große Bedeutung. In allen unseren tropisch-afrikanischen Kolonien ist somit mit einschlägigen Anschauungen zu rechnen, und es bedarf keiner Ausführungen, daß es von höchstem Wert ist, unsere Kolonialbeamten, Kaufleute, Offiziere usw., die dort wirken sollen, damit vertraut zu machen. Der Kaufmännische Beirat glaubt daher, daß die Schaffung der Gelegenheit zur Belehrung in orientalischen Anschauungen, Sitten und Gewohnheiten geradezu ein Erfordernis für das Kolonialinstitut ist" (MELLE, WERNER VON: a.a.O. Bd 1, S. 478 f.). Über die Ausbreitung des Islam in Westafrika infolge der kolonialen Herrschaft vgl. TRIMINGHAM, J. SPENCER: A History of Islam in West Africa. 1962, S. 220 ff.

gründung, sich wahrhaft große Verdienste erworben: MAX WARBURG. Das Bankhaus Warburg darf für sich in Anspruch nehmen, sich ganz besonders für die Betätigung Deutschlands in den Kolonien interessiert zu haben. Max Warburg berichtet, kein Bankhaus in Deutschland „hätte sich so zielbewußt" in dieser Hinsicht verhalten. Er selbst hat als Mitglied der Handelskammer seit 1902 die kolonialen Bestrebungen unterstützt und — wie erwähnt — bei der Gründung des Kolonialinstituts durch die Fühlungnahme mit Dernburg, mit dem er „freundschaftlich verbunden" war, einen wesentlichen Beitrag geleistet. Das Institut für Schiffs- und Tropenkrankheiten konnte dank Warburgs tätiger Hilfe zweimal aus finanziellen Schwierigkeiten gerettet werden.

Auch diese Betätigung muß im Zusammenhang mit der neuen Entwicklungsperiode gesehen werden, welche in der Afrika-Politik Deutschlands mit der Ära Dernburg eingeleitet wurde. Das Interesse für Kolonialwerte stieg, die ersten zarten Keime des Fortschritts in den Kolonien brachten kritische Stimmen wegen der Unrentabilität und der dauernden finanziellen Belastung des Reiches zum Verstummen, die von Dernburg eingeleitete Finanzreform, ferner der Abbau der Militär-Ausgaben trugen zu einer neuen Beurteilung bei und regten zu einer über die — durch den abgeschlossenen Aufteilungsprozeß gezogenen — politischen Grenzen hinausgehenden Afrika-Initiative an. Trotz politischer Spannungen machten sich Anzeichen einer internationalen wirtschaftlichen Zusammenarbeit in Afrika bemerkbar; kluge Diplomaten, wie der deutsche Botschafter in London, Graf Wolff-Metternich, suchten diese Strömung zur Entspannung der politischen Lage zu nutzen, der afrikanische Hebel zur Beseitigung der blockierenden Widerstände bot sich an. Noch im Februar 1914 sprach Lord Milner mit Max Warburg über die Gründung einer gemeinsamen Bank in Marokko; Sir Edward Grey machte keine Einwände, daß eine deutsche Gruppe unter Hamburger Banken-Führung die Kontrolle über eine große portugiesische Konzessionsgesellschaft in Mozambique übernahm; finanzpolitische Abkommen über eine Interessenabgrenzung in Afrika waren zwischen Großbritannien und Deutschland so gut wie abgeschlossen, als die Katastrophe des Weltkrieges hereinbrach, von der auch die Hamburger Übersee-Wirtschaft überrascht wurde.

VII.

Hier ist nicht der Raum, über die Vorgeschichte des Krieges, die Bedeutung Afrikas für die Ursachen des Kriegsausbruchs und die Entwicklung nach 1914 zu sprechen. Es mag der Hinweis genügen, daß Afrika nach dem Abklingen der durch die Agadir-Krise entstandenen Spannung kein Explosionsherd gewesen ist. Nachdem jedoch der Krieg entfesselt war, gab die Spekulation über den Ausgang Phantastereien den Weg frei; bedingt durch die Kriegspsychose, verschärft durch die Verbitterung über den raschen Verlust der militärisch nicht oder unzureichend gesicherten Schutzgebiete, wurden Betrachtungen über künftige Erwerbungen angestellt[18]).

18) Vgl. KERSTEN, DIETRICH: Die Kriegsziele der Hamburger Kaufmannschaft im Ersten Weltkrieg. Hamburg 1963. — Diss. —

Das Ende des Krieges brachte den Verlust der wirtschaftlichen Positionen Deutschlands in Afrika, verbunden mit der Vertreibung der Deutschen — Missionare eingeschlossen — und einem „Urteilsspruch" über die Afrika-Betätigung Deutschlands, der in seiner diffamierenden Verallgemeinerung noch in der psychologischen Kriegsführung der Alliierten wurzelte.

Diese „Diffamierung" ist von Wirtschaft und Wissenschaft gleichermaßen empfunden worden, zumal man nach 1919 weite Teile Afrikas gerade den deutschen Kreisen verschloß, die für die Entwicklung und den Fortschritt eine vor 1914 — unberührt von politischen Auseinandersetzungen — international gewürdigte Leistung zu verzeichnen hatten. Das traf — wissenschaftlich gesehen — auf alle Disziplinen zu, die unter dem Dach des alten Kolonialinstituts, jetzt nach 1919 unter dem der Universität versammelt waren. Zum Teil hat diese Nichtachtung der wissenschaftlichen Arbeit Deutschlands noch lange angehalten; zwar konnte man nicht an Robert Koch vorbeigehen, aber andere Arbeiten und Forschungsergebnisse der deutschen Tropenmedizin blieben in der historischen Betrachtung des „An African Survey" in der Ausgabe von 1956 genau so unerwähnt wie in der Erst-Veröffentlichung dieses englischen Standardwerkes von 1938[19]). Im Jahre 1938 mochten vielleicht noch politische Gründe mitgespielt haben, z. B. die Scheu, eine Anerkennung auf einem Teilgebiet kolonisatorischer Betätigung auszusprechen, die vielleicht im Sinne eines kolonialen Revisionismus politisch ausgebeutet werden konnte. Jedenfalls widersprach es dem Geist der Zusammenarbeit, über den sich der Oxforder Biologe Julian Huxley schon im Jahre 1923 geäußert[20]) und dem der Hamburger Tropenmediziner MÜHLENS aus der praktischen Erfahrung folgenden Ausdruck gegeben hatte:

> „Tropenmediziner fast aller Nationen arbeiten seit über sechs Jahrzehnten an den wichtigsten Problemen der Tropenmedizin und Tropenhygiene. Unter den Tropenmedizinern aus aller Welt besteht fast stets eine gute Kameradschaft, ähnlich jener, wie sie unter den Fliegern der meisten Kulturnationen selbst in Kriegszeiten festzustellen war. So kam in gewissem Sinne eine geistige und praktische Zusammenarbeit zustande: Einer baute auf den Forschungsergebnissen des anderen auf, ohne Mißgunst und Neid, in dem einzigen Bestreben, der Allgemeinheit und der leidenden Menschheit in den warmen Zonen aller Erdteile zu nützen"[21]).

Als Mühlens diese Zeilen schrieb, stand man bereits wieder am Vorabend einer Katastrophe, welche zum zweiten Male die Ergebnisse Hamburger Afrika-Arbeit weitgehend zerstören sollte.

---

19) So blieb z. B. das Wirken des Medizinalreferenten von Kamerun, des späteren Prof. ZIEMANN unerwähnt, der als erster die systematische Erforschung tropischer Ernährungswissenschaft im Sinne der Eingeborenen-Gesundheit betrieben und mit seinem 1907 vor der „British Society for the prevention of Tropical Deseases" in London vorgetragenen Ernährungsprogramm den großen Beifall der Tropenmediziner geerntet hatte.

20) Huxley hatte im Daily Herald unter dem Eindruck des von Dr. Luter entwickelten Heilmittels gegen die Schlafkrankheit „Bayer 205" gesagt: „Diese Entdeckung allein ist für alle Nationen mit tropischen Besitzungen von solcher Wichtigkeit, daß mit einem Schlage klar wird, wie sträflich dumm es ist, eine große, wissenschaftliche Nation in eine Lage zu bringen, die ihr die Fortsetzung ihrer wissenschaftlichen Arbeiten nur noch mehr erschwert." Zit. nach TOWNSEND, M. E.: Rise and Fall of the German Colonial Empire. Deutsche Übertragung, Leipzig 1928, S. 252.

21) In: Afrika-Rundschau, Hamburg Jg. 1939/40, S. 13.

Auch in dieser „Wiederaufbauperiode“ der zwanziger Jahre, die durch die große Krise jäh unterbrochen wurde, in der jedenfalls nach 1930/31 ein langsames Tempo geboten war als Folge der widrigen Bedingungen, die mit dem Preisverfall der Rohstoffe, dem Schwinden der Kaufkraft, dem fast völligen Versiegen der Investitionsquellen und der Finanznot der europäischen Administrationen hinreichend gekennzeichnet sind, hat es viele fruchtbare Wechselwirkungen von Wirtschaft und Wissenschaft gegeben. Die Rückerwerbung der Pflanzungen am Kamerunberg im Jahre 1924 und die Wiederaufnahme der 1914 unterbrochenen Pionierarbeit, die Bananen-Kultur in Westafrika als Export-Kultur heimisch zu machen, stellte die zumeist Hamburger Gesellschaften vor die interessante Aufgabe, kaufmännische Überlegungen mit Pflanzungspraxis, technische Erwägungen mit strenger wissenschaftlicher Methodik zu verbinden. Der Wiederaufbau in Kamerun war ein Erfolg; darüber hinaus boten die neugeschaffenen deutschen Stützpunkte zahlreichen Wissenschaftlern die Basis für ihre Forschungen. Dies war sowohl für Geographen wie für Ethnologen, für Afrikanisten wie Mediziner und auch für Bodenkundler und Agrarwissenschaftler von großem Gewinn.

Diese praktische Förderung der „field studies“ ergab sich in allen Ländern, wo die hanseatischen Häuser wieder Niederlassungen und Faktoreien errichtet hatten. Da die Mittel für Forschungsreisen spärlich waren, später noch Devisenschwierigkeiten einer Auslandsarbeit auferlegten, mit geringen Mitteln auszukommen, war die lebendige Beziehung zwischen wirtschaftlicher Praxis und Wissenschaft häufig unerläßlich. In Hamburg selbst bestanden viele persönliche Verbindungen; Persönlichkeiten wie Carl Meinhof, Siegfried Passarge, Thilenius, der Botaniker Bredemann standen mit der älteren „Afrikaner“-Generation im Meinungsaustausch. Der Meteorologe Semmelhack organisierte über deutsche Pflanzungen und Niederlassungen einen afrikanischen Beobachtungsdienst, dessen Wert für die Wissenschaft und dessen Auswertung für die Wirtschaft bedeutsam waren.

Der Afrika-Verein Hamburg-Bremen, nach dem Vorbild des älteren, seit 1900 bestehenden Ostasiatischen Vereins gegründet, in Ausweitung des Tätigkeitsbereiches des von ihm übernommenen Vereins Westafrikanischer Kaufleute, wurde zu einem Mittelpunkt der Afrika-Interessen und der wirtschaftlich-wissenschaftlichen Begegnung.

Als im Mai 1939 unter dem Rektorat von ADOLPH REIN das Kolonialinstitut der Universität als eine Form der Zusammenfassung bestehender Institute und Seminare zum Zwecke einer gemeinsamen Behandlung überseeischer Probleme gegründet wurde, haben dabei Reminiszenzen im Hinblick auf das alte Institut ebenso eine Rolle gespielt wie Zeitströmungen. Das Institut konnte sich nicht mehr entfalten, weder in seiner allgemeinen wissenschaftlichen Arbeit noch als Zentrum der Begegnung von Wissenschaftlern und Wirtschaftlern, wie sie in anderem Rahmen, z. B. in der „Gesellschaft der Kaufleute“ und ihrer Arbeitskreise oder im Afrika-Verein vorausgegangen war. Immerhin wurde bei den Überlegungen zur Gründung des neuen Kolonialinstituts erkennbar, welches geistige „Afrika-Kapital“ in Hamburg vorhanden war. Es ist wohl keine Übertreibung, zu sagen, daß dieses „Kapital" Hamburg befähigte, bei dem Neuaufbau der deutschen Übersee-Beziehungen die ersten Fäden mit Afrika zu knüpfen, und zwar unter den neuen Bedingungen eines der De-Kolonisation entgegenschreitenden Kontinents!

VIII.

Ein Blick auf die Afrika-Verbindungen Hamburgs enthüllt das Bild intensiver Beziehungen. Hamburger Handelshäuser — alte Namen und neue Namen — sind in West- und Ostafrika mit Tochterfirmen und Niederlassungen tätig. Es ist eine andere Art des „engagements" als in den zwanziger Jahren, als man vom Wiederaufbau sprach — eine Vokabel, die man seit 1950 nicht mehr gebraucht. Die Vorstellung einer „Restauration", wie sie vielleicht die Wiederaufbau-Mentalität nach 1919/20 beflügelte, hatte sich überholt. Bereits vor dem Prozeß der modernen Staatenbildung in Afrika gab man sich keinen Täuschungen hinsichtlich der Grenzen der Betätigung hin. So ist das aus früheren Jahrzehnten bekannte Produktengeschäft in vielen Ländern nicht wieder aufgenommen worden, da neue Formen des Wirtschaftsverkehrs („marketing boards") zu einer „Nationalisierung" des Aufkaufs und Handels geführt haben. Auf der Ausfuhrseite schmilzt das traditionelle Afrika-Geschäft in Konsumwaren zusammen; auch hat der Wandel in Afrika die Struktur des Handels berührt; für die Niederlassung alten Stils, die mit Faktoreien und weit ins Hinterland vorgetriebenen Stores arbeitete, ist die Zeit abgelaufen. Auch hier sind dem „Fremden" die Grenzen gesetzt. Die erhebliche Kapitalanstrengungen der Handelsfirmen erfordernde Anpassung zielt auf das technische Geschäft, auf die Belieferung mit hochwertigen Konsumwaren, auf die Fähigkeit, Anlagen zu liefern, sich an industriellen Unternehmungen zu beteiligen. Bereits bevor die Vokabel „Entwicklungspolitik" zum gängigen Modeartikel wurde, haben verschiedene Hamburger Häuser erkannt, daß ihre Aufgabe in der Teilnahme an der Entwicklung liegt.

Wenn in den Ein- und Ausfuhrziffern unseres Handels sich trotz mancher Rückschläge ein eindrucksvolles Volumen des Güteraustausches spiegelt, so ist die Zahl der Dienste und der Abfahrten der Hamburger Reedereien nach West- und Ostafrika nicht minder interessant. Hamburg ist wieder ein Zentrum der afrikanischen Verbindungen, ist Vorort für die Beziehungen geblieben. Aber es unterliegt keinem Zweifel, daß heute mehr denn je die Afrika-Betätigung einer breiten wissenschaftlichen Fundierung bedarf, daß jene in vergangenen Jahrzehnten so wirkungsvolle Begegnung von Wirtschaft und Wissenschaft heute noch dringlicher ist als in den Perioden der Ausbreitung Europas, der tastenden Erschließung unbekannter Räume.

Aus dieser Überlegung heraus entstand das „Deutsche Institut für Afrika-Forschung", herausgewachsen aus der Arbeit des Afrika-Vereins, gedacht als Brücke von der Praxis zur Wissenschaft, wirkend in dem größeren Rahmen eines Übersee-Instituts.

Heinrich Barth hat seinen großen Bericht mit der schlichten Bemerkung geschlossen: „Allerdings ließ ich auf der Straße, die ich persönlich erforschte, gar manches meinen Nachfolgern zur Verbesserung, aber immerhin habe ich die Genugtuung, mir bewußt zu sein, daß ich den Blicken des wissenschaftlichen europäischen Publikums eine höchst ausgedehnte Länderstrecke der abgeschlossenen afrikanischen Welt eröffnet habe; ja, ich habe diese Gegenden nicht allein leidlich bekannt gemacht, sondern auch die Eröffnung eines regelmäßigen Verkehrs zwischen Europäern und jenen Landschaften ermöglicht." Und in diesem Sinne sind alle „Afrikanisten" aller Disziplinen heute Nachfolger auf der Straße, die Heinrich Barth gezogen ist, um den von ihm geöffneten Verkehr zwischen Europäern und jenen Landschaften zu bewahren und stetig zu verbessern.

Hamburgs Anteil an der geologischen Erforschung Afrikas

Von Hans Weber

Deutsche Geologen und Mineralogen hatten seit jeher bedeutenden Anteil an der erdgeschichtlichen Erkundung des afrikanischen Kontinents. Besonders die Jahre bis zum Ersten Weltkrieg, in denen zahlreiche Geologen in den ehemaligen Schutzgebieten wirkten, brachten eine Fülle von Ergebnissen, die noch heute zu den Fundamenten unseres geologischen Wissens von Afrika gehören. Umfangreiches Sammlungsmaterial bereichert die Schätze der deutschen Institute und Museen und ist Ausgangspunkt zahlreicher grundlegender Publikationen. In Hamburg, von wo aus deutsche Afrika-Expeditionen ihren Ausgang nahmen, birgt das 1907 gegründete Mineralogisch-Geologische Staatsinstitut die Sammelergebnisse vieler dieser Reisen, so der von Passarge (Nordafrika 1895, Kalahari 1904), der innerafrikanischen Expedition des Herzogs Adolf Friedrich von Mecklenburg, der ostafrikanischen Expedition der Geographischen Gesellschaft und der Reisen Georg Gürichs.

Mit Gürichs Namen, der, von Breslau kommend, 1910 als Nachfolger Gottsches zum Direktor des Instituts berufen und 1919 zum Ordinarius an der neu gegründeten Universität Hamburg ernannt wurde, ist der Anteil Hamburgs an der geologischen Afrika-Forschung unlösbar verbunden. Er gehört zu den Pionieren der Afrika-Forschung, die noch auf beschwerlichen und mühsamen Reisen den weitgehend unbekannten Kontinent erforschten. Seine erste Reise führte ihn im Jahre 1885 als Begleiter G. R. Flegels nach Westafrika von der Mündung des Senegal bis zur Nigermündung, dann nigeraufwärts bis zu seinem Nebenfluß Benue und von dort bis Loko. Seit dieser Reise hielt ihn Afrika gefangen. Darüber sagte er in seiner Festrede an der Reichsgründungsfeier am 17. 1. 1925:

> „Die Eindrücke, die ich beim Betreten afrikanischen Bodens an den glücklichen Gestaden der kleinen Los-Inseln vor der Küste von Franz.-Guinea empfing, leben noch heute unauslöschlich in mir. Abgesehen von der Kraft der dortigen tropischen Vegetation, abgesehen von der Fremdartigkeit der Negerbevölkerung, die in harmloser Festesfreude die Mondscheinnächte feierte, fesselten mich am Gestade die zahlreichen Gehäuse von Meerestieren, wie ich sie überraschend ähnlich aus den tertiären Ablagerungen des bis in meine oberschlesische Heimat reichenden Wiener Beckens kannte, und noch nachhaltiger nahmen die von der atlantischen Brandung benagten eigenartigen Felsgesteine meine Aufmerksamkeit in Anspruch. Es war ein Nephelinsyenit und dieses Vorkommen gab Stoff ab für meine Habilitationsschrift im Jahre 1887."

Viermal hat GÜRICH den afrikanischen Kontinent besucht. 1888/89 bereiste er im Auftrag des deutschen Goldsyndikats Südwestafrika, um angebliche Goldlagerstätten und Diamantenfunde zu untersuchen. Nach seiner Berufung nach Hamburg setzte er seine in Breslau begonnenen afrikanischen Studien fort. Im Jahre 1914 stellten ihm Hamburgs Senat und Bürgerschaft die Mittel für eine Reise nach Ostafrika zur Verfügung, die durch den Ausbruch des Weltkrieges ein vorzeitiges Ende nahm. GÜRICH geriet in Gefangenschaft. Doch auch da war ihm die Möglichkeit gegeben, geologisch zu arbeiten, wenn auch unter militärischer Bewachung. Er untersuchte in dieser Zeit in Südafrika die Karrooformation und den Tafelbergsandstein.

Nach Hamburg zurückgekehrt, galt auch weiterhin ein Teil seiner Forschungen der Geologie Afrikas. Eine letzte, von der Notgemeinschaft der Wissenschaft und von Hamburgs Senat finanzierte Reise führte GÜRICH noch im Alter von 70 Jahren gemeinsam mit R. HEINZ im Jahre 1929 nach Südwestafrika und Südafrika.

In zahlreichen Publikationen GÜRICHS und seiner Mitarbeiter fanden die Ergebnisse seiner Reisen ihren Niederschlag und trugen Wesentliches zur geologischen Kenntnis des afrikanischen Kontinents bei. Insbesondere seine Arbeiten über Südwestafrika, dessen Erforschung er besonders zugetan war, gehören zu den wichtigsten Grundlagen der geologischen Kenntnis dieses Landes.

Mit GÜRICHS Ausscheiden im Jahre 1933 endete jene Epoche deutscher Afrika-Forschung, an der Geologen der Hamburger Universität wesentlichen Anteil hatten. Andere geologische Forschungsaufgaben traten in Hamburg in den Vordergrund und ließen das Interesse an Fragen der Geologie Afrikas weit zurücktreten. So ist es auch verständlich, daß fortan nur noch wenige Veröffentlichungen über Afrika aus der Feder Hamburger Geologen erschienen. Krieg und Nachkriegszeiten schränkten die Forschungsmöglichkeiten ohnehin weiter ein.

Seit etwa 10 Jahren trat Afrika erneut in verstärktem Maße in den Blickpunkt Hamburger Geologen. Während aber die geologischen Forschungen der Zeit vor 1933 in ihrem überwiegenden Teil rein wissenschaftlicher Natur waren — inspiriert durch die Persönlichkeit GÜRICHS —, traten nunmehr Probleme der angewandten Geologie in stärkerem Maße in den Vordergrund. Den Impuls zu einer mit modernsten technischen Mitteln anlaufenden geologischen Erforschung Afrikas gab die Erdölindustrie. Sicherlich hatten auch in den früheren Forschungsperioden wirtschaftliche Fragen, wie die Suche nach Erz-, Gold- und Diamanten-Lagerstätten, eine Rolle gespielt (so die bereits erwähnte, im Auftrag des deutschen Goldsyndikats durchgeführte Reise GÜRICHS in den Jahren 1888/89), ihre Klärung war jedoch nicht Hauptziel solcher Expeditionen. Aber wird Forschung entwertet, wenn sie sich von der rein wissenschaftlichen Fragestellung ihrer praktischen Anwendung zuwendet und ihre Anregungen, ihre Problemstellungen aus der Praxis erhält? Der Wahrheitsgehalt einer Forschung ist unabhängig davon, ob sie sogenannte reine oder angewandte Forschung darstellt, und es ist nicht zu übersehen, daß die Arbeiten der angewandten Forschung sich meistens vor einer sehr viel härteren und schonungsloseren Kritik zu bewähren haben.

Erneute geologische Arbeiten in der Sahara haben sehr vieles zur Klärung und Vertiefung unserer Kenntnis vom geologischen Bau des großenteils von jungen Sedimenten bedeckten Untergrundes beigetragen. An die Stelle sporadischer Routenaufnahmen ist eine flächenhafte Detailkartierung getreten und hunderte von Tiefbohrungen haben bisher nicht zugängliche „Aufschlüsse" geschaffen.

Obwohl in den früheren Forschungsberichten darauf hingewiesen wurde, daß in Afrika an verschiedenen Orten, so in Ägypten, Marokko, Algerien und Kamerun, Erdöl vorhanden sei, begann erst unmittelbar nach dem Zweiten Weltkrieg eine gleichsam nach Generalstabsplänen ausgelegte intensive Erforschung, insbesondere des nordafrikanischen Raumes, unter Zuhilfenahme aller vernünftig erscheinenden, erprobten Explorationsmethoden. Dabei verlagerten sich, entsprechend den geologischen Lagerungsverhältnissen der neu entdeckten Erdölvorkommen, die Forschungsaufgaben schrittweise auf das nordafrikanische Schelfgebiet des alten Gondwana-Landes und auf die mit mächtigen Sedimenten aufgefüllten Küstenbecken des Kontinents.

Neben der konventionellen geologischen Aufnahme der Oberfläche kamen sämtliche geophysikalische Verfahren — Magnetik, Gravimetrie und Seismik — in einem einmaligen Großeinsatz zur Anwendung. Rund 3 800 Tiefbohrungen untersuchten die ermittelten Strukturen und erschlossen damit eines der bedeutendsten Erdölgebiete der Welt, das heute etwa 5 % der Welterdölreserven birgt. Diesen Bemühungen schlossen sich auch die deutschen Erdölfirmen an.

Die deutsche Rohölversorgung kann seit jeher nur zu einem geringen Teil aus der Förderung der eigenen einheimischen Erdölfelder gedeckt werden, obwohl deren Produktion von Jahr zu Jahr ansteigt und 1964 die Rekordhöhe von 7,7 Mio t erreichte. Es ist daher eine folgerichtige Entwicklung, daß die deutschen Erdölgesellschaften neben der weiteren Suche nach neuen Lagerstätten im Inland nun auch im Ausland erdölgeologisch aussichtsreich erscheinende Gebiete erforschen, um weitere eigene Produktionsbasen zu schaffen. Nur dadurch können sie den angemessenen Anteil an der Energieversorgung der Bundesrepublik halten und damit wettbewerbsfähig bleiben. Dabei wurde bereits frühzeitig der Blick auf Nordafrika gelenkt, das in der Nachkriegszeit in einer rapiden Entwicklung in den Vordergrund der mineralölwirtschaftlichen Interessen getreten ist, seit in den Jahren 1955 und 56 die ersten wirtschaftlich rentablen Felder in der westlichen Sahara (Edjeleh und Hassi Messaoud) und 1959 in Libyen (Zeltan) entdeckt wurden.

Die 1959 in Algerien aufgenommene Förderung erreichte 1964 eine Höhe von 26 Mio t. Libyen, das 1961 die Produktion aufnahm, überflügelte 1964 bereits Algerien und förderte rund 41 Mio t. Die transportmäßig günstige Lage dieser Länder bedingt es, daß sie zu bevorzugten Lieferanten der deutschen Raffinerien wurden. Der Anteil der nordafrikanischen Länder Algerien und Libyen an den deutschen Rohölimporten betrug 1964 bereits 34 % und wird sich in den kommenden Jahren weiter steigern. Über Versorgungsleitungen zu den neuen süddeutschen Raffinerien von den Mittelmeerhäfen aus wird der Transport weiterhin erleichtert und verbilligt.

Als erste deutsche Gesellschaft bewarb sich die Deutsche Erdöl-Aktiengesellschaft (DEA), deren Sitz in Hamburg ist, im Jahre 1958 um eigene Explorationsrechte in Libyen. Im August desselben Jahres erhielt sie von der libyschen Regierung ein rund 40 000 km^2 großes Konzessionsgebiet im östlichen Fezzan zugeteilt. Die hohen finanziellen Aufwendungen, die eine Erdölexploration im Ausland erfordert, bedingen jedoch, daß solche Vorhaben selten von einer einzigen Gesellschaft allein durchgeführt werden können. So hat die DEA einen 50 %igen Anteil ihrer Konzession an die Wintershall AG, Kassel, übertragen und mit dieser gemeinsam die Erschließungsarbeiten durchgeführt.

Außerdem erwarb die DEA Beteiligungen an zwei weiteren Konzessionen in Libyen und an einer Konzession in der westlichen Sahara.

Die geologischen Forschungen der DEA-Geologen konzentrierten sich während der Jahre 1958—1962 auf die Untersuchung des Paläozoikums, das durch die Erdölfunde in der westlichen Sahara auch in Libyen anfänglich im Vordergrund des erdölgeologischen Interesses stand. Durch die Entwicklung in Libyen aber, wo die wirtschaftlichen Funde nicht im Paläozoikum, sondern in der Kreide und im Tertiär gemacht wurden, verlagerten sich die Arbeiten allmählich auf diese jüngeren Formationen, die gegenwärtig Objekt intensiver geologischer, paläontologischer und petrographischer Arbeiten sind.

Das libysche Paläozoikum ist an drei große Becken gebunden: das Homra- und Murzuk-Becken im Westen und das Kufra-Becken im Südosten des Landes. Die beiden westlichen Becken werden durch eine WSW-ENE streichende Schwelle, die Gargaf-Schwelle, voneinander getrennt. Zwischen diesen und dem Kufra-Becken liegt eine vom Tibesti nach Norden streichende alte Schwellenzone, die Tibesti-Haroudjschwelle. Sie taucht nach Norden allmählich zur Küste hin ab, wo sich ein junges, kretazisch-tertiäres Becken von der Syrtebucht nach Süden entwickelt hat: das Syrtebecken, das sich bis südlich des 28. Breitengrades erstreckt. Die bedeutenden Ölfelder Libyens liegen in diesem Becken, während das Paläozoikum im Gegensatz zu der westlichen Sahara bisher nur geringere Fündigkeiten zu verzeichnen hat.

Die Ergebnisse der Untersuchungen im Paläozoikum des Murzuk-Beckens, an dessen östlichem Rand das Konzessionsgebiet der DEA liegt, sind in den Arbeiten von M. Fürst, F. Hecht und E. Klitzsch zusammengefaßt.

Seit dem Winter 1958/59 haben M. Fürst und E. Klitzsch unter Leitung des Chefgeologen der DEA, F. Hecht, ein mehr als 40 000 km^2 großes, bis dahin geologisch weitgehend unbekanntes Gebiet aufgenommen. Luftbildaufnahmen und fotogeologische Karten sowie magnetische, gravimetrische und seismische Untersuchungen ergänzten diese Arbeiten. Detaillierte Profilaufnahmen in den Randzonen aller paläozoisch-mesozoischen Beckenräume, Befahrungen des Tibesti-Massivs und eine Ost-West-Durchquerung Zentrallibyens vom Ostrand des Kufra-Beckens bis zum Westrand des Murzuk-Beckens und den östlichen Ausläufern des Tassili führten zu einer Vertiefung unseres Wissens über die Geologie dieser alten Beckenräume. Geologische Befahrungen Algeriens und Ägyptens ergänzten die geologischen Kenntnisse und die Beurteilung Libyens ebenso wie die nach Süden von Hecht und seinen Begleitern bis über den Tschad-See hinaus vorgetriebenen feldgeologischen Untersuchungen. Im wesentlichen kamen diese Arbeiten in der Wintersaison 1961/62 zum Abschluß. Sie werden aber laufend ergänzt und verfeinert durch spezielle Profilaufnahmen und die geologische Verfolgung von Sonderaufgaben.

Eine Fülle von Ergebnissen und Beobachtungen brachten diese nun seit 7 Jahren laufenden Forschungen, die z. T. trotz moderner Technik unter erheblichen körperlichen Strapazen und Entbehrungen in einem ungewohnten Klima erarbeitet wurden. Viele Sektoren der Explorationsgeologie waren an der Auswertung des umfangreichen Probenmaterials beteiligt, das während der Befahrungen aufgesammelt wurde.

Die weitere Bearbeitung erfolgte in den Laboratorien der DEA in Wietze bei Celle. Die paläontologischen Untersuchungen lagen in den Händen von W. Hinsch und F. Plumhoff. Spezialuntersuchungen von Graptolithen wurden dankenswerterweise von H. Flügel, Graz, übernommen. Petrographische und mineralogische Bestimmungen führten O. Hering und W. Zimmerle durch.

In der zusammenfassenden Publikation über diese Untersuchungen geben F. Hecht, M. Fürst und E. Klitzsch [1964] gleichzeitig einen Überblick über den neuesten Stand der geologischen Erforschung Libyens.

Libyen ist ein Teil des nördlichen Schelfgebietes des alten afrikanischen Schildes; der südliche Teil gehört dem stabilen Schelf an mit überwiegend kontinentalen klastischen Sedimenten und nur gelegentlichen marinen Einschaltungen. Nordlibyen dagegen ist instabiler oder mobiler Schelf, in dem marine Sedimentation überwiegt und nur noch vereinzelt klastische terrestre Schichten eingeschaltet sind. Epirogene Bewegungen bestimmen seit dem Kambrium das geologische Geschehen; das Gebiet ist präkambrisch konsolidiert. Die Sedimente sind nicht metamorph, Bruchtektonik herrscht vor. Die Sedimente des Paläozoikums sind überwiegend klastisch, in den marinen Einschaltungen auch pelitisch. Erst im höchsten Karbon treten auch karbonatische Einschaltungen auf. Mesozoikum und Kaenozoikum sind dagegen überwiegend karbonatisch entwickelt und nur im Süden klastisch, soweit sie dort überhaupt zur Ablagerung kamen. Die Schichtfolge ist lückenhaft. Transgressive und regressive Phasen mit nachfolgender Erosion lösen sich ab. Junger Vulkanismus überprägt das Bild im zentralen Teil Libyens und bildet die großen Basaltdecken des Djebel Haroudj, Djebel Eghei und Djebel Soda. Zwei Eruptionsphasen lassen sich ausscheiden, die älteren oligozänen Basalte und die jüngeren von plio-pleistozänem Alter.

Seit Ende des Miozäns ist Libyen überwiegend landfest, nur im Küstenbereich treten im Pliozän noch gelegentlich lagunäre Ablagerungen auf. Im Pleistozän kam es durch eustatische Meeresspiegelschwankungen zu vorübergehenden Ingressionen, von denen die bedeutendste der tyrrhenische Meereseinbruch ist, der etwa in die Riß-Würm-Zwischeneiszeit fällt. Im Landesinnern herrschen dagegen im Quartär äolische Ablagerungen vor. Daneben sind aber auch aquatische Sedimente weit verbreitet, die meist an die großen Depressionen, die jetzigen Ergs, gebunden sind. Serirbildungen — sehr geringmächtige Kies- und Grobsand-Bildungen — überziehen vor allem die flächenhaften Verbreitungsgebiete des Mesozoikums und des in Sandfazies entwickelten Tertiärs.

Noch in jüngster Zeit dürften größere Seen in der Sahara vorhanden gewesen sein. Auf Felsbildern im Fezzan sind Boote dargestellt, die nach Ansicht von Hecht u. a. [1964, S. 452] als Fischerboote auf Sahara-Inlandseen gedeutet werden können. Paläolithische und neolithische Artefakte lassen darauf schließen, daß die libysche Sahara noch bis ins Neolithikum relativ dicht besiedelt war. In fast allen Ausbißbereichen von Sandsteinen des Paläozoikums und Posttassiliens findet man die schon von H. Barth*) auf seiner Reise zum Tschad-See beobachteten und geschilderten Felsbilder und alten Siedlungsplätze. Ältere Ritzzeichnungen stellen eine Fauna dar, die heute südlich der Sahara beheimatet ist (Elefant, Nashorn, Giraffe etc.).

Neben diesen neuen Forschungen in Afrika, bei denen erdölgeologische Fragen im Vordergrund stehen, wurden auch vom Geologischen Staatsinstitut der Universität Hamburg unter Leitung von E. Voigt wieder Untersuchungen in Afrika eingeleitet. G. Alberti ist mit einer biostratigraphischen Arbeit über das Paläozoikum in Südmarokko am Nordrand des Tindouf-Beckens beschäftigt. Dabei bereiste er fünfmal dieses Gebiet. U. Lehmann hat 1957 eine pleistozäne Wirbeltierfauna aus Ostafrika bearbeitet. Diese Fauna wurde 1938 während der Ostafrika-Expedition Kohl-Larsens aus der Numba-Höhle am Nordufer des Nyassa-Sees in Tanganyika, südwestlich des Kilimanjaro, geborgen. Sie bildet nur einen kleinen Teil der Gesamtfunde dieser Höhle, in der etwa 75 000 Artefakte gefunden wurden.

Betrachten wir rückschauend den Beitrag Hamburger Geologen an der Erforschung Afrikas, so sehen wir, daß Hamburg mit seinen weltweiten wirtschaftlichen Beziehungen zu überseeischen Ländern schon frühzeitig auch aktiv an geologischen Forschungen in diesem damals noch weitgehend unbekannten Kontinent beteiligt war. Vor allem war es Georg Gürich, schon Jahre vor seiner Berufung zum Direktor des Mineralogisch-Geologischen Staatsinstitutes durch seine Reisen mit der Geologie Afrikas vertraut, der der Hamburger geologischen Afrika-Forschung den entscheidenden Impuls gab. Zusammen mit seinen Mitarbeitern leistete er zahlreiche grundlegende Arbeiten zu unserer Kenntnis des Kontinentes, besonders Südwestafrikas.

Nach etwa 25jähriger Unterbrechung, in der andere geologische Problemstellungen und Forschungsaufgaben im Vordergrund standen, seit Gürich im Alter von nahezu 75 Jahren in den Ruhestand getreten war, lebte das Interesse an der Geologie Afrikas auch in Hamburg erneut auf. Umfangreiche Untersuchungen der Erdölindustrie, an denen die Deutsche Erdöl-Aktiengesellschaft (DEA) in Hamburg maßgeblich beteiligt ist,

*) BARTH, H.: Reisen und Entdeckungen in Nord- und Centralafrika in den Jahren 1849—1855. Gotha 1858. Bd 1, S. 210—217.

haben besonders den nordafrikanischen Raum erfaßt. Unter Leitung von F. HECHT haben Geologen, Paläontologen und Petrographen der DEA in wohlabgestimmter Gemeinschaftsarbeit vorwiegend im Paläozoikum Libyens gearbeitet und durch die Ergebnisse dieser Arbeiten neue Steine in das bunte und vielfältige Mosaik des geologischen Bildes Afrikas eingesetzt.

Die Fülle der geologischen Untersuchungen über Afrika, die von Hamburg ausgingen, spiegelt sich in den über 60 Schriften aus der Hand Hamburger Geologen wider. Das Aufsuchen dieser Arbeiten war nicht einfach. Wertvolle Hilfe erhielt ich dankenswerterweise durch die Herren Professoren Dr. E. VOIGT und Dr. W. HÄNTZSCHEL vom Geologischen Staatsinstitut Hamburg.

Ebenso verdanke ich Herrn Prof. Dr. F. HECHT zahlreiche Hinweise bei der Abfassung des Manuskripts.

Literatur

Verzeichnis der von Hamburger Forschern veröffentlichten geologischen Schriften über Afrika

FÜRST, M. [1965 a]: Die Oberkreide-Paläozäntransgression im östlichen Fezzan. Stuttgart 1965.
(Geol. Rdsch.) [im Druck]

FÜRST, M. [1965 b]: Hamada — Serir — Erg, eine morphogenetische Studie aus dem nordöstlichen Fezzan. Berlin 1965.
(Z. Geomorphologie.) [im Druck]

FÜRST, M.; KLITZSCH, E. [1963]: Late Caledonian Paleogeography of the Murzuk Basin. Paris 1963.
(Rev. Inst. Franç. Pétr. Bd 18, H. 10/11, S. 158—170.)

GOTTSCHE [1887]: Obere Kreide von Umtafuma.
(Z. dt. geol. Ges. Bd 39, S. 622 ff.)

a) Schriften aus Gürichs Forschungen vor seiner Übersiedlung nach Hamburg (1885—1909)

GÜRICH, G. [1885]: Über den anfänglichen Verlauf der Expedition FLEGELS in das Niger-Benue-Gebiet.
(Jahresb. d. Schles. G. f. vaterl. Kultur. Bd 63, S. 153 ff.)

GÜRICH, G. [1886 a]: Vorläufige Mitteilung über die aus Westafrika mitgebrachten Gesteine.
(Jahresb. d. Schles. G. f. vaterl. Kultur. Bd 64, S. 122 ff.)

GÜRICH, G. [1886 b]: Bericht über die Teilnahme an E. R. FLEGELS Expedition in das Niger-Benue-Gebiet.
(Mitt. d. Afrik. Ges. in Deutschland. Bd 5, S. 43 ff.)

GÜRICH, G. [1887 a]: Beiträge zur Geologie von Westafrika.
(Hab.-Schrift. Z. d. geol. Ges. Bd 39, S. 96—136.)

GÜRICH, G. [1887 b]: Recente und fossile Conchylien von Mossamedes, Südwest-Afrika.
(Jahresber. d. Schles. Ges. f. vaterl. Kultur. Bd 65, S. 246.)

GÜRICH, G. [1887 c]: Überblick über den geologischen Bau des afrikanischen Kontinents.
(Peterm. geogr. Mitt. Bd 33, S. 257 ff.)

GÜRICH, G. [1887 d]: Fragmente schwarzen Turmalins aus Afrika.
(Jahresb. d. Schles. Ges. f. vaterl. Kultur. Bd 65, S. 220 f.)

GÜRICH, G. [1887 e]: Kreideversteinerungen aus Südwest-Afrika.
(Jahresber. d. Schles. Ges. f. vaterl. Kultur. Bd 65, S. 221 ff.)

GÜRICH, G. [1889 a]: Beziehungen des Tafelbergsandsteins zu den Homalonotus führenden Bokkeveldschichten.
(Neues Jb. Min. Jg. 1889. Bd 2, S. 73 ff.)

GÜRICH, G. [1889 b]: Goldlagerstätten in Deutsch-Südwest-Afrika.
(Z. dt. geol. Ges. Bd 41, S. 569 ff.)

GÜRICH, G. [1889 c]: *Ditrochosaurus capensis*, ein neuer Mesosaurier aus der Karrooformation Südafrika.
(Z. dt. geol. Ges. Bd 41, S. 641 ff.)

GÜRICH, G. [1889 d]: Über naturwissenschaftliche Beobachtungen im deutschen Schutzgebiet in Südwestafrika.
(Jahresb. d. Schles. G. f. vaterl. Kultur. Bd 67, S. 86.)

GÜRICH, G. [1889 e]: Über im deutschen Schutzgebiet in Südwestafrika gesammelte Mineralien.
(Jahresb. d. Schles. G. f. vaterl. Kultur. Bd 67, S. 89.)

GÜRICH, G. [1889 f]: Über die Goldvorkommnisse von Südwestafrika.
(Jahresb. d. Schles. G. f. vaterl. Kultur. Bd 67, S. 17.)

GÜRICH, G. [1890 a]: Die Mineralien aus den deutschen Schutzgebieten von Südwestafrika.
(Neues Jb. Min. Jg. 1890. Bd 1, S. 103 ff.)

GÜRICH, G. [1890 b]: Zur Altersbestimmung der unteren Grenze der Karrooformation.
(Neues Jb. Min. Jg. 1890. Bd 1, S. 283 ff.)

GÜRICH, G. [1891]: Deutsch-Südwestafrika, Reisebilder und Skizzen aus den Jahren 1888 und 1889. Hamburg 1891.
(Mitt. geogr. Ges. Hamburg. Bd 9, H. 1.)

GÜRICH, G. [1897 a]: Zur Theorie der afrikanischen Diamantlagerstätten.
(Jahresb. d. Schles. G. f. vaterl. Kultur. Bd 75, S. 7 ff.)

GÜRICH, G. [1897 b]: Zur Theorie der afrikanischen Diamantlagerstätten.
(Z. f. prakt. Geologie. Bd 5, S. 145 ff.)

GÜRICH, G. [1897 c]: Zu den Diamantfunden in Deutsch-Südwestafrika.
(Die Umschau. Jg. 1897.)

GÜRICH, G. [1897 d]: Die Diamanten in Deutsch-Südwestafrika.
(Die Umschau. Jg. 1897.)

GÜRICH, G. [1902]: Cambrium (?) in Deutsch-Südwestafrika.
(Centralbl. f. Min. 1902, S. 65—69.)

GÜRICH, G. [1908]: Zu den Diamantenfunden in Deutsch-Südwestafrika.
(Die Umschau. Bd 12, S. 889.)

GÜRICH, G. [1909]: Die Diamanten in Südwest-Afrika.
(Die Umschau. Bd 13, S. 524.)

b) Schriften aus GÜRICHS Hamburger Tätigkeit (1910—1933)

GÜRICH, G. [1910 a]: Marmor in Deutsch-Südwestafrika.
(Peterm. geogr. Mitt. Bd 56, S. 142.)

GÜRICH, G. [1910 b]: Marmor in Deutsch-Südwestafrika.
(Deutscher Steinbildhauer, Steinmetz und Steinbruchbesitzer. Bd 26, S. 231.)

GÜRICH, G. [1912 a]: Liste der von Hauptmann STRÜMPELL am Nordrand des Kamerunplateaus gesammelten Gesteine.
(Mitt. a. d. Dt. Schutzgeb. Bd 25, S. 18.)

GÜRICH, G. [1912 b]: Über die Diamantlagerstätten von Deutsch-Südwestafrika und die Mineralien des Otavi-Erzgebietes. Hamburg 1912.
(Verh. d. Naturw. Ver. Hamburg. 3. Folge, Bd 20, S. LV.)

GÜRICH, G. [1913 a]: Vermeintliche Fossilien des Otavikalkes in Deutsch-Südwestafrika. Stuttgart 1913.
(Z. dt. geol. Ges. Bd 65, S. 558.)

GÜRICH, G. [1913 b]: Zur Altersbestimmung des Otavi-Kalkes. Hamburg 1913.
(Mitt. a. d. Min. Geol. Inst. Hamburg. Bd 2, S. 19.)

GÜRICH, G. [1914]: Über den Fund eines angeblich „diluvialen" Menschenskeletts in Deutsch-Ostafrika. Hamburg 1914.
(Verh. d. Naturw. Ver. Hamburg. 3. Folge, Bd 22, S. LIII.)

GÜRICH, G. [1916 a]: Während des Krieges in Deutsch-Ostafrika und Südafrika. Berlin 1916.

GÜRICH, G. [1916 b]: Angebliche Versteinerungen des älteren Paläozoikum in Südafrika. Stuttgart 1916.
(Z. dt. geol. Ges. Bd 68, S. 178—179.)

GÜRICH, G. [1916 c]: Über Eindrücke in Südafrika während des Kriegsjahres 1915. Hamburg 1916.
(Verh. d. Naturw. Ver. Hamburg. 3. Folge, Bd 24, S. LVII.)

GÜRICH, G. [1916 d]: Bei Beginn des Krieges in Ostafrika. Berlin 1916.
(Z. d. Ges. f. Erdk. Berlin. 1916, S. 54.)

GÜRICH, G. [1921]: Vorläufige Mitteilung über Ganoiden aus den Dwykaschiefern von Ganikobis in Südwestafrika.
(Paläontol. Z. Bd 4, S. 128—129.)

GÜRICH, G. [1922]: *Cryptozoon Dessaueri* aus den Dolomit-Schichten des Transvaal-Systems in Südafrika.
(Paläontolog. Z. Bd 4, S. 129—130.)

GÜRICH, G. [1923]: *Acrolepis Lotzi* und andere Ganoiden aus den Dwyka-Schichten von Ganikobis, Südwestafrika.
(Beitr. geol. Erf. d. dt. Schutzgeb. Bd 19, S. 26—74.)

GÜRICH, G. [1925]: Beteiligung deutscher Forscher an der geologischen Erschließung Afrikas. Hamburg 1925.
(Mitt. geol. Staatsinst. Hamburg. Bd 7, S. 3—41.)

GÜRICH, G. [1926]: Über Saurier-Fährten aus dem Etjo-Sandstein von Südwestafrika.
(Paläontol. Z. Bd 8, S. 112—120.)

GÜRICH, G. [1929]: Die ältesten Fossilien Südafrikas.
(Z. f. prakt. Geologie. Bd 37.)

GÜRICH, G. [1930 a]: Über Tutenmergel in Südwestafrika und den Auroskalk im Otavigebirge. Stuttgart 1930.
(Z. dt. geol. Ges. Bd 82, S. 637.)

GÜRICH, G. [1930 b]: Die bislang ältesten Spuren von Organismen in Südafrika. Pretoria 1930.
(C. G. 15. Intern. Geol. Congr. South Africa 1929. Vol. 2, S. 670—680.)

GÜRICH, G. [1930 c]: Die Konglomerate von Usakos in Südwest-Afrika. Stuttgart 1930.
(Z. dt. Geol. Ges. Bd 82, S. 718—719.)

GÜRICH, G. [1932]: Entgasungshügel oder Flamingo-Tanzboden. Frankfurt 1932.
(Natur u. Museum. Bd 62, S. 354.)

GÜRICH, G. [1933 a]: Schrägschichtungsbögen und zapfenförmige Fließwülste im „Flagstone" von Pretoria und ähnliche Vorkommnisse im Quarzit von Kuibis, S. W. A. usw. Stuttgart 1933.
(Z. dt. geol. Ges. Bd 85, S. 652—663.)

GÜRICH, G. [1933 b]: Die Kuibis-Fossilien der Nama-Formation von Südwestafrika. (Paläontolog. Z. Bd 15, S. 137—154.)

GÜRICH, G. [1939]: Die Fischschiefer der Dwyka-Formation von Ganikobis in Südwestafrika. Berlin 1939. (Abh. Preuß. Geol. Landesanst. 1939.)

HECHT, F.; FÜRST, M.; KLITZSCH, E. [1963]: Zur Geologie von Libyen. Stuttgart 1963. (Geol. Rdsch. Bd 53, S. 413—470.)

HEINZ, R. [1930]: Über Kreide-Inoceramen der Südafrikanischen Union. Beiträge zur Kenntnis der oberkretazischen Inoceramen XI. Pretoria 1930. (C. R. Intern. Geol. Congr. 15. Sess. South Africa. Vol. 2, S. 681—687.)

HEINZ, R. [1932 a]: War Deutsch-Südwestafrika im Archaikum vereist? (Referat). Stuttgart 1932. (Z. dt. geol. Ges. Bd 84, S. 649.)

HEINZ, R. [1932 b]: Ein vorzeitlicher Tränkplatz auf den Diamantfeldern bei Lüderitzbucht in Deutsch-Südwest-Afrika und seine Bedeutung für die Namib (Vortr. Ref.). Stuttgart 1932. (Z. dt. geol. Ges. Bd 84, S. 569.)

HEINZ, R. [1932 c]: Die Saurierfährten bei Otgihaenamaparero im Hereroland und das Alter des Etjo-Sandsteins in Deutsch-Südwestafrika (Vortr. Ref.). Stuttgart 1932. (Z. dt. geol. Ges. Bd 84, S. 570.)

HEINZ, R. [1932 d]: Sur les Inocerames da Madagascar. (Am. Géol. Serv. Mines. T. 2, S. 3—7.)

HEINZ, R. [1932 e]: Geologische Beobachtungen zum Hornstein- und Schichtungsproblem in Südafrika. Stuttgart 1932. (Z. dt. geol. Ges. Bd 84, S. 94—99.)

HEINZ, R. [1933 a]: Madagascar est-il un „profil normal" pour la stratigraphie d'inocerames? Sur les inocerames de Madagascar, leur relations à ceux de l'Europe et d'autres régions et leur importance pour la stratigraphie du Crétacé. Tananarive 1933.

HEINZ, R. [1933 b]: Die Bedeutung der Waterberglinie in Deutsch-Südwestafrika für geologische Fragen NW-Deutschlands. Hannover 1933. (Jahresb. Nieders. geol. Ver. Hannover. Bd 25, S. 67—84.)

HEINZ, R. [1933 c]: Eine archäische Vereisung in Deutsch-Südwestafrika. Beitrag zum Problem der alten Vereisungen der Erdgeschichte. Hamburg 1933. (Mitt. d. Min. geol. Staatsinstitut Hamburg. Bd 14, S. 41—52.)

KLITZSCH, E. [1963]: Geology of the North-East Flank of the Murzuk Basin (Djebel Ben Ghnema — Dor el Gussa Area). Paris 1963. (Rev. Inst. Franc. Pétr. Bd 18, Nr 10/11, S. 97—113.)

KLITZSCH, E. [1964 a]: Zur Geologie am Ostrand des Murzukbeckens (Provinz Fezzan, Libyen). Karlsruhe 1964. (Oberrhein. geol. Abh. Bd 13, S. 51—73.)

KLITZSCH, E. [1964 b]: Introduction to the Geology of Egypt. Guidebook to the Geology and Archaeology of Egypt. Tripoli 1964. (Exkursionsführer der Petroleum Exploration Society of Libya. S. 71—98.)

KLITZSCH, E. [1965 a]: Zur regionalgeologischen Position des Tibesti-Massivs. Clausthal-Zellerfeld 1965. (Max Richter-Festschrift. S. 111—125.)

KLITZSCH, E. [1965 b]: Ein Profil aus dem Typusgebiet gotlandischer und devonischer Schichten der Zentralsahara (Westrand Murzukbecken, Libyen). Hamburg 1965. (Erdöl und Kohle.) [Im Druck.]

LEHMANN, U. [1957]: Eine jungpleistozäne Wirbeltierfauna aus Ostafrika. Hamburg 1957. (Mitt. geol. Staatsinst. Hamburg. Bd 26, S. 100—140.)

MÜGGE, O. [1885] in FISCHER, G. A. und O. MÜGGE: Bericht über die im Auftrag der Geograph. Ges. in Hamburg unternommene Reise in das Massailand. Hamburg 1885.
(Mitt. geogr. Ges. Hamburg. Bd 4, S. 36, 189, 238.)

MÜGGE, O. [1886]: Über einige Gesteine des Massailandes.
(Neues Jb. Min. Beil. Bd 4, S. 576.)
(MÜGGE, später Mineraloge in Göttingen, war als mineralogischer Assistent der Vorgänger GOTTSCHES am Hamburger Museum.)

POSITION [1965]: Zur tektonischen, des Tibestigebirges.
Max-Richter-Festschrift. Clausthal 1965.

Hamburgs Beitrag zur Erforschung der klimatischen Verhältnisse in Afrika

Von Erich Höller

Die meteorologischen Forschungen Hamburger Stellen in und über Afrika sind engstens verknüpft mit der Deutschen Seewarte, so daß es notwendig erscheint, mit einer Darstellung der Entstehung dieses Institutes zu beginnen. Nach dem Ende der Napoleonischen Kriege entstanden auch für die Nicht-Kolonialmächte die Möglichkeiten eines Überseehandels, der für den damaligen deutschen Staatenbund von den Hansestädten getragen wurde. Mit dem nach Menge und Mannigfaltigkeit der transportierten Güter sowie nach der Zahl der Zielgebiete wachsenden Handel nahm auch die Gefährdung von Schiff, Besatzung und Ladung zu durch die — damals nur mangelhaft bekannten — Gefahren der See (Eis, Nebel, Sturm) sowie die ebenfalls nur unzureichend erforschten Naturgegebenheiten der Bestimmungshäfen und Zielgebiete (Riffe, Starkniederschläge, drückende Hitze, Krankheiten). Der nüchtern rechnende Kaufmann und Reeder sagte sich, daß man diese Gefahren nur bekämpfen könne, wenn man sie zumindest kennte. Er gab daher seinen Schiffsführungen eigens zu diesem Zweck entworfene Tagebücher mit, in die nach bestimmter Vorschrift laufend Angaben über Windrichtung und -stärke, Seegang, Temperaturen etc. auf dem Seewege, aber auch Angaben über bedeutsame und evtl. gefährliche Witterungserscheinungen an den Plätzen der überseeischen Faktoreien einzutragen waren. Das älteste dieser dem meteorologischen Dienst vorliegenden Bücher stammt aus dem Jahre 1828.

Diese Einzelaktionen der verschiedenen Reeder brachten wohl durchaus beachtenswertes meteorologisches Beobachtungsmaterial zusammen, das aber doch große Lücken aufwies. Stand z. B. ein Schiff einer Reederei in einem Jahre im Oktober und November an der Guineaküste, so kam es — oder ein anderes Schiff dieser Reederei — im nächsten Jahre vielleicht im Juni wieder dahin. Bei einer zweiten Reederei mag es umgekehrt gewesen sein, bei einer dritten lagen die Reisezeiten nochmals anders. Alle Beteiligten brauchten also Kenntnisse von den Witterungsbedingungen während des ganzen Jahres, und diese von einer großen Zahl von Zielgebieten. Das gleichartige Bedürfnis bei allen ließ eine gemeinsame Aktion zweckmäßig erscheinen, ungefähr nach der Devise: „Mein Konkurrent ist mein bester Freund".

Unter maßgeblicher Initiative von Wilhelm von Freeden, dem damaligen Leiter der Navigationsschule, wurde 1868 die „Norddeutsche Seewarte" gegründet, die nunmehr die Wetterbeobachtungen, Messungen und Berichte von allen Schiffsführungen und anderen mitarbeitenden Stellen sammelte und bearbeitete, um sie später als Tabelle, Text, Diagramm oder Karte zu Nutzen aller herauszugeben. Die zu bearbeitenden Objekte waren der Seeweg und das Zielgebiet.

Nach wenigen Jahren fleißigen Sammelns und Auswertens wurden erstmalig 1873 in der neu gegründeten Zeitschrift „Annalen der Hydrographie und Maritimen Meteorologie" Kapitänsberichte, die ganze Rundfahrt um Afrika betreffend und meteorologische Angaben von verschiedenen Häfen enthaltend, und Auswertungen dieser Angaben veröffentlicht. Die gewonnenen Erkenntnisse wurden in nautische Lehr- und Handbücher eingearbeitet. Von Anfang an wurden die Erfahrungen auch unmittelbar an Seefahrtschullehrer und Kreise des Handels übermittelt.

1875 wurde die „Deutsche Seewarte" gegründet; sie übernahm die Arbeiten der bisherigen „Norddeutschen Seewarte" und führte sie unter der tatkräftigen Leitung von Dr. G. v. Neumayer zu hoher Blüte. Die Sammlung von Kapitänsberichten und von meteorologischen Bordtagebüchern sowie von Angaben aus überseeischen — und damit auch aus afrikanischen — Gebieten wurde fortgesetzt und intensiviert. Sehr bald ging man daran, freiwillige Mitarbeiter in Übersee zu gewinnen — Kaufleute, Missionare, Ärzte, Angehörige von Konsulaten u. a. —, die von der Deutschen Seewarte mit Meßinstrumenten ausgerüstet wurden und ihre Meßergebnisse der Seewarte zustellten.

Solche Plätze gab es in aller Welt, wo die Notwendigkeiten des Handels es zweckmäßig erscheinen ließen, aber auch dort, wo freiwillige Mitarbeiter Material für den Fortschritt der allgemeinen meteorologischen Erkenntnis zu liefern bereit waren. Seit 1885 entstanden solche Plätze bevorzugt in den deutschen Schutzgebieten. Im Jahre 1885 wurde in der englischen Enklave Walfischbay an der Küste des damaligen Deutsch-Südwestafrika eine schon seit längerer Zeit von deutschen Missionaren geführte meteorologische Station von der Deutschen Seewarte mit Geräten ausgerüstet, und es wurden die Beobachtungen längere Zeit von einem Beauftragten der Seewarte wahrgenommen, später aber wieder — weiterhin mit den Instrumenten der Seewarte — von den Missionaren (bis zum Ersten Weltkrieg) durchgeführt.

Weitere derartige Stationen entstanden 1888 in Togo (Bismarckburg) und in Kamerun (Baliburg) und 1892 im damaligen Deutsch-Ostafrika (Tanga, Bagamoyo, Lindi, Tabora). Andere Plätze waren in Marokko (Mogador, Marrakesch), auf den Kanarischen Inseln, in Liberia und später auch in Äthiopien.

Die — bald an Zahl immer mehr zunehmenden — Beobachtungen und Messungen wurden nach genauen Anweisungen der Seewarte (auch was den speziellen Meßplatz und die Meßmethode — Bau einer Wetterhütte — anging) angestellt:

1) 3 mal täglich (früh, mittags, abends) wurde die Lufttemperatur gemessen; die Uhrzeiten waren so gewählt worden, daß aus den drei

Werten mit größter Annäherung das Tagesmittel errechnet werden konnte, z. B. nach der — aus der Praxis ermittelten — Formel: (früh + mittags + abends + abends) : 4. Die Termine waren nicht die gleichen an allen Orten; z. B. 6^h, 14^h, 19^h; oder etwa 7^h, 14^h, 21^h.

Außerdem wurden festgestellt:

2) Erdbodentemperatur und evtl. auch Maximum und Minimum;
3) relative Luftfeuchtigkeit und Dampfdruck sowie Niederschlag;
4) Luftdruck; Richtung und Stärke des Windes; Bewölkung.
5) An etlichen Stationen gab es auch Registriergeräte.

(Die Originalbeobachtungen und Registrierungen fast aller Jahre lagern heute noch im Seewetteramt, dem Nachfolgeinstitut der Deutschen Seewarte.)

1887 zuerst wurden diese Beobachtungs- und Meßwerte sowie daraus erstellte Rechenwerte (Mittel, Niederschlagssummen u. s. f.) in der neu gegründeten Zeitschrift „Deutsche Überseeische Meteorologische Beobachtungen" veröffentlicht. Im Vorwort schreibt Dr. v. Neumayer, daß die zunehmenden Interessen deutscher Stellen im Ausland es nützlich erscheinen ließen, daß an den Plätzen solchen Engagements auch meteorologische Forschungen betrieben würden und daß für die Ergebnisse dieser Forschungen ein gemeinschaftliches Publikationsorgan vorhanden sein müsse.

Inzwischen wurden, vom Kolonialamt veranlaßt, nach dem Muster der Seewarten-Stationen immer weitere meteorologische Meßplätze in den Schutzgebieten eingerichtet. Beobachter waren Ärzte und Sanitäter, Kaufleute, Pflanzer, Missionare, Angehörige der Verwaltung. Die gewonnenen Meßergebnisse wurden auf Veranlassung von Frh. v. Danckelmann (Leiter der „Mitteilungen aus den Deutschen Schutzgebieten") an die Deutsche Seewarte zur Veröffentlichung in der Reihe „Deutsche Überseeische Meteorologische Beobachtungen" gegeben.

1895 kam als erster Regierungsmeteorologe Dr. Maurer nach Ostafrika; 1899 wurde er von Dr. Uhlig, 1905 dieser wieder von dem Hamburger Dr. Castens abgelöst, der bis zum Ende der deutschen Kolonialzeit dort blieb. Nach Kamerun kam Anfang 1913 als erster (und letzter) Regierungsmeteorologe der Hamburger Dr. Semmelhack. In der Folge entstanden in diesen beiden Schutzgebieten besonders gut geführte, mit zahlreichen Stationen besetzte meteorologische Beobachtungsnetze. Südwestafrika und Togo zogen nach; dort haben aber nie Meteorologen die Landesdienste geleitet.

Umfangreiches wertvolles Beobachtungsmaterial strömte nun zur Deutschen Seewarte, die — nachdem die Bände I bis IX der „Überseeischen Meteorologischen Beobachtungen" die ebenfalls wertvollen Reihen der früheren, aber durchweg weit verstreut liegenden Meßplätze gebracht hatten — nunmehr 1901 mit Band X und 1902 mit Band XI die gewichtigen Ergebnisse der Maurerschen Arbeit in Ostafrika herausgeben konnte. Für die Bearbeitung in Hamburg wurde hauptamtlich erst Dr. Wedemeyer, später Dr. Heidke eingesetzt.

Bis zum Band XXI, 1913, lieferte das ehemalige Deutsch-Ostafrika den größten Teil der veröffentlichten Werte; aber die Meldungen aus Togo, Kamerun, Südwestafrika und den alten eigentlichen Seewarten-Stationen behaupteten ihren Platz. Band XXII, der 1914 erschien, enthielt dann erstmalig als Frucht der Arbeit von Dr. Semmelhack reiches Material aus Kamerun. Nebenher haben die beiden Regierungsmeteorologen Kommentare zu Meßreihen und Auslassungen über Wetter und Klima ihres Arbeitsgebietes in den jeweiligen Amtsblättern der Schutzgebiete publiziert.

Der Erste Weltkrieg unterbrach jäh diese hoffnungsvolle Arbeit. 1922 endlich erschien als abschließender Band Nr XXIII der „Deutschen Überseeischen Meteorologischen Beobachtungen". Er enthielt den Großteil der letzten Beobachtungen aus Übersee. Die Angaben aus Ostafrika waren nicht mehr nach Deutschland gelangt, diejenigen aus Südwestafrika lagen zwar bearbeitet vor, konnten aber nicht mehr gedruckt werden. Welches Ansehen die deutsche überseeische — gerade auch die meteorologische — Arbeit hatte, möge verdeutlicht werden durch ein Zitat von J. v. Hann [Meteorol. Z. 1919, S. 163]:

„Beim Überblicken des Inhaltes der jetzt vorliegenden 30 Bände [‚Mitteilungen aus den Deutschen Schutzgebieten'] wird man gewahr, welche großartige Kulturarbeit in den deutschen Kolonien in relativ sehr kurzer Zeit geleistet worden ist. Damit scheint es nun wenigstens für lange Zeit vorbei zu sein, ein von Kulturvölkern gewaltsam erzwungener Kulturrückschritt. Weder in den französischen noch in den englischen Kolonien ist ähnliches geleistet worden wie in den deutschen Schutzgebieten ... [Nach einem Hinweis auf die Kargheit von meteorologischen Beobachtungen in Algerien etc. folgt:] Welcher Reichtum von stündlichen Aufzeichnungen der meteorologischen Elemente liegt dagegen aus den deutschen Schutzgebieten vor."

Aus dem in der Seewarte liegenden Beobachtungsmaterial sind, teils von den dortigen Mitarbeitern, teils von Wissenschaftlern, die an anderen Orten tätig waren, auf Anregung durch die Seewarte eine Reihe von Veröffentlichungen entstanden, von denen hier etliche genannt seien.

Insbesondere Dr. P. Heidke hat in verschiedenen Heften der „Mitteilungen aus den Deutschen Schutzgebieten" Reihen aus Togo, Ostafrika und Südwestafrika publiziert und kommentiert. An speziellen Arbeiten seien angeführt:

1) HEIDKE, P.: Täglicher Gang des Luftdruckes und der Temperatur in Windhuk. (Mitt. a. d. Deutschen Schutzgebieten. 1907.)
2) HEIDKE, P.: Die Niederschlagsverhältnisse von Deutsch-Südwestafrika. (Mitt. a. d. Deutschen Schutzgebieten. 1919.)
3) HEIDKE, P.: Luftdruck und Temperatur zu Daressalam, Tabora, Marienhof. (Mitt. a. d. Deutschen Schutzgebieten. 1914.)
4) HEIDKE, P.: Resultate der meteorologischen Beobachtungen zu Daressalam 1893 bis 1902. (Meteorol. Z. 1907.)
5) HEIDKE, P.: Resultate der meteorologischen Beobachtungen zu Kwai/Usambara 1897 bis 1902. (Meteorol. Z. 1908.)
6) HEIDKE, P.: Die meteorologischen Stationsbeobachtungen Deutsch-Ostafrikas und ihre klimakundlichen Ergebnisse (in: OBST: Das abflußlose Rumpfschollenland im nördlichen Deutsch-Ostafrika = Mitt. geogr. Ges. Hamburg. 1923.)

7) HEIDKE, P.: Das meteorologische Beobachtungsnetz in den Deutschen Kolonien. (Meteorol. Z. 1921.)

8) KÖPPEN, W.: Regenverhältnisse der Insel Mauritius und der angrenzenden Meeresteile. (Annln Hydrogr. 1887.)

9) KÖPPEN, W.: Über den Khamsin im Golf von Tadjura. (Annln Hydrogr. 1895.)

10) KÖPPEN, W.: Tägliche Periode der Gewitter und Regen in Kamerun. (Annln Hydrogr. 1896.)

11) KÖPPEN, W.: Die Regenarmut der Goldküste. (Mitt. a. d. Deutschen Schutzgebieten. Bd 4. 1891.)

12) ECKARDT, W. R.: Über die Ursachen der jahreszeitlichen Regenfälle in Afrika mit besonderer Berücksichtigung der Küstengebiete. (Annln Hydrogr. 1917.)

13) WAIBEL, L.: Winterregen in Deutsch-Südwestafrika. (Hamburgische Univ. Abh. a. d. Gebiete der Auslandskde. Bd 9. 1922.)

14) MAURER, H.: Zur Klimatologie von Deutsch-Ostafrika. (Aus dem Archiv der Deutschen Seewarte. 1901; 24, 3.)

15) KREMER, E.: Die unperiodischen Schwankungen der Niederschläge und Hungersnöte in Deutsch-Ostafrika. (Aus dem Archiv der Deutschen Seewarte. 1910; 33, 1.)

16) FRANZ, A.: Beiträge zur Ozeanographie und Klimatologie der Deutsch-Südwestafrikanischen Küste. (Aus dem Archiv der Deutschen Seewarte. 1920; 38, 1.)

17) BOBZIEN, E.: Vergleichende Betrachtung des Klimas und der kalten Auftriebströmungen an der südwestafrikanischen und der südarabischen Küste. (Dt. Überseeische Meteorol. Beobachtg. Bd 23. 1922.)

Die nur geringe Zahl der hier anzuführenden Veröffentlichungen erklärt sich vor allem daraus, daß ein sehr großer Teil der Aktivität der Deutschen Seewarte, wie es aus der Entstehungsgeschichte dieser Dienststelle auch einleuchtend ist, sich auswirkte in mündlichen und schriftlichen Beratungen, Auskünften und Gutachten, in Beiträgen zu Handbüchern, in der Vorbereitung und Lieferung von Material für geographische und klimatologische Werke, in Unterweisungen von Seefahrtschullehrern, von Angehörigen und Mitarbeitern des Instituts für Schiffs- und Tropenkrankheiten, nicht zuletzt in der Unterweisung auch der Beobachter in Übersee, der Betreuung des Netzes und in der Bearbeitung der von Jahr zu Jahr steigenden Flut von Beobachtungen.

Nach der Herausgabe des XXIII. (und letzten) Bandes der „Deutschen Überseeischen Meteorologischen Beobachtungen" im Jahre 1922 ist bis etwa 1930 auf dem Gebiete der Forschung und auch der Bearbeitung von vorhandenen meteorologischen Daten aus Afrika kaum etwas geschehen. Genannt seien hier nur:

18) CASTENS, G.: Über Tropenklimatologie, Tropenhygiene und den Lettow-Feldzug. (Annln Hydrogr. 1925.)

19) CASTENS, G.: Bordgesundheitswesen und Meteorologie. (Annln Hydrogr. 1925.)

20) SCHMIDT, H.: Der jährliche Gang der Niederschläge in Afrika. (Aus dem Archiv der Deutschen Seewarte. 1928; 46, 1.)

Ende der 20er Jahre knüpfte der wieder in den Dienst der Deutschen Seewarte getretene frühere Regierungsmeteorologe von Kamerun, Dr. SEMMELHACK, die alten Bekanntschaften zu Kamerun-Deutschen neu und stellte über Afrika-Firmen Verbindungen zu weiteren, wieder nach Afrika

— nach anderen Ländern als Kamerun — zurückgekehrten Pflanzern, Kaufleuten und Missionaren her. Er regte an und erreichte die Wiederaufnahme von meteorologischen Beobachtungen in Afrika. Mit neuen, von der Deutschen Seewarte zur Verfügung gestellten Instrumenten wurden Beobachtungsstationen eingerichtet, so daß es schließlich kurz vor dem Zweiten Weltkrieg über 200 solcher Stationen in aller Welt gab, von denen der größte Teil in Afrika lag, insbesondere in Kamerun und dem ehemaligen Deutsch-Ostafrika. Weitere derartige Stellen befanden sich, weit verstreut, in Südwestafrika, Angola, auf Fernando Póo, im Gebiet der heutigen Staaten Nigeria, Togo, Ghana, in Liberia, Marokko, Äthiopien, Kenia, Uganda und Moçambique.

Wieder strömten, von Jahr zu Jahr mehr, Meßergebnisse zur Deutschen Seewarte. In regem Schriftverkehr mit den Beobachtern wurden Fragen der Meßmethodik und Meßpraxis behandelt, wurden zahlreiche meteorologische Probleme den freiwilligen Mitarbeitern erläutert. Nebenher lief ein ebenfalls ständig wachsender meteorologischer Beratungsdienst für die Wirtschaft: Auskünfte für Planungen, für Transporte nach und Investitionen in Afrika gingen an amtliche und private Stellen. Gemeinsam mit dem Institut für Schiffs- und Tropenkrankheiten wurden meteorologische Kurse für Tropenärzte veranstaltet; in Vorlesungen an der Universität wurden Fragen und Probleme des Klimas in allen Teilen Afrikas behandelt, und in Zusammenarbeit mit verschiedenen Universitäten wurden für Promotionsarbeiten Reihen von Meßergebnissen bereitgestellt, wurde bei der Erstellung solcher Arbeiten mit Rat und Tat geholfen. Einige dieser Arbeiten sind im „Archiv der Deutschen Seewarte" veröffentlicht worden. Das Beobachtungsmaterial stellte eine reiche Quelle für den Klimateil von geographischen Werken dar.

Zur Vorbereitung der schon seit den 20er Jahren geplanten und ab 1934 durchgeführten Transozeanflüge wurden an der Küste Westafrikas Höhenwindmessungen angestellt.

Der Zweite Weltkrieg setzte dieser sehr aktiven neuen Entfaltung ein hartes Ende.

Über die oben genannten Leistungen des Afrika-Klimadienstes hinaus sei wieder eine Reihe von Veröffentlichungen aus der Zeit bis zum Kriegsbeginn angeführt.

21) SEILKOPF, H.: Meteorologische Beobachtungen auf dem Las Palmas-Flug der Deutschen Lufthansa 1928. (Aus dem Archiv der Deutschen Seewarte. 1929; 48,4.)

22) GEIGER, R., WAGNER, F.: Höhenwinde vor der westafrikanischen Küste im Herbst. (Aus dem Archiv der Deutschen Seewarte. 1932; 51,2.)

23) ZISTLER, P., MÖLLER, F.: Meteorologischer Reisebericht und Ergebnisse der Höhenwindmessungen auf der Fahrt nach Kamerun 1933. (Aus dem Archiv der Deutschen Seewarte. 1935; 54,2.)

24) MILDNER, P., MARKGRAF, H.: Meteorologischer Reisebericht und Höhenwindmessungen auf der Fahrt nach Kamerun. (Aus dem Archiv der Deutschen Seewarte. 1935; 54,3.)

25) LOHR, A.: Beiträge zur Flugmeteorologie der Azoren. (Aus dem Archiv der Deutschen Seewarte. 1938; 58,5.)

26) PIGNOL, R.: Die Niederschlagsverhältnisse des alten deutschen Schutzgebietes Togo. (Aus dem Archiv der Deutschen Seewarte. 1939; 59,6.)

27) HEILGERMANN, E.: Beiträge zur Klimatologie von Togo. (Aus dem Archiv der Deutschen Seewarte. 1937; 57,3.)

28) PAAP, W.: Die Niederschlagsverhältnisse des Schutzgebietes Deutsch-Ostafrika. (Aus dem Archiv der Deutschen Seewarte. 1934; 53,3.)

29) MARNER, J.: Die klimatischen Bedingungen für die Siedlung von Nordeuropäern in den Tropen. (Aus dem Archiv der Deutschen Seewarte. 1940; 60,1.)

30) SAMLENSKI, E.: Astronomisch mögliche Sonnenscheindauer und solare Strahlungsmenge für Afrikas Breiten. (Aus dem Archiv der Deutschen Seewarte. 1943; 62,8 a.)

31) SCHEEPERS, G. H.: Maisanbau und Klima im sogenannten Maisdreieck der Südafrikanischen Union. (Aus dem Archiv der Deutschen Seewarte. 1938; 58,1.)

32) SEMMELHACK, W.: Klimatabelle für Gandu/Angola. (Annln Hydrogr. 1932.)

33) SEMMELHACK, W.: Regenmessungen in Bokoko/Fernando Póo. (Annln Hydrogr. 1932.)

34) SEMMELHACK, W.: Harmattan vor der Guineaküste. (Annln Hydrogr. 1932.)

35) SEMMELHACK, W.: Die Regenverhältnisse von Debundscha/Kamerun. (Annln Hydrogr. 1933.)

36) SEMMELHACK, W.: Regenmessungen in Likomba/Kamerun. (Annln Hydrogr. 1933.)

37) SEMMELHACK, W.: Regenmessungen in Oechelhausen/Kamerun. (Annln Hydrogr. 1933.)

38) SEMMELHACK, W.: Beginn und Ende der Harmattanzeit im Küstengebiet Kameruns. (Annln Hydrogr. 1933.)

39) SEMMELHACK, W.: Die Staubfälle im nordwestafrikanischen Gebiet des Atlantischen Ozeans. Beiträge zur Harmattankunde. (Annln Hydrogr. 1934.)

40) SEMMELHACK, W.: Ergebnisse der Regenmessungen in Mongonge/Kamerun. (Annln Hydrogr. 1934.)

41) SEMMELHACK, W.: Wolkenbruch in Deutsch-Ostafrika. (Annln Hydrogr. 1936.)

42) SEMMELHACK, W.: Klima von Buea/Kamerun. (Annln Hydrogr. 1936.)

43) SEMMELHACK, W.: Unwetter in West-Usambara. (Annln Hydrogr. 1936.)

44) SEMMELHACK, W.: Die Verteilung der Niederschläge im Gebiet des Kamerungebirges. 1940.

45) SEMMELHACK, W.: Physiologische Klimakarte von Kamerun und den Nachbargebieten. 1942.

46) CASTENS, G.: Neue Klimaatlanten: Ägypten. (Annln Hydrogr. 1932.)

47) CASTENS, G.: Vom monatlichen Wetter- und Witterungsspielraum in den Tropen, Hamburg—Daressalam. (Annln Hydrogr. 1936.)

48) CASTENS, G.: Klima, Witterung und Wetter in Deutsch-Ostafrika. (in: ARNING: Deutsch-Ostafrika. Berlin 1936.)

49) CASTENS, G.: Tropische Temperatur. Häufigkeits-Klimatologie; Deutsch-Ostafrika. (Annln Hydrogr. 1939.)

50) HEIDKE, P.: Die niederschlagsreichste Station in Deutsch-Ostafrika. (Annln Hydrogr. 1933.)

51) HEIDKE, P.: Deutsche Niederschlagskarten der Deutschen Schutzgebiete. (Annln Hydrogr. 1935.)

52) PAAP, W.: Der Charakter der Niederschläge in Deutsch-Ostafrika. (Meteorol. Z. 1933.)

53) KRUHL, H.: Klima und Landschaftsgebiete in Deutsch-Ostafrika. (Annln Hydrogr. 1939.)
54) MAURER, H.: Die Regenveränderlichkeit in Deutsch-Ostafrika. (Annln Hydrogr. 1938.)
55) REGULA, H.: Druckschwankungen und Tornados an der Westküste von Afrika. (Annln Hydrogr. 1936.)
56) PORTIG, W.: Meteorologische Beobachtungen in Bathurst. (Annln Hydrogr. 1941.)
57) HERRMANN, M.: Meteorologische Beobachtungen aus Bolahun/Liberia. (Annln Hydrogr. 1932.)

Auf eine besondere, von Dr. Semmelhack ins Leben gerufene Veröffentlichungsreihe sei noch hingewiesen, auf die „Klimatographischen Witterungsschilderungen". Von außergewöhnlichen Wettererscheinungen (von Gewittern, Tornados u. a. m.) liegen gute und einprägsame Berichte vor, nicht aber von den Erscheinungen an normalen Tagen in der Regenzeit, in der Trockenzeit, in der Übergangszeit. Solche Abläufe sollten aber — über die gemessenen Zahlenwerte hinaus — ebenfalls festgehalten werden. So sind, beginnend 1932 und fortgeführt bis in den Zweiten Weltkrieg hinein, insgesamt 88 klimatographische Witterungsschilderungen von Pflanzern, Missionaren, Kaufleuten und Wissenschaftlern in Afrika geschrieben worden. Alle Jahreszeiten sind erfaßt worden; 40 Berichte stammen aus Ostafrika, 15 aus Kamerun, weitere 33 aus anderen Teilen Afrikas, von Marokko bis Moçambique.

Vom Beginn des Zweiten Weltkrieges bis über 1950 hinaus ruhte alle Afrika-Arbeit; nur im Auftrage der Wehrmacht sind einige spezielle Darstellungen über Witterungserscheinungen in Nordafrika geschrieben worden.

1946 wurde auf Befehl der englischen Besatzungsmacht die Deutsche Seewarte aufgelöst; eine hervorragende Stelle der Pflege von Forschung und Wissenschaft ist damit zerstört worden. Die Nachfolge im meteorologischen Dienst hat das „Meteorologische Amt für Nordwestdeutschland" angetreten, aus dem das „Seewetteramt" hervorgegangen ist. Im Seewetteramt des Deutschen Wetterdienstes wird jetzt amtlich meteorologisches Material aus aller Welt, also auch aus Afrika, gesammelt. Es gibt keine eigenen deutschen Stationen mehr in Übersee; alle Beobachtungs- und Meßwerte werden von den jeweiligen Landesdiensten, die alle der meteorologischen Weltorganisation (World Meteorological Organization, Sitz in Genf) angehören, erstellt, und sie gelangen in Auswahl auf dem Austauschwege regelmäßig auch in die Bundesrepublik, damit also an das Seewetteramt. Die eingehenden Werte werden nach und nach auf Lochkarten gebracht. Eine monatliche Veröffentlichung, „Die Witterung in Übersee", gibt einen globalen Einblick in die Druck-, Temperatur- und Niederschlagsverhältnisse in aller Welt, also auch in Afrika; sie basiert auf solchen aus aller Welt im Seewetteramt zusammenkommenden meteorologischen Werten.

Im Rahmen der von der Weltorganisation für Meteorologie getragenen Aufgaben werden vom Seewetteramt tägliche tropische Wetterkarten (den Bereich von 20° N bis 20° S, also auch einen großen Teil Afrikas umfassend) bearbeitet; statt der früher im Vordergrund stehenden klimatologischen wird nun synoptische Arbeit geleistet.

Die Aufgaben der Meteorologie haben sich gewandelt. Am Anfang hatte die geographische Expedition gestanden, die als Teilaufgabe auch meteorologische Messungen umfaßte. Dann entstand das Verlangen des Handels nach Schutz des Güteraustausches vor klimatisch bedingten Gefahren; ein planmäßiger meteorologischer Beobachtungsdienst wurde eingerichtet, der ganz überwiegend von Hamburg getragen wurde. Nach der Gründung der Kolonien erhoben sich der Wunsch und das Bedürfnis, die meteorologischen Verhältnisse der eigenen Schutzgebiete kennenzulernen, um sinnvolle Planungen zu ermöglichen. Diese meteorologische Arbeit in Afrika schloß sich in Aufgabenstellung und Methode eng an das von der Deutschen Seewarte geschaffene Vorbild an.

Nach der Zerstörung dieses Werkes im Ersten Weltkrieg ist ein neues respektables Gebäude aufgerichtet worden. Ohne jede eigene amtliche Position im Ausland ist ausschließlich durch freiwillige Mitarbeit von Deutsch-Afrikanern und durch Initiative der Deutschen Seewarte wiederum eine Fülle von meteorologischen Beobachtungen aus Afrika hereingebracht und aufbereitet worden. Im Zweiten Weltkrieg versank auch dieses Werk.

Ein nochmaliger Versuch, nach 1950 eigene Beobachtungsstationen in Afrika aufzurichten, verbot sich schon aus dem Grunde, daß die nach Selbständigkeit drängenden und bald ihre Unabhängigkeit eifersüchtig hütenden neuen Staaten das nicht geduldet hätten. Bei dem Aufbau und Ausbau eigener meteorologischer Landesdienste in Afrika haben aber auch Hamburger Meteorologen mitgewirkt. Die Übertragung der Bearbeitung der Tropenwetterkarten, die als synoptische Karten auf den Beobachtungen der verschiedenen Landesdienste beruhen, an das Seewetteramt bedeutet auch eine internationale Anerkennung für die Fortführung, in moderner Form, der jahrzehntelangen, erfolgreichen Arbeiten der Deutschen Seewarte durch das Seewetteramt.

Ein Großteil der überseeischen meteorologischen Arbeit erstreckt sich aber auch heute wieder auf mündliche und schriftliche Auskünfte, Beratungen und Gutachten für amtliche Stellen und Kreise der Wirtschaft. Die Gefahren für die Gesundheit der in den Tropen arbeitenden Menschen durch Klimaunbilden sollen klar erkannt und vor allem auch den Interessenten bekannt sein (Kamerun war einst „das Grab des weißen Mannes"). Der Export soll Waren herstellen, die den differenzierten Anforderungen eines feuchtwarmen, eines heißen, eines Monsunklimas gewachsen sind. Die Ex- und Importgüter sollen den gerade beim Handel mit Afrika sehr starken Strapazen durch das Transportklima standhalten. Exakte meteorologische Angaben sind erforderlich, um ausreichende, aber auch wirtschaftlich bleibende Schutzmaßnahmen vorbereiten zu können. Für Investitionen in den Tropen und für Vorhaben der Entwicklungshilfe müssen für Temperatur, Luftfeuchtigkeit, Niederschlag, Wind etc. Mittelwerte, Extremwerte, Schwankungsbreiten, die Häufigkeit starker Abweichungen vom Normalwert und auch die Jahreszeiten solcher Abweichungen für das jeweilige Einsatzgebiet erarbeitet werden.

Die literarische Tätigkeit mußte in den letzten Jahren gegenüber der Beantwortung der täglichen Forderungen der Praxis noch zurückstehen. Neben einer Reihe von kleineren Veröffentlichungen in verschiedenen Fachzeitschriften und den Hauszeitschriften des Seewetteramtes sind eine Arbeit über das Klima des Seetransportweges nach Westafrika und ein „Klimakalender für Reise und Wirtschaft" zu nennen, eine Darlegung der für die Praxis wichtigen Klimawerte für alle Monate für 65 ausgewählte afrikanische Plätze vom Mittelmeer bis zum Kap.

Das reich hereinströmende und laufend übersichtlich geordnete meteorologische Material lädt zu neuen Arbeiten ein.

Hamburgs Beitrag zur bodenkundlichen Forschung in Afrika

Von W. L. KUBIENA

Eine von Hamburg ausgehende bodenkundliche Forschung in Afrika setzte verhältnismäßig spät ein, da man einerseits bodenkundliche Forschungsinstitute mit hinreichender Laboratoriumsausstattung nur auf solchen Universitäten zu errichten pflegte, die eine landwirtschaftliche oder forstwirtschaftliche Fakultät führten, und andererseits Spezialisten auf dem Gebiete der tropischen Bodenkunde nicht nur in Hamburg fehlten, sondern in ganz Deutschland kaum noch tätig waren. Durch die Umorientierung der gesamten deutschen Forschung nach dem Ersten Weltkrieg starb die früher hervorragende deutsche Schule der tropischen Bodenforschung bis auf wenige Vertreter aus. Letztere setzten ihre Arbeit so gut wie ausschließlich in ausländischen Diensten fort. Ein Wandel trat erst mit der Errichtung eines Ordinariates für tropische Bodenkunde an der Universität Hamburg im Jahre 1941 ein.

I. Hamburgische Institute und Forscher der tropischen Bodenkunde und deren Bedeutung für die Afrikaforschung

Das genannte Ordinariat, das den Titel „Koloniale Bodenkunde und Kulturtechnik" führte und mit einer für Bodenuntersuchungen vorzüglich ausgestatteten Forschungsabteilung in Ahrensburg verbunden war, stand unter der Leitung von Prof. Dr. PAUL VAGELER. Die Forschungsabteilung war ein Teil des Kolonialinstitutes der Universität Hamburg. P. Vageler verfügte über eine große Tropenerfahrung und hatte schon 1909 in Ostafrika, 1911 in Ugogo, 1913 in Angola und ab 1919 in Abessinien, Liberia und Kamerun gearbeitet. Ab 1925 war er als Leiter des Agrogeologischen Laboratoriums in Buitenzorg und ab 1928 als bodenkundlicher Sachverständiger in Persien, Turkestan, Irak, Sudan und Ägypten tätig gewesen. 1933 war er als Sachverständiger, später als Professor für Bodenkunde (Rio de Janeiro) und Chef der Bodensektion des Instituto Agronómico in Campinas nach Brasilien übersiedelt, von wo er 1939 nach Deutschland zurückkehrte. Da während des Krieges die Möglichkeit von Felduntersuchungen in Afrika auf seltene Ausnahmefälle beschränkt war, konnte die Forschungsstelle im wesentlichen nur früher aufgesammeltes Bodenmaterial oder nur solches aufarbeiten, das in anderen bodenkundlichen Instituten vorlag. Dadurch wurden in Hamburg Arbeiten durchgeführt, welche auf Feldstudien basierten, die bereits vor der Gründung des Hamburger Ordinariats beendet worden waren. Das Hauptverdienst Vagelers war die Abfassung seines Lehrbuches, das unter dem Titel „Grundriß der tropischen und subtropischen Bodenkunde" [1. Auflage Berlin 1930, 2. wesentlich vermehrte Auflage 1938] erschienen war. Es war das erste Lehrbuch seiner Art für das deutsche Sprachgebiet[1]). 1932 wurde es von HERBERT GREENE ins Englische übersetzt und unter dem Titel „Introduction to Tropical Soils" veröffentlicht; es war auch dann noch nach britischem Urteil „das erste Buch in englischer Sprache über moderne tropische Bodenkunde". Es muß anerkannt werden, daß Vageler in vieler Hinsicht seiner Zeit vorauseilte, daß der Aufbau seiner „Bodenkunde der Tropen" die moderne Betrachtungsweise vorausnahm, den Einzelgemengteilen im Aufbau des Ganzen besondere Beachtung zu schenken. In diesem Sinne nimmt die Untersuchung und Bewertung der Einzelminerale und ihrer Umwandlung unter dem Einfluß der Umweltverhältnisse einen besonders großen Raum ein (mehr als ein Drittel des Gesamttextes). Das Werk basiert zu überwiegenden Teilen auf den Erfahrungen des Autors, enthält darum in gedrängter Form die meisten seiner vor 1938 erlangten Ergebnisse. Die in Hamburg durchgeführten Arbeiten galten vor allem Humusproblemen, der Phosphorsäure- und Stickstoffrage in Tropenböden und der Ausarbeitung neuer Methoden der physikalischen und chemischen Bodenanalyse im Dienste der tropischen Bodenberatung. Auf die regionalen Beiträge[2]) der Afrikaforschung wird später noch zurückgekommen werden. Zu erwähnen ist, daß P. Vageler sich in Hamburg auch für die mikromorphologische Bodenuntersuchung eingerichtet hatte und die für diese notwendigen technischen Hilfskräfte in Wien ausbilden ließ. Er hat jedenfalls damals bereits die Bedeutung der Mikromorphologie für die Untersuchung von Tropenböden erkannt. Nach dem Ausscheiden P. Vagelers, der 1945 nach Brasilien zurückging, blieb das Ordinariat für tropische Bodenkunde ohne Nachfolger und wurde anderweitig verwendet.

In der Zeit der Errichtung des Ordinariates für P. Vageler bestand im Rahmen des damaligen Reichsinstitutes für ausländische und koloniale Forstwirtschaft in Reinbek bei Hamburg bereits eine zweite Forschungsstelle für tropische Bodenkunde, die als „Abteilung für koloniale Forstökologie" vor allem forstwirtschaftlichen Zwecken zu dienen hatte und unter der Leitung von Privatdozent, später apl. Professor Dr. WILHELM GROSSKOPF stand. Zwischen beiden Forschungsstellen wurde eine weitgehende Zusammenarbeit beschlossen, und W. Großkopf erhielt 1951 an der Universität Hamburg einen Lehrauftrag für „Koloniale Forstökologie". Nach dem Ausscheiden P. Vagelers wurde er zunächst mit dessen Vertretung betraut. Mit der Auflassung des Ordinariates wurde W. Großkopf auch mit der Vorlesung „Tropische Bodenkunde" in Form eines Lehrauftrages betraut. Die bodenkundliche Forschungsabteilung in Reinbek wurde auch nach der Umwandlung des Reichsinstitutes für ausländische und koloniale Forstwirtschaft in die Bundesforschungsanstalt für Forst- und Holzwirtschaft 1954 übernommen. W. Großkopf hatte zwar keine eigenen Felduntersuchungen in Afrika durchgeführt — er war lediglich in Südamerika (El Salvador) tätig gewesen —, durch Literaturstudien und Untersuchung von Probenmaterial, das durch andere Bodenkundler aus verschiedenen Teilen Afrikas gewonnen worden war, hat er jedoch wertvolle Veröffentlichungen auf dem Gebiete der forstlichen Standortkunde, über die Nachhaltigkeit und Fruchtbarkeitsbestimmung von Tropenböden geschaffen. W. Großkopf deutete auf einen Fragenkomplex hin, innerhalb dessen auch heute noch die Hauptprobleme der praktischen Bodenkunde in den Tropen liegen und die für die Erstellung der Grundlagen für die land- und forstwirtschaftliche Entwicklungshilfe heute besondere Bedeutung gewonnen haben: die Frage nach der optimalen Verwendungs- bzw. Nutzungsart der verschiedenen Tropenböden[3, 4]). Hierfür hat er wertvolle Grundlagen geschaffen. Großkopfs Hauptinteresse galt Afrika. Leider war er an der Durchführung von regionalen Arbeiten und Feldstudien zuerst durch den Zweiten Weltkrieg, dann aber durch seinen frühen Tod verhindert, der bald nach seiner Rückkehr von El Salvador im Jahre 1955 erfolgte. Großkopfs größtes Verdienst liegt in seinen Humusarbeiten, bei denen er sich bereits auch direkter Untersuchungstechniken bedient hat. Von ihm wären wesentliche Beiträge zur Kenntnis tropischer Humusbildungen und ihrer Genese zu erwarten gewesen.

Für die Nachfolge Großkopfs sollte wieder ein Spezialist auf dem Gebiete der tropischen Bodenkunde gewonnen werden, da die Lage Hamburgs, dessen starkes wirtschaftliches Interesse an Unternehmungen in Übersee, ferner die fachliche Ausrichtung der Reinbeker Bundesforschungsanstalt, die sich durch die Projekte der Entwicklungshilfe noch verstärkt hat, dieses erforderten. Die Wahl fiel 1955 auf Professor Dr. Walter L. Kubiena, der sich seit 1949 in Madrid aufhielt, wo ihm vom Spanischen Forschungsrat die Gelegenheit einer eingehenden bodenkundlichen Durchforschung des tropischen und subtropischen Afrikas und des Mittelmeergebietes gegeben wurde. W. Kubiena war 1941 Direktor des Institutes für Geologie und Bodenkunde an der Hochschule für Bodenkultur in Wien geworden und hatte dort Gelegenheit gehabt, eine Arbeitssammlung von Tropenböden zu vergleichenden Studien anzulegen und Laboratorien zur mikromorphologischen und mineralogischen Bodenuntersuchung auszubauen. Hierdurch war es ihm möglich gewesen, schon frühzeitig die Bedeutung der mikromorphologischen Analyse von Dünnschliffen für die Unterscheidung und Bewertung von Tropenböden aufzeigen zu können[5]). Österreich hatte auch nach dem Kriege keine Möglichkeit, Forschungsreisen und Studienaufenthalte in den Tropen zu finanzieren, weshalb W. Kubiena 1949 ein Angebot des Spanischen Forschungsrates zu einem mehrjährigen Reiseprogramm mit dem Zentrum in Madrid annahm. Dieses gab ihm die Gelegenheit, in den Jahren 1950—1955 vergleichende Feldstudien in den verschiedensten Teilen Afrikas durchzuführen, vor allem in Algier (einschließlich des Hoggar), Span. Marokko, den Kanaren, Rio Muni, Fernando Póo, dem Kongo und der Südafrikanischen Union, ferner das gewonnene umfangreiche Probenmaterial in Madrid in der von ihm als eigene Sektion im Institut für Bodenkunde geschaffenen zentralen Arbeitsstätte zu untersuchen. In Hamburg war es W. Kubiena nicht möglich gewesen, das ehemalige Ordinariat für Bodenkunde wieder aufleben zu lassen, er erreichte jedoch, die Forschungsabteilung in Reinbek, die nunmehr die Bezeichnung „Bodenkunde und Forstökologie" erhielt, wesentlich zu erweitern, weitgehend für die mikromorphologische Forschung auszubauen und Laboratorien für Bodenchemie, Humusforschung, Ton- und Eisenoxydmineralanalyse, Bodenmikrobiologie, Bodenzoologie, Mikromorphometrie und Dünnschliffpräparierung, jedes mit eigenen wissenschaftlichen und nach Bedarf auch technischen Mitarbeitern, zu schaffen. An der Universität war zugleich eine Honorarprofessur für Bodenkunde eingerichtet worden, mit Vorlesungen und Praktika zur allgemeinen und tropischen Bodenkunde für Naturwissenschaftler, Weltforstwirte und Archäologen. Da die Reinbeker Forschungsabteilung dem Institut und Ordinariat für Weltforstwirtschaft angegliedert war, stellte sie in Personalunion zugleich eine Institution der Universität Hamburg dar. Ihr Aufgabenkreis war nicht die tropische Bodenkunde allein, doch stand sie unter den Forschungsobjekten stark im Vordergrunde. Reinbek bot W. Kubiena nicht nur die Möglichkeit des Ausbaus einer vorzüglich ausgestatteten Arbeitsstätte, es ermöglichte ihm auch die Weiterführung der begonnenen Afrikaforschung, durch die finanzielle Unterstützung teils des Hamburger Forschungsrates (mit Mitteln des Hamburgischen Amtes für Wirtschaft), teils der Deutschen Forschungsgemeinschaft, teils auch weiterhin des Spanischen Forschungsrates und des Instituto de Alta Cultura in Lissabon. Studienreisen und Aufenthalte in den Tropen wurden auch für einige Mitarbeiter ermöglicht. Mit Hilfe des durch die Feldstudien gewonnenen Bodenmaterials sowie durch jenes, das durch die rege Zusammenarbeit mit zahlreichen Tropenforschern des Auslandes gewonnen werden konnte, war es möglich, die Bodensammlung weitgehend auszubauen, so daß sie heute als die umfassendste der Welt bezeichnet werden kann. Sie ist vor allem eine Arbeitssammlung und dient vergleichenden Untersuchungen. Von jeder Bodenprobe wurden, da die Dünnschliffherstellung durch neuentwickelte Maschinen automatisch erfolgt, zugleich auch Präparate hergestellt, so daß auch die Dünnschliffsammlung ebenso reichhaltig ist wie die Bodensammlung. In Spezialschränken wurde ferner eine Sammlung der wichtigsten Gefügeerscheinungen in Form von Farbdiapositiven angelegt. Im Laboratorium für Mikromorphometrie wurde schließlich auch ein Archiv für Strukturphotogramme geschaffen, das in gleicher Weise ständigen Vergleich, Neuauswertung, Normierung und allgemeine Typisierung der Ergebnisse der Strukturanalyse gestattet. Alle diese Sammlungen stehen den Interessenten für die bodenkundliche Beratung bei Entwicklungsplanungen und privaten Unternehmungen in verschiedensten Teilen Afrikas zur Verfügung.

Die Reinbeker Forschungsabteilung unterschied sich nach ihrer Neuorganisation von anderen Forschungsinstituten der tropischen Bodenkunde vor allem dadurch, daß in ihr, ohne andere Verfahren zu vernachlässigen, von vornherein das Hauptgewicht auf die mikromorphologische Analyse gelegt wurde. Dadurch war es möglich, eine Reihe grundsätzlicher neuer Ergebnisse zu erzielen, die sich für die Afrikaforschung besonders vorteilhaft ausgewirkt haben. Die Mikromorphologie gibt nicht nur die Einflüsse der Standortverhältnisse wieder, sie zeigt auch Änderungen der Umweltverhältnisse im Gefüge mit solcher Deutlichkeit an, daß das Gefügebild bei vergleichenden Untersuchungen als Indikator der biologischen Bedingungen eines Standorts verwendet werden kann. Standortklimatische Messungen sind im Jahres- und Zehnjahresablauf in den Tropen selbst an einer beschränkten Anzahl von Standorten in Hinblick auf ihre Kosten und ihren Aufwand kaum durchführbar, geschweige bei einer so großen Anzahl von Standorten, wie sie die praktische Beratung der Tropenpflanzer erfordert. Die mikromorphologische Analyse vermag diesen Ausfall für die biologische Standortbeurteilung weitgehend wettzumachen.

Die Mikromorphologie vermittelte die Kenntnis einer Unzahl völlig neuer, die jeweiligen Bodenvarianten in hoher Weise charakterisierenden Merkmale. Hierdurch war es möglich, die Systematik der Tropenböden weitgehend auszubauen. Da eine genügend differenzierte Systematik die Grundlage aller allgemeinen und praktischen Bodenforschung ist, bot dieser Ausbau neue Grundlagen für alle weiteren bodenkundlichen Afrikaprojekte der Forschungsabteilung. Von besonderer Bedeutung in dieser Beziehung war die Ermöglichung einer klaren mikromorphologischen Unterscheidung zwischen den Prozessen der Rubefizierung, Laterisierung sowie der roten und braunen Vererdung in Tropenböden. Rubefizierung und Laterisierung müssen als zwei einander entgegengesetzte Prozesse angesehen werden, die nicht nur verschiedenen Standortbedingungen und Entstehungsweisen entsprechen, sondern sich auch biologisch verschieden auswirken, der erste strukturverbessernd und günstig für die Lebensentfaltung, der zweite stets strukturverschlechternd und biologisch nachteilig. Erstmalig wurde auch der wichtige Prozeß der braunen Vererdung von Braunlehmen und Rotlehmen und die hierdurch entstandenen Bodenformen beschrieben und benannt. Der dieser Gruppe angehörige, bisher bodensystematisch noch nicht erfaßte eutrophe erdige Braunlehm gehört zu den fruchtbarsten und biologisch aktivsten Böden der Tropen. Vergleichende Untersuchungen über die Laterisierung, Pseudovergleyung, Vergleyung und Raseneisensteinbildung führten gleichfalls zu neuen Ergebnissen[6-16]).

Die mikromorphologische Untersuchung vermag nicht nur die Wirkung der gegenwärtigen Standortverhältnisse, sondern auch jene vergangener, vielfach früherer geologischer Perioden zu erfassen. Diese neuen Aspekte lassen die Art der Genese und Eigenart vieler Trockenböden erkennen, die keine Neubildungen, sondern Formen sind, die durch Umwandlung von Böden eines früheren Feuchtklimas entstanden sind, darum einen auf Grund der gegenwärtigen Umweltverhältnisse unerklärbar intensiven Verwitterungsgrad sowie eine unverständlich hohe Ton- und Eisenoxydhydrat-Anreicherung aufweisen. Diese in den semiariden und ariden Gebieten Afrikas weitverbreiteten, bisher bodensystematisch noch nicht erfaßten und ihrer Entstehungsart nach wenig bekannten Böden wurden einem eingehenden Studium unterworfen, vor allem die verschiedenen Varianten des erdigen Trockenbraunlehms.

Ein neues, vielversprechendes Arbeitsgebiet erwuchs der Reinbeker Forschungsabteilung durch die Tatsache, daß die Entwicklung vieler Seuchen in Tropenpflanzungen deutlich standortabhängig ist. Handelt es sich dabei um solche Krankheiten, deren Erreger entweder noch nicht bekannt sind oder gegen die ein wirksames Gegenmittel noch nicht gefunden werden konnte, so kann durch die vergleichende Untersuchung der standortabhängigen Mikromorphologie festgestellt werden, ob sich die in Nutzung stehenden oder für die Nutzung projektierten Standorte entwicklungsgünstig oder entwicklungshemmend für bestimmte Krankheiten auswirken werden bzw. welche Standorteigentümlichkeiten für die Seuchenverbreitung jeweils ausschlaggebend sind. Auf die Ergebnisse dieses neuen Arbeitsgebietes soll in Abschnitt II bei der Anführung der regionalen Forschungsprojekte der Hamburger Bodenkunde zurückgekommen werden. Erwähnt sei, daß sich auch bei bestimmten Tier- und Humanseuchen in Afrika Abhängigkeiten von bestimmten Bodenvorkommen erkennen lassen. Hier steht ein weiteres wichtiges Arbeitsfeld der regionalen Bodenforschung offen, das in engem Zusammenwirken mit der Geomedizin seiner Bearbeitung harrt.

Das besondere Interesse Hamburgs an der bodenkundlichen Afrikaforschung geht nicht nur aus den Arbeiten seiner bodenkundlichen Forschungsstätten hervor, es zeigt sich auch in Forschung und Lehre der Institute der allgemeinen Naturwissenschaften. Um dem Wunsche aus Hörerkreisen entgegenzukommen, die Vorlesung „Böden der Tropen" auch Naturwissenschaftlern zugänglich zu machen, wird diese, die ursprünglich für Weltforstwirte gedacht war, seit 1962 im Institut für Geographie und Wirtschaftsgeographie abgehalten. Mit den regionalen Arbeiten dieses Universitätsinstitutes wurden häufig auch regionalbodenkundliche Studien durchgeführt. Auf sie wird, auch in Fällen, wo die diesbezüglichen Veröffentlichungen nicht rein bodenkundlichen Zwecken dienten, im Abschnitt II zurückgekommen. Eine Gesamtschau über eigene Reiseergebnisse in Afrika sowie Ergebnisse der Forschungsarbeiten seiner Mitarbeiter hat 1963 Professor Dr. ALBERT KOLB, der Direktor des Institutes für Geographie und Wirtschaftsgeographie, gegeben und auch die Frage der Bodengestaltung, Bodennutzung und Fruchtbarkeitssteigerung dabei weitgehend berücksichtigt[17]).

II. Regionalbodenkundliche Beiträge Hamburger Forscher

Wenn hier über die regionalen Beiträge Hamburger Bodenkundler zur Afrikaforschung berichtet wird, so sind mit ihnen nicht immer solche genannt, bei denen die Felduntersuchung ausschließlich in die Zeit der Zugehörigkeit ihrer Autoren zu Hamburger Instituten fielen. Das auf Forschungsreisen oder während längerer Studienaufenthalte gewonnene

Probenmaterial ist häufig so umfangreich, daß sich seine Untersuchung auf viele Jahre nach Abschluß der Feldarbeiten erstreckt. Das Material der hier angeführten Forschungsbeiträge befindet sich auf jeden Fall zu großem Teile in Hamburger Instituten, in überwiegendem Maße in der für diese Zwecke besonders eingerichteten Reinbeker Bodensammlung. Die einzelnen Projekte sind im folgenden nach Gebieten geordnet.

Nordafrika

Der Untersuchung der Böden des ehemaligen spanischen Marokko galt 1956 eine Studienreise von Dr. HANNS KLINGE, der damals noch Mitarbeiter von W. KUBIENA war. Eine Veröffentlichung der Ergebnisse dieser Reise untersuchte vor allem die Frage der Entstehung der Terra rossa und ihrer Altersbestimmung [19, 20]). Im gleichen Jahre wurde von H. KLINGE auch das ehemalige französische Marokko bereist. Eine Veröffentlichung war vor allem der Tirs- und Rotlehmbildung sowie der Charakterisierung der wichtigsten Bodentypen des Gebietes gewidmet. Von allen Bodenproben sind Dünnschliffpräparate angefertigt und analysiert worden.

Das ehemalige spanische Marokko wurde 1954 mit F. ZEUNER (London, Institute for Environmental Archaeology) auch von W. KUBIENA bereist. Auf der von F. Zeuner bei dieser Reise entdeckten paläolithischen Fundstätte nördlich von Tetuan konnten Paläoböden zur Charakterisierung der ehemaligen Umweltverhältnisse herangezogen werden, die von subtropischen Rotlehmen (subtropisches regenfeuchtes Klima) allmählich zu meridionalen Trockenbraunerden (mediterranes Trockenklima) übergingen, begleitet von Funden des Lavalloiso-Mousterien bis zu solchen des Aterien IV und Aterien V [21]).

Algier konnte, unterstützt durch die günstigen Reisegelegenheiten aus Anlaß des XIX. Internationalen Geologischen Kongresses 1952, von W. KUBIENA zu Feldstudien und zum Probennehmen bereist werden, und zwar insbesondere die Gebiete der Saoura, der Bergketten von Ougarta, des Westrandes des Westlichen Großen Ergs und des Hoggars (Zentrale Sahara) einschließlich des Hoch-Atakors [22, 23]). Der rezenten Bodenbildung der Zentralen Sahara mit ihren Wüstenböden-Varianten stehen, wie durch diese Studien gezeigt werden konnte, Relikt- und Fossilböden gegenüber, deren Bildung auf Feuchtklimate zurückgeht. Durch vergleichende Untersuchungen dieser vorzeitlichen Bodenreste mit rezenten Bodenbildungen der Tropen und Subtropen war unter Benützung der Ergebnisse der Dünnschliffanalyse eine Rekonstruktion ihrer Bildungsbedingungen möglich. Unter den Paläoböden sind außer den in der ganzen Sahara verbreiteten, vielfach gut datierbaren Rotlehmfunden (vorwiegend der Weißhorizont-Variante) ausgedehnte Braunlehmrelikte von besonderer Bedeutung vorhanden, die sich in der Vulkanlandschaft des Hohen Atakors vorzüglich erhalten haben. Sie kommen auf den jüngsten Basaltdecken vor und entsprechen den rezenten erdigen Braunlehmen des Kamerunberges, des Pico de Santa Isabel auf Fernando Póo sowie z. T. den heute bereits stark regressiven Braunlehmen der Lorbeerwaldstufe auf den Westkanaren.

Für sie kann jungpleistozänes Alter angenommen werden, wobei einer genauen Datierung noch Schwierigkeiten entgegenstehen. Unter den Basaltdecken fanden sich ältere fossile Böden, vorwiegend Rotlehme (auf den sogenannten mittleren und älteren Basalten des Atakors, wahrscheinlich altpleistozänen Alters), ferner tertiäre Rotlehme der Weißhorizont-Variante auf dem Gneissockel inner- und außerhalb des Atakors[22, 23]).

P. Vageler beschäftigte sich wiederholt mit den Böden des Tschadseegebietes und sah es als ein potentielles Bewässerungsland erster Ordnung an, dessen Böden nach Qualität den besten Sudanböden gleichwertig, denen des Niger überlegen und nur denen Ägyptens als nachstehend bezeichnet werden können. Durch das Vorhandensein einer Art Klärbecken südlich der Berge von Niellim gelangen alle gröberen Sedimente der Flüsse nicht oder nur teilweise ins Tschadbecken, das im wesentlichen nur von den feinsten Schlick- und Tonmassen erreicht wird. In und am See selbst bilden sich tonige, meist kalkreiche Schlickböden, auf den Stagnationsflächen schwerste Tone. Die schweren dunklen Tone („Firkiböden" nach ihrem Auftreten in der Landschaft Firki) gelten seit langem als vorzügliche Baumwollböden oder allgemein als Bewässerungsböden erster Ordnung und zeigen weitgehende Parallelen mit dem ägyptischen „Tin Soda" und mit dem indischen Regur. In einer zusammenfassenden Veröffentlichung gibt Vageler 1944 einen Überblick über die vorhandenen Bewässerungsprojekte, die er durch eigene Vorschläge ergänzt[24, 25]).

Ein Arbeitsaufenthalt W. Kubienas 1960 in Liberia (Projekt des Hamburger Forschungsrates) diente der Erforschung bodenkundlicher Ursachen des katastrophalen Auftretens der Panama-Krankheit (Fusarium-Welke) auf Bananen, die im Sinoe-Distrikt zur völligen Vernichtung der deutschen Bananenpflanzungen (Gros Michel-Sorte) führte. Die in Liberia begonnenen Studien wurden 1960 in Columbien und Ecuador und 1961 in Fernando Póo und Honduras weitergeführt und ergaben, daß zwischen Vorkommen und Krankheitsverlauf der Panama-Welke und den Bodenverhältnissen enge Wechselbeziehungen bestehen, so daß es möglich ist, durch mikromorphologische Untersuchungen (nach vorangegangenen Profilstudien im Freiland) jeden Boden dahingehend zu beurteilen, ob sich die Panama-Krankheit auf ihm rasch oder allmählich entwickeln wird oder ob er als krankheitsresistent bezeichnet werden kann. Da gegen die Panama-Krankheit bisher kein Bekämpfungsmittel gefunden werden konnte und einer direkten Bekämpfung des Schädlings als Gefäßparasit große Schwierigkeiten entgegenstehen, ist die Bodenbeurteilung vor Anlage jeder Pflanzung von wesentlicher Bedeutung. Eine umfassende Veröffentlichung, die auch die Untersuchungsergebnisse des Autors in Columbien, Ecuador, Honduras und Fernando Póo enthalten wird, ist in Vorbereitung. Im Zusammenhang mit der gegenwärtig in Liberia von deutscher Seite durchgeführten Waldinventur wurden von Dr. Sachtler auch von den wichtigsten Waldböden systematisch Rahmenproben zur mikromorphologischen Untersuchung genommen. In Sierra Leone wurde das Gebiet des Sewa-Bogens bei Freetown von dem Hamburger Bananenspezialisten M. Appenzeller zwecks Felduntersuchungen und

Probennahmen bereist. Das Material, im wesentlichen Bodenvarianten vom Typus der Braunlehm-Vega mit mehr oder minder starker Tirsifizierung wurde in Reinbek untersucht[26]). Unter Zusammenarbeit mit M. Appenzeller wurden von Dr. W. BECKMANN und Dr. E. GEYGER quantitative Untersuchungen über den Einfluß des Mulchens in Bananenpflanzungen und der Kompostdüngung in Pflanzgärten auf die Strukturbildung und den Vererdungsgrad von Braunlehmen mit Hilfe der mikromorphometrischen Analyse von Strukturphotogrammen durchgeführt, die durchweg eine wesentliche Verbesserung des Hohlraumgehaltes, der Aggregat- und Hohlraumformbildung sowie der Gefügestabilität ergaben.

Togo, Ghana und Dahomey. W. KUBIENA und Dr. R. SCHMIDT-LORENZ waren 1961 in Begleitung des Phytopathologen Dr. F. DEUTSCHMANN (Staatsinstitut für angewandte Botanik in Hamburg) und 1962 zu einem zweiten Aufenthalt in Togo mit der Untersuchung einer in den Kokosplantagen Togos, Ghanas und Dahomeys katastrophal auftretenden, zu Nußabfall und später zum Absterben der befallenen Pflanzen führenden Krankheit beschäftigt, die in Togo nach dem Orte des ersten Auftretens als Kainkopé-Krankheit bezeichnet wird. Es gelang F. Deutschmann, die Seuche als eine allmählich auf die ganze Pflanze übergreifende Wurzelerkrankung zu erkennen und wesentliche Schritte zur Feststellung der bisher unbekannten Erreger zu tun[27, 28]). Durch vergleichende Bodenuntersuchungen in Togo, den Nachbarländern, ferner in Südindien und Ceylon war es W. Kubiena und R. Schmidt-Lorenz möglich, die Umweltabhängigkeit auch bei der Kainkopé-Krankheit festzustellen[29]). Die Ergebnisse der Untersuchungen, die vom Hamburger Forschungsrat unterstützt wurden, führten zur Ausarbeitung eines Abwehrplanes durch bodenkundliche Maßnahmen. Für deren Ausführung waren mit Hamburger Unterstützung Mittel der deutschen Entwicklungshilfe beantragt worden. Bedauerlicherweise mußten die Arbeiten im günstigsten Stadium abgebrochen werden, da die beantragten Mittel nicht zur Verfügung gestellt wurden, wohl in erster Linie in Hinblick auf die damalige politische Krise in Togo. Ein Einwand, daß die Anwesenheit von Spezialisten, die von der FAO mit der Erforschung der Kainkopé-Krankheit beauftragt waren, den Einsatz deutscher Fachleute überflüssig machte, ist nicht stichhaltig. Die FAO-Beauftragten waren ausschließlich Phytopathologen und keine Bodenkundler, hatten darum keinerlei Abwehrplan durch Bodenbeeinflussung vor. Jeder anderweitige Versuch hätte auch den Phytopathologen willkommen sein müssen, da der phytopathologischen Bekämpfung von vornherein große Schwierigkeiten entgegenstanden. Heute ist tatsächlich bereits mehr als ein Drittel der Fläche aller Plantagen in Togo der Krankheit zum Opfer gefallen. Der Verlust für die Reinbeker Forschung bestand vor allem auch darin, daß eine einmalige Gelegenheit einer Erprobung bodenkundlich-ökologischer Maßnahmen bei der Bekämpfung einer Pflanzenseuche verloren ging. Im Falle der Panama disease war es, als so wertvoll dieser Erfolg an sich auch angesehen werden muß, lediglich die Kenntnis der Böden und Standorte gewesen, die für eine Bananenpflanzung mit der bevorzugten Gros Michel-Sorte zu Mißerfolgen führen mußte.

Togo. Durch Unterstützung der Deutschen Forschungsgemeinschaft war es R. Schmidt-Lorenz möglich, Studien über die Mikromorphologie, Mineralogie und Genese der Böden des Agu-Berges durchzuführen. In diesem Zusammenhang und unter Verwendung von in Südindien und Ceylon im Jahre 1962 gewonnenen Ergebnissen war es ihm gelungen, neue Einzelheiten der überaus reichen Mikromorphologie der Laterite und ihrer Genese zu ermitteln und die Beziehung der afrikanischen Formen zu den Lateriten Buchanans in Kerala herzustellen[30]).

Rio Muni. Dieses früher spanische Gebiet konnte von W. Kubiena in den Jahren 1952, 1955 und 1961 bereist werden. Die Untersuchungen der hierbei gewonnenen zahlreichen Rahmenproben gaben wertvolle Aufschlüsse über die Braunlehmvarianten des immerfeuchten äquatorialen Regenwaldes, über die Bodenbildungen und Standortsbedingungen der Okoumé-Gebiete und über die Phasen der Lateritbildung in Böden und Bodensedimenten. Rio Muni ist nach Meinung des Referenten das geeignetste Gebiet Afrikas zum Studium der rezenten Lateritbildung. Es zeigt auch die morphologisch vollkommenst ausgebildeten Junglaterite[6, 10]).

Tanzania. Dr. R. Schmidt-Lorenz nahm 1961 als Bodenexperte an der Gemeinschaftserkundung des südlichen Hochlandes von Tanganyika durch ein von der Deutschen Afrikagesellschaft, Arbeitsgruppe „Landschaftspflege und Naturschutz", zusammengestelltes Forschungsteam teil. Der Erkundungsfahrt ging eine Teilnahme an der CCTA-IUCN-Konferenz in Arusha 1961 voraus. In diesem Rahmen war ihm die Teilnahme an einer Exkursion in das Amboselireservat (NW. d. Kilimandjaro) möglich. R. Schmidt-Lorenz hatte anschließend auch die Möglichkeit zu einer Erkundung der Bodenbildung des Meru und seiner Höhenstufen, die bis zu einer Höhe von 3 500 m fortgeführt werden konnte. Bei allen Exkursionen wurde ein umfangreiches Material von Rahmenproben für die Laboratoriumsarbeit aufgesammelt.

Im Mbulu-Distrikt (nördliches Tanzania) führte 1963/64 J. Schultz-Soltau mit teilweiser Unterstützung der Deutschen Afrikagesellschaft eine natur- und kulturgeographische Erhebung im Rahmen der Arbeiten des Hamburger Institutes für Geographie und Wirtschaftsgeographie durch, bei der es gelang, mit Hilfe der Luftbildauswertung die wichtigsten natur- und kulturräumlichen Einheiten im Maßstab 1 : 150 000 bis 1 : 300 000 zu kartieren. Zur Erfassung der bodenkundlichen Gliederung des Distriktes wurden 300 Rahmenproben genommen, die vom Autor in der Reinbeker Forschungsabteilung untersucht werden.

Kongo. Der V. Internationale Kongreß für Bodenkunde 1954 in Leopoldville gab W. Kubiena reiche Gelegenheit zu Exkursionen in der Umgebung von Brazzaville, im unteren Kongo (Mvuasi Kokosi, Mayumbe, Matadi, Gimbi), in der Umgebung von Leopoldville, im äquatorialen Regenwaldgebiet um die Versuchsstation Yangambi und in der Umgebung von Elisabethville in Katanga. Auf allen Exkursionen wurden Rahmenproben der wichtigsten Bodenbildungen genommen und in Reinbek unter Unterstützung der Deutschen Forschungsgemeinschaft untersucht[5]).

Angola. 1958/59 bereiste Privatdozent Dr. GÜNTER BORCHERT vom Institut für Geographie und Wirtschaftsgeographie den wenig erschlossenen und geographisch kaum bearbeiteten Südosten von Angola und das besiedelte zentrale Hochland Mittelangolas. Ausgehend von Klima und Hydrographie galt die Erforschung vor allem dem Wasserhaushalt, zu dem die Entwicklung der Vegetation, der Böden und Talformen in Beziehung gesetzt wurde. Für beide Gebiete wurden wertvolle Einblicke in Aufbau und Entwicklung der Bodendecken gegeben und wichtige Studien über die rationellste Bodennutzung durchgeführt. Von besonderem Interesse sind die Angaben über die wassersparende Wirkung der trockenen Kalahari-Decksande mit ihren weitmaschigeren Kapillarsystemen über dem feuchten Unterboden durch die Unterbrechung des Kapillaranstiegs in der Trockenzeit. Für den Trockensavannenwald sind dadurch die Sande physiologisch feuchte Standorte. Besonders wichtig ist der Hinweis auf die außerordentlich fruchtbarkeitssteigernde Wirkung des Mulchens auf Braunlehmen, Rotlehmen und ihren lateritischen Umwandlungsformen. Auch hier zeigt sich ein deutlicher Einfluß auf die Kapazität der Wasseraufnahme (nach Untersuchungen G. Borcherts bis zu 50 % Steigerung gegenüber unbedecktem Boden), auf den Hohlraumgehalt, die Strukturstabilität und Intensität des Bodenlebens. Wie in den meisten Gebieten der wechselfeuchten Tropen der Gegenwart liegt auch in Angola (selbst für die unter Primärwald sehr fruchtbaren Rotlehme) in der weitgehenden Entwaldung und dem einseitigen Trockenfeldbau die Ursache der fortschreitenden Herabsetzung der Produktivität seiner Böden, worauf G. Borchert besonders hinweist. Sie vollzieht sich durch die Verschlämmung infolge des Fehlens der schützenden Pflanzendecke angesichts der geringen Gefügestabilität bei Starkregen und Staunässe, ferner durch die strukturelle und biologische Erstarrung infolge starker Austrocknung und Überhitzung. Die zunehmende Verödung abgewirtschafteter weiter Kulturflächen, die eine erschreckende Verarmung ganzer Länder mit sich bringt, ist eine drohende Gefahr für große Teile Afrikas[31-33]).

Südafrika

Eine bodenkundliche Bereisung Südafrikas, besonders der Gebiete um Johannisburg, der Kap-Provinz, Natals und des Krüger-National Parkes wurde 1954 von W. KUBIENA durchgeführt. Als südlichste Provinzen Afrikas hatten die Untersuchungen der in ihnen aufgesammelten Rahmenproben vor allem bodengeographische Bedeutung[9]). Doch auch in die Vorgänge der Rubefizierung, Tirsifizierung und subtropischen Laterisierung in südafrikanischen Böden wurden wertvolle Einblicke gewonnen.

Die Atlantik-Inseln

Vergleichende bodenkundliche Studien wurden W. KUBIENA auf den Atlantik-Inseln durch die Unterstützung seitens des spanischen Forschungsrates in Madrid und des Instituto de Alta Cultura in Lissabon ermöglicht. Die Untersuchungen werden fortgesetzt und sollen die wichtigsten Inselgruppen der Nord- und Südhalbkugel umfassen. Bereisungen mit Felduntersuchungen und Probennahmen für die Laboratoriumsarbeit wurden bisher durchgeführt: 1951 auf den westkanarischen Inseln La Palma, Teneriffa und Gran Canaria, 1950, 1955 und 1960 auf Fernando Póo, 1960 auf den Kap-Verde-Inseln La Sal und São Tiago, 1959 auf den Azoreninseln San Miguel und Santa Maria, 1960 auf Annobón und 1953 auf Madeira. Diese Inseln sind für eine vergleichende Untersuchung des planetarischen Wechsels der Bodenentwicklung besonders geeignet, da es leicht ist, die Arbeiten auf allen Inseln mit gleichen Muttergesteinen (olivinreiche Titanaugitbasalte) durchzuführen. Untersucht werden nicht nur die rezente Bodenentwicklung, sondern auch alle feststellbaren vorzeitlichen Entwicklungen. Auf den Azoren und auf Madeira stehen in starkem Kontrast die rezenten atlantischen Ranker und eutrophen Braunerden den vorzeitlichen Rotlehmen und Pseudogleyen gegenüber. Auf den Westkanaren überwiegen als rezente Böden erdige Braunlehme in der Nebelwaldstufe, die von den Küsten her durch stark progressive meridionale Trockenbraunerden verdrängt werden. Von den Gipfelregionen her breiten sich Wüstenrohböden, Xeroranker und braune Xeroranker aus. Die Paläoböden sind durch Reste von miozänen und vormiozänen, z. T. pliozänen Rotlehmen vertreten, ferner durch vorwiegend pleistozäne Braunlehme und Braunlehmsedimente. Auf den Kap-Verde-Inseln ist die Zunahme der Xeromorphiemerkmale der Böden noch stärker entwickelt. Die ursprüngliche Bodendecke war ein tropischer Rotlehm, der auf São Tiago weitgehend zurückgedrängt erscheint und durch einen stark progressiven erdigen Trockenbraunlehm ersetzt wird. Die Umwandlung in Trockenformen durch die rezente Bodenentwicklung ist am stärksten auf La Sal, wo die rezenten Bildungen fast nur durch Wüstenrohböden in einer nahezu vegetationslosen Landschaft vertreten sind, denen fossile tropische Rotlehme von hohem Verwitterungsgrad gegenüberstehen. Der menschliche Einfluß auf diese Trockenheitszunahme ist in allen Übergangsphasen deutlich zu erkennen. Fernando Póo, das im Bereich der immerfeuchten Regenwaldzone liegt, zeigt schwere bolusartige Braunlehme in der Fußstufe, erdige Braunlehme in der Nebelwaldstufe, die in der subalpinen Stufe z. T. von braunen mullartigen Rankern bis Eilagrankern abgelöst werden. Annobón ist von besonderem Interesse, da es extrem basische feldspatarme Gesteine führt. Die Zone der erdigen Braunlehme reicht tief in die Fußstufe hinab, die Xeromorphiezunahme in Pflanzendecke und Bodenbildung tritt hier wie auch auf der benachbarten Insel São Tomé, obwohl der immerfeuchten Regenwaldzone angehörig, in den durch menschliche Eingriffe veränderten Arealen besonders deutlich in Erscheinung[10, 36]).

*

Zusammenfassend kann gesagt werden, daß sich Hamburg als Zentrum der deutschen bodenkundlichen Afrikaforschung besonders eignet. Diese Untersuchungen dienen nicht nur der Wissenschaft, sondern erhalten ihre besondere Betonung nach der praktischen Seite hin. Staatliche und private Unternehmungen in Afrika, deren Gelingen von der Kenntnis der bodenkundlichen Voraussetzungen abhängt, gehen ohne die vorherige Stellungnahme der Bodenexperten, wie es die Vergangenheit gezeigt hat, ein zu großes Risiko ein, als daß sie auf diese verzichten könnten. Hierzu ist aber die Heranbildung einer hinreichenden Zahl von einsatzfähigen Experten der tropischen Bodenkunde notwendig, an denen es heute besonders fehlt. Es ist zu hoffen, daß nicht nur die Weiterführung der tropischen Bodenforschung gesichert bleibt, sondern daß sie den hohen Anforderungen entsprechend ausgebaut wird.

Literatur

1) Vageler, P. [1930]: Grundriß der tropischen und subtropischen Bodenkunde. Berlin. — 2. Aufl. 1938.

2) Vageler, P. [1910]: Die Mkattaebene. (Tropenpflanzer. Beih. 11. 1910, Nr 45.)

3) Grosskopf, W. [1938]: Einführung in die Standortverhältnisse des tropischen Westafrika. (Kolonialforstl. Mitt. Bd 1. 1938, S. 4—37.)

4) Grosskopf, W. [1939]: Über Vorerkundung und Bewertung unerschlossener Tropenböden. (Kolonialforstl. Mitt. Bd 2. 1939, H. 2/3, S. 188—203.)

5) Kubiena, W. [1943]: Gefügeuntersuchungen an tropischen und subtropischen Rotlehmen. (Beitr. kolon. Forschg. Bd 3. 1943, S. 48—58.)

6) Kubiena, W. [1954]: Micromorphology of Laterite Formation in Rio Muni. (Transact. Vth Intern. Congr. Soil Science, Leopoldville. Vol. 4. 1954, S. 77—84.)

7) Kubiena, W. [1956]: Rubefizierung und Laterisierung. (VI. Intern. Kongr. f. Bodenkde, Paris. Beitr. 5, 39. 1956.)

8) Kubiena, W. [1962]: Über die taxonomische Bedeutung der Art und Ausbildung von Eisenoxydhydratmineralien in Tropenböden. (Z. f. Pflanzenern., Düng. u. Bodenkde. Bd 98. 1962, S. 205—214.)

9) Kubiena, W. [1957]: Neue Beiträge zur Kenntnis des planetarischen und hypsometrischen Formenwandels der Böden Afrikas. (Stuttgarter geogr. St. Bd 69. 1957, S. 50—64 = Lautensach-Festschrift.)

10) Kubiena, W. [1958]: Los suelos de los territorios españoles en el Golfo de Guinea. (Arch. Inst. estudios Africanos. T. 10, 46. 1958, S. 65—75.)

11) Kubiena, W. [1957/60]: Untersuchungen über die Dynamik und Systematik von Tropenböden. 1957/60. [Als Ms. gedr.]

12) Kubiena, W. [1959]: Prinzipien und Methodik der paläopedologischen Forschung im Dienste der Stratigraphie. (Z. deutsche geol. Ges. Bd 111. 1959, H. 3, S. 643—652.)

13) Kubiena, W. [1963]: Die Genese lateritischer Profile als bodenkundliches Problem. (Symposium d. Ges. Deutscher Metallhütten- u. Bergleute, Würzburg. 1963.)

14) Kubiena, W. [1961]: Paleosoils as indicators of paleoclimates. (Unesco/NS/AZ. Symposium, Rome. 1961.)

15) KUBIENA, W. [1961]: Structure and genesis of tropical soils. (Germany. Vol. 24. 1961, S. 53—55.)

16) SCHMIDT-LORENZ, R. [1957]: Vergleichende Untersuchungen an Terra-fusca-Vorkommen im gemäßigten und tropischen Klima. (Beitr. z. 1. Internat. Arbeitstagung f. Mikromorphologie, Braunschweig. 1957.)

17) KOLB, A. [1963]: Entwicklung und geographische Forschung in Afrika. (Erde. Bd 94. 1963, S. 191—205.)

18) VAGELER, P. [1931/32] u. F. ALTEN: Die Böden des Nil und Gash. (Z. f. Pflanzenern., Düng. u. Bodenkde. 1931/32, S. 21—24.)

19) KLINGE, H. [1958]: Stellungnahme zur Altersfrage von Terra-rossa-Vorkommen unter besonderer Berücksichtigung der Iberischen Halbinsel, der Balearen und Marokkos. (Z. f. Pflanzenern., Düng. u. Bodenkde. Bd 1. 1958, S. 56—63.)

20) KLINGE, [1957]: Bericht über eine bodenkundliche Studienreise im südlichen Marokko. 1957. [Als Ms. gedr.]

21) ZEUNER, F. [1953]: Cabo Negro, a Mousteroid Site near Tetuan. (Proc. Prehist. Soc. Vol. XLX. 1953, Pt 2, S. 219—223.)

22) KUBIENA, W. [1955]: Über Braunlehme des Atakors ‹Zentrale Sahara›. (Erdkunde. Bd 9. 1955, H. 1, S. 115—132.)

23) KUBIENA, W. [1957]: Rezente und vorzeitliche Bodenbildung in der Zentralen Sahara und ihre Bedeutung für die Klimageschichte des Pleistozäns. (Geol. Kolloquium. Staatsinst. f. Geol. 1957. Hamburg.)

24) VAGELER, P. [1940]: Die landwirtschaftlichen Vorbedingungen des Tschadbeckens und die Möglichkeiten ihrer Nutzung. — Berlin 1940.

25) VAGELER, P. [1944]: Niger- und Tschadseegebiete als Bewässerungsländer der afrikanischen Zukunft. (Mitt. geogr. Ges. Hamburg. Bd 48. 1944, S. 288—311.)

26) KUBIENA, W. [1960] (unter Mitw. von M. Appenzeller und L. Brossmann): Ergebnisse mikromorphologischer und photogrammetrischer Untersuchungen von Bananenböden Sierra Leones. — [Ms.]

27) DEUTSCHMANN, F. [1962]: Ein Beitrag zur Kaincopé-Krankheit der Kokospalmen in Togo. [Maschinenschriftl.]

28) DEUTSCHMANN, F. [1963]: Ein Beitrag zur Kenntnis der Kaincopé-Krankheit der Kokospalmen in Togo. (Z. f. Pflanzenkrankh. u. Pflanzenschutz. Bd 70. 1963, H. 1, S. 22—33.)

29) KUBIENA, W. [1962] u. R. SCHMIDT-LORENZ: Bodenkundlich-ökologische Untersuchungen über die Abhängigkeit der Kainkopé-Krankheit der Kokospalmen im Küstenstreifen von Togo von den Bodenverhältnissen. 1962. [Als Ms. gedr.]

30) SCHMIDT-LORENZ, R. [1964]: Zur Mikromorphologie der Eisen- und Aluminiumoxydanreicherung beim Tonmineralabbau in Lateriten Keralas und Ceylons. (In: Jongerius, A.: Soil Micromorphology. Amsterdam. 1964, S. 279—290.)

31) BORCHERT, G. [1961]: Cela — ein Entwicklungszentrum im Hochland von Angola. (Erdkunde. Bd 15. 1961, S. 295—306.)

32) BORCHERT, G. [1963]: Südost-Angola. (Hamburger Geogr. St. H. 17. 1963.)

33) BORCHERT, G. [1963]: Die naturgeographischen Grenzen der Entwicklungsmöglichkeiten im tropischen Afrika. (Erde. Bd 94. 1963, S. 313—320.)

34) VAGELER, P. [1935]: Ostafrikanische Bodentypen. (Ern. d. Pflanze. Bd 31. 1935, H. 8.)

35) VAGELER, P. [1940/41]: Die Böden Westafrikas vom Standpunkt der Catenamethode. (Mitt. d. Gruppe kolonialwiss. Unternehmungen. Bd 2. 3. 1940/41.)

36) KUBIENA, W. [1956]: Materialien zur Geschichte der Bodenbildung auf den Westkanaren ‹unter Einschluß von Gran Canaria›. (VI. Intern. Kongr. f. Bodenkde, Paris. Komm. V, 38. 1956.)

Hamburger forst- und holzwirtschaftliche Forschungen in Afrika

Von HANS-JÜRGEN VON MAYDELL

Hamburgs Beziehungen zur afrikanischen Forst- und Holzwirtschaft sind auf Grund der seit Beginn des 20. Jahrhunderts in großem Umfange erfolgenden Tropenholzimporte vielseitig und eng. Eine entsprechende Forschungstätigkeit hat sich jedoch erst entwickelt, nachdem die heutige Bundesforschungsanstalt für Forst- und Holzwirtschaft in Reinbek ihre Arbeit aufnehmen konnte.

Diese Forschungsstätte entstand aus einem von Professor Dr. FRANZ HESKE an der Forstlichen Fakultät in Tharandt (Technische Hochschule Dresden) im Jahre 1930 gegründeten Institut, das 1939 nach Reinbek verlegt wurde. Gleichzeitig erhielt Heske einen Ruf an den neugeschaffenen Lehrstuhl für Weltforstwirtschaft an der Mathematisch-Naturwissenschaftlichen Fakultät der Universität Hamburg. Diesem Lehrstuhl folgten 1949 und 1956 zwei Lehrstühle für Holzwirtschaft, so daß heute sowohl der einjährige Ausbildungslehrgang der Weltforstwirtschaft als auch das Studium der Holzwirtschaft in Hamburg möglich ist.

Aus der Organisation und den Aufgaben der Bundesforschungsanstalt und der Lehrstühle der Universität ergibt sich eine Forschungs- und Lehrtätigkeit, die a priori keine geographischen Schwerpunkte aufweist. Durch die besonders in den letzten Jahren überwiegend aus West- und Äquatorialafrika erfolgten Holzimporte der Bundesrepublik und der dabei starken Einschaltung Hamburger Firmen, sowie durch die traditionell engen wirtschaftlichen Kontakte zwischen Hamburg und Afrika hat sich die Forschungs- und Gutachtertätigkeit der in den oben genannten Institutionen tätigen Wissenschaftler jedoch auch sehr weitgehend mit Fragen der Forst- und Holzwirtschaft Afrikas befaßt.

Die Vielseitigkeit der damit verbundenen Forschungsaufgaben bedingt eine Darstellung, die auf die wichtigsten Fachgebiete getrennt eingeht. Der Vorteil der im Hamburger Raum durchgeführten Arbeiten besteht aber ungeachtet dessen gerade in der Möglichkeit des laufenden Erfahrungsaustausches der Forscher und damit einer Koordinierung und Kooperation der Projekte.

Ökologie der Waldpflanzen

Eine ausreichende Kenntnis der Standortsfaktoren Klima, Lage, Boden*) und Hydrologie sowie der allgemeinen naturwissenschaftlichen

*) Die Forschungsarbeiten der Fachabteilung Bodenkunde innerhalb des Instituts für Weltforstwirtschaft an der Bundesforschungsanstalt für Forst- und Holzwirtschaft werden gesondert im Beitrag von W. L. KUBIENA über die bodenkundliche Forschung behandelt.

Grundlagen gehört zu den Voraussetzungen für die forstwissenschaftliche Forschung und in deren Folge für alle waldbaulichen Maßnahmen. Die Arbeiten Hamburger Forstwissenschaftler über Afrika setzen, darauf aufbauend, mit Untersuchungen einzelner Waldpflanzen sowie der Systematik und Geographie von Wald-Vegetationstypen ein.

Natürliche Verbreitung, Lebensweise, Autökologie und waldbauliche Eigenschaften verschiedener afrikanischer Baumarten sind so vor allem untersucht worden. Ihre Abhängigkeit vom Standort, ihre Reaktion auf biotische Einflüsse und Feuer, ihr reproduktives Verhalten und die Entwicklung während verschiedener Lebensabschnitte sowie Gesetzmäßigkeiten der Phänologie stehen dabei im Vordergrund.

In diesem Zusammenhang sind die Forschungsberichte von Francke und Schlieben [1938—1940] zu nennen. Sie beziehen sich in besonderem Maße auf Keimung und Jugendentwicklung tropisch-afrikanischer Holzarten.

Schwerpunktmäßig auf Angola beziehen sich die Arbeiten von J. v. Nolde. Sie berichtete u. a. über eine neu entdeckte *Macrolobiumart* [Nolde 1924 b], die in den Schluchtenwäldern des Hochlandes von Quela endemisch ist, über drei bisher wenig bekannte *Dipterocarpaceen* [1943 a] sowie den Arganbaum (*Argania Sideroxylon Roem. et Schult.*) und den Schibutterbaum (*Butyrospermum Parkii Kotschy*), zwei sowohl botanisch und pflanzengeographisch als auch hinsichtlich ihrer fetthaltigen Früchte interessante Arten [Esdorn und Nolde 1943 b und 1944]. Noldes Untersuchungen über die Entstehung von Flachkronen bei tropisch-afrikanischen Bäumen [1941] und über Laubfall und Lauberneuerung an tropischen Bäumen im Hochland von Quela [1940] stellen weitere interessante Beiträge aus diesen hinsichtlich der Möglichkeiten für eine Afrikaforschung beschränkten Jahren dar.

In neuerer Zeit hat Kunkel in enger Zusammenarbeit mit dem Institut für Weltforstwirtschaft in Reinbek eine Reihe von Veröffentlichungen über Liberia herausgegeben [Kunkel 1962 b und 1964 a]. Diese Arbeiten stellen eine wesentliche Ergänzung zu den seit 1960 in Liberia laufenden Waldinventuren dar, die, wie weiter unten noch auszuführen ist, ebenfalls von Reinbek aus betreut werden. Das Buch „The trees of Liberia" ist ein Werk, das wesentlich von der Ausbeute während der Probeaufnahmen im Urwald bestimmt wurde [Kunkel 1964 b].

Über Vegetationstypen und ihre geographische Verteilung in Afrika ist von einer Reihe von Hamburger Forschern verschiedener Fachrichtungen gearbeitet worden. Zu den relativ frühen Beiträgen von forstlicher Seite sind die von Francke [1941 a und 1942 b] zu zählen, die zur Klärung der theoretischen Grundlagen beigetragen haben. Vor allem tritt immer wieder das Problem der klaren Abgrenzung von Waldformationen gegen die Savanne auf, sowie die Frage nach einer allgemein anwendbaren Typisierung der Bestände innerhalb der Wälder nach klimatischen, edaphischen und ökologischen Faktoren. Auf einzelne geographische Zonen in Liberia geht Kunkel [1962 a, 1962 c und 1964 c, 1964 d] ein. Dabei stehen für ihn botanische und ökologische Aspekte im Vordergrund, während demgegenüber die Systematik der Vegetationsklassifizierung zurücktritt.

Waldbau

Die Überführung oder Umwandlung vorhandener Naturwaldbestände in Wirtschaftswälder, die in der Lage sind, den Bedarf der Bevölkerung an Holz und forstlichen Nebenerzeugnissen zu decken und darüber hinaus Schutzwirkungen aller Art zu gewährleisten, erfordert für die verschiedenen Teile Afrikas umfangreiche Forschungsarbeiten. Sie umfassen Untersuchungen über den Aufbau der Wälder, ihre Zusammensetzung nach Holzarten und über andere Charakteristika ihres Zustandes. Es gilt ferner zu klären, wie nach der Nutzung der wirtschaftlich wertvollen Hölzer im Rahmen einer mehr oder minder extensiven Exploitation die entsprechenden Flächen wiederhergestellt werden können, um den Fortbestand des Waldes in einer gewünschten Qualität zu sichern. So müssen verschiedene Verjüngungsmaßnahmen geprüft werden [Francke 1942 a], und es ist zu untersuchen, wie die vorhandenen Bestände vor pflanzlichen, tierischen und anthropogenen Schäden — vor allem dem Feuer — geschützt werden können, bzw. welche Pflegemaßnahmen während der verschiedenen Lebensabschnitte für sie erforderlich sind [Francke 1945].

In vielen Fällen führt die Gründung von Plantagen mit raschwüchsigen Holzarten zu schneller realisierbaren wirtschaftlichen Erfolgen als die Holzzucht im Naturwald. Dabei ist auch zu prüfen, welche Holzarten, die in Afrika oder in der betreffenden Region noch nicht heimisch sind, sich für den Anbau eignen würden. So ergeben sich bei den in Afrika besonders fehlenden Koniferen eine Reihe von Fragen, die zu klären sind, bevor größere Investitionen verantwortet werden können. Weck [1958, 1961 a und 1962 a] hat wesentlich zu den theoretischen Grundlagen auf diesem Gebiet beigetragen, wobei ihm seine Erfahrungen aus den verschiedenen Klimazonen der Erde zustatten kamen. Rock [1959] stützt sich auf dreijährige praktische Arbeiten als waldbaulicher Berater der Forstverwaltung des Sudan.

Ein eingehendes Studium der zwischen 1945 und 1960 veröffentlichten Literatur über Dendrologie und Waldbau der holzwirtschaftlich wichtigsten Baumarten Westafrikas ermöglichte Schmincke [1961] eine zusammenfassende Darstellung. Boerner [1957] dahingegen referiert über die über das gleiche Gebiet veröffentlichten waldbaulichen Beiträge.

Holzgewinnung

Unter Holzgewinnung sind das Fällen der Bäume im Walde, das Rücken der geschlagenen Stämme bis zu einer befahrbaren Straße oder zum Flußufer und der weitere Transport bis zum Sägewerk oder Seehafen zu verstehen. Auf diesen Arbeitsbereichen liegt in weiten Teilen West- und Äquatorialafrikas deutlich der Schwerpunkt der bisherigen Forst- und Holzwirtschaft. Sie bilden die Grundlage für den Holzexport der betreffenden Länder, von dem ein nicht unerheblicher Teil nach Hamburg gelangt.

Die Holzgewinnung gehört in der Regel nicht mehr zu den Aufgaben der Forstverwaltungen. Sie wird vielmehr von sog. Exploitationsfirmen auf von den forstlichen Behörden zugeteilten und zum Teil kontrollierten Konzessionsflächen durchgeführt. Dabei ist es bisher nur möglich, einige wenige Stämme aus oft vielen hundert verschiedenen Holzarten zu nutzen, weil nur sie auf dem Weltmarkt und im Inland genügend bekannt und anerkannt sind. Deshalb erfolgt eine selektive, auf den einzelnen Wertstamm ausgerichtete Nutzung, die forstlich große Nachteile haben kann, indem eine negative Auslese stattfindet und zudem auf den verbleibenden Baumbestand keinerlei Rücksicht genommen werden kann. Auch für die Holzgewinnung selbst ergeben sich Schwierigkeiten, weil sich die Kosten durch den im Vergleich zu einer Totalnutzung viel größeren Arbeitsaufwand wesentlich erhöhen.

Obgleich das im Urwalde stehende Holz in den meisten Ländern Afrikas fast nichts kostet, werden daher die Stämme bis zum Werkgelände der Holzindustrie oder bis zum Seehafen durch die Holzgewinnungskosten doch relativ teuer, so daß der Rentabilität der Nutzungen oft enge Grenzen gesetzt sind. Seit langem wird deshalb mit besonderem Nachdruck an Rationalisierungsmaßnahmen zur Holzgewinnung in Afrika gearbeitet.

Über Möglichkeiten, den Holzeinschlag und das Ausformen der Stämme im Walde durch den Einsatz von Motorsägen zu verbessern, hat bereits WILLSCHER [1941] eine Studie veröffentlicht. Auf Grund umfangreicher eigener Erfahrungen sowie einer Reihe technischer Versuche in Afrika selbst kam er zu damals neuen und vor allem praktisch anwendbaren Ergebnissen. Es hat sich in der Folge gezeigt, daß die Trends hinsichtlich der Mechanisierung richtig erkannt wurden, daß es aber auf der anderen Seite oft länger als erwartet dauert, technische Neuerungen allgemein einzuführen.

MENNICKE [1954] und WALTER [1964] gehen in ihren Untersuchungen u. a. auch auf die Holzbringung im Tropenwald ein, ersterer im Zusammenhang mit der Preisgestaltung für Exportholz verschiedener afrikanischer Staaten, letzterer hinsichtlich der Versorgung der holzverarbeitenden Industrien in der Republik Kongo (Léopoldville). KUNZ [1958] dahingegen konzentriert sich ausschließlich auf die Transportfragen.

Waldinventur in Liberia

Es ist die Aufgabe von Waldinventuren, Informationen über Vorkommen und Ausdehnung von Wäldern, ihre Holzartenzusammensetzung, Eigentümer, Standortsverhältnisse, Vegetationstypen, Holzvorrat und Zuwachs sowie gegenwärtige Nutzungen bzw. künftige Nutzungsmöglichkeiten systematisch zu sammeln und auszuwerten. Dabei sind die Erhebungen nicht nur unter forstlichen und biologischen, sondern zugleich unter volks- und betriebswirtschaftlichen, technischen und politischen Aspekten zu sehen. Deshalb sind Waldinventuren, die eine wichtige

Grundlage für Raumordnung und Regionalentwicklung sowie die Begründung von Holzindustrien und Holzhandel bilden, Teamarbeit.

Eine Gruppe von 5—6 Forstleuten ist seit 1960 in Liberia tätig, um die 1,5 Mill. ha umfassenden Nationalforste der Republik zu inventarisieren. Die theoretischen Grundlagen dafür wurden vorwiegend von LOETSCH [1960 und 1962] und LOETSCH/HALLER [1964] erarbeitet; auch die Auswertung der während der Außenarbeiten gewonnenen Daten erfolgt in der Bundesforschungsanstalt in Reinbek.

Im wesentlichen sind der Waldinventurgruppe in Liberia folgende Aufgaben gestellt:

a) Ausscheidung von Stratenflächen und deren Unterteilung,
b) Ermittlung des im Walde stehenden Holzvorrates nach Menge und Qualität,
c) Bestimmung der für den Inlandsverbrauch und den Export verwendungsfähigen Holznutzungen,
d) Nachweis vorhandener Verjüngungen im Tropenwald,
e) Vorschläge für die künftige Waldeinteilung und die industrielle Nutzung der Waldbestände.

Die Erhebungen erfolgen unter Auswertung vorhandenen Luftbildmaterials durch terrestrische Probenahmen.

„Jeder der Forste wird schematisch in Blöcke von bestimmter Größe zerlegt, und innerhalb jedes Blockes werden zwei Probeeinheiten (Quadrate von 400 m Seitenlänge) zufällig ausgewählt. Die Aufnahme erfolgt auf den Quadrataußenseiten in Form einer Line-plot-sampling mit extrem geringen Probeflächenabständen (Perlschnursystem). Diese schematische Aufteilung ermöglicht nachträglich die beliebige Zusammenfassung der Blöcke zu Ausgangseinheiten.

Die Liberia-Inventur ist ein Beispiel für eine tropische Initialinventur." [HALLER 1964].

Holzhandel

Die traditionell engste Verbindung zwischen Hamburg und der Forst- und Holzwirtschaft Afrikas besteht seit rund 60 Jahren auf dem Gebiet des Handels mit tropischen Laubhölzern, die in rohem oder bearbeitetem Zustand von den afrikanischen Ländern geliefert werden.

FRIEDRICH/HÄBER/KASTEN [1958, S. 38] zitieren ein für die weitere Entwicklung wichtiges und interessantes Ereignis wie folgt:

„Die Okoumé-Einfuhr nach Deutschland begann um die Jahrhundertwende. Der erste Stamm dieses Holzes wurde vor 1900 zur Untersuchung nach Deutschland gebracht. HERRENDÖRFER schilderte 1941 diese Begebenheit:

Einer der ersten Lieutenant-Gouverneure von Gabun, Charles de CHAVANNES, der zufällig etwas von Holz verstand, hatte sich von einem Häuptling aus dem Volksstamm der Pahuin einen Stamm dieses Holzes, das den Eingeborenen in erster Linie als Material für ihre Pirogen diente, aus dem Inneren nach Libreville kommen lassen. Auf einem kurzen Heimaturlaub hatte er bereits einen Holzindustriellen in Lyon für dieses Holz zu interessieren versucht, auf dessen Ordre auf Absendung des Stammes aber bisher vergeblich gewartet, dabei hatte der Gouverneur die Kosten des Transportes vollkommen auf sich genommen. Zufällig beobachtete der damalige Vertreter der Woermann-Linie in Libreville, Schultz, eines Tages die Ankunft des Baumstammes von seinem am Ufer gelegenen Hause aus. Nachdem die Neger — von ihrem Häuptling begleitet — den fast 7 m langen Stamm festgelegt und der Gouverneur ihn feierlich übernommen hatte, war Schultz an diesen herangetreten und hatte ihn nach der Bestimmung des Baumstammes gefragt. Da der Gouverneur darüber keine präzise Angabe machen konnte, schlug Schultz ihm vor, daß er den Stamm mit seinem nächsten Dampfer nach Hamburg zur näheren Untersuchung der Qualität des Holzes schicken wolle. Er sei selbstverständlich bereit, über das Ergebnis dem Gouverneur getreuen Bericht zu erstatten. Der französische Verwaltungsbeamte — die Interessenlosigkeit seines eigenen Landes und die Ohnmacht seiner Verwaltungsstelle einsehend — ging, wenn auch zögernd, darauf ein. So ist aus einer Verwaltungsohnmacht heraus der erste Baum dieses wertvollen Holzes nach Deutschland gegangen, und so ist auch der Hauptstrom des Exportes weiterhin nicht nach Frankreich, sondern nach Deutschland gerichtet geblieben."

Im Jahre 1904 weist die Firma J. F. Müller & Sohn A.G., Hamburg, die ersten regelrechten Okoumé-Importe Deutschlands mit insgesamt 2 202 t aus. 1937 wurden 283 000 t eingeführt, in den letzten Jahren unterschiedlich 150 000 — 200 000 t. Dieser Entwicklung sind — wenn auch nicht in gleichem Maße — andere Holzarten gefolgt. Hamburg aber war und ist der wichtigste deutsche Einfuhrhafen für Tropenhölzer. So ist es naheliegend, daß sich auch die verschiedenen Institute der Bundesforschungsanstalt in Reinbek und die Lehrstühle für Weltforstwirtschaft und Holzwirtschaft intensiv mit Fragen des afrikanischen Holzhandels befaßten.

Okoumé ist Gegenstand einer Monographie von Häber [1957]. Hinsichtlich der Organisation seiner Vermarktung liegt eine Untersuchung von Panzer [1960] vor. Über Vorkommen und Erzeugung von Abachi und Limba, ihre Nutzungen in den einzelnen Ländern Afrikas, den Handel, die Verwendung in der deutschen Holzindustrie und die wichtigsten Konkurrenzhölzer haben Jess [1959] und Mueller-Eckhardt [1959] gearbeitet. Friedrich [1953, 1958 a, 1958 b], Stobbe [1959], Leschner [1955], Mohnsen [1952] und Haen [1957] haben sich besonders mit den handelspolitischen Voraussetzungen und Verkehrsströmen auseinandergesetzt.

Ein eigenes Gebiet bildet die Holzmarktforschung [von Maydell 1962] in den afrikanischen Ländern, die nicht nur den Export berücksichtigt, sondern den besonders in den letzten Jahren rasch zunehmenden lokalen Bedarf der Bevölkerung. Daraus ergeben sich wichtige Rückschlüsse hinsichtlich der künftigen Versorgungsmöglichkeiten aus den Wäldern West- und Äquatorialafrikas. Allgemein kann für alle diese Gebiete gesagt werden, daß das forstwirtschaftliche Potential begrenzt ist, daß also wesentliche Erhöhungen der Einschläge über das heutige Maß hinaus sich bis auf weiteres nicht realisieren lassen. Durch den wachsenden Inlandsbedarf wird daher das Exportvolumen in absehbarer Zeit reduziert werden müssen.

Kastner [1965] weist auf die Voraussetzungen und wirtschaftlichen Zusammenhänge des Holzaußenhandels der Republik Kongo (Léopoldville) hin. Im Kongogebiet liegt der weitaus größte Teil der afrikanischen tropischen Regenwälder, und es wäre daher zu erwarten, daß die laufenden Nutzungen einen Überschuß an Rohholz und Holzerzeugnissen für den Weltmarkt bereitstellen können. Tatsächlich ist aber die holzwirtschaftliche Leistung des Kongo bisher relativ begrenzt geblieben, und der Wert der Einfuhren an Holzprodukten übersteigt sogar den der Holzexporte.

Untersuchungen tropischer Hölzer und anderer Waldprodukte

In engem Zusammenhang mit der laufenden Gutachtertätigkeit für den Hamburger Holzimporthandel stehen auch zahlreiche wissenschaftliche Untersuchungen über afrikanische Hölzer. Sie haben ihren Niederschlag in einer Reihe von Veröffentlichungen erfahren, von denen besonders die „Handelshölzer" von GOTTWALD [1958] auch in der Praxis eine weite Anwendung gefunden haben.

Auf die physikalisch-technischen und chemisch-technischen Eigenschaften einer Reihe afrikanischer Holzarten, die für den deutschen Handel von Bedeutung sind, gehen u. a. KEYLWERTH/NOACK [1962], RUNKEL [1939 a u. b, 1940 a u. b, 1940/41, 1941 a u. b und 1952 a u.b], SANDERMANN/DIETRICHS [1959 a u. b] und RICHTER [1964] ein. Hinzu kommen zahlreiche Veröffentlichungen, die sich allgemein mit Problemen der technischen Verwertbarkeit von Tropenhölzern aller Zonen, so auch Afrikas, befassen.

Der Schutz des Holzes gegen tierische Schädlinge und Pilze ist von hervorragender Bedeutung für den Handel. So haben BAVENDAMM, SCHNEIDER und MIELKE [1963] eine Forschungsreise durchgeführt, um das Laderaumklima für Tropenhölzer aus Westafrika zu untersuchen und festzustellen, welchen Einfluß es auf den Schädlingsbefall hat bzw. haben kann. Dazu kommen laufende systematische Untersuchungen afrikanischer Handelshölzer auf ihre natürliche Dauerhaftigkeit gegen Fäulnis, Meerwasserschädlinge und Termiten [BAVENDAMM 1941, 1959 a u. b und SCHMIDT 1942, 1944, 1956].

In der Republik Sudan kommen zahlreiche Holzarten vor, die bisher noch nicht auf ihre Verwertbarkeit hin geprüft worden waren und die infolgedessen auch wirtschaftlich nicht genutzt werden konnten. Eine Untersuchungsreihe für diese Hölzer ist daher im Auftrage des Bundesministeriums für Ernährung, Landwirtschaft und Forsten in Reinbek aufgenommen worden.

Außer Holz werden sowohl von Bäumen des Waldes als auch von im offenen Land angepflanzten Bäumen und Sträuchern noch verschiedene Produkte gewonnen, die entweder für den lokalen Bedarf der Bevölkerung oder darüber hinaus auch für den Weltmarkt von Bedeutung sind. Darunter fallen zahlreiche Nahrungsmittel, vor allem fett- und stärkehaltige Früchte, ferner Heilmittel, Rindenerzeugnisse, Harze, Wachse, Fasern, Kautschuk, Farb- und Werkstoffe aller Art. Über die Erzeugungsmöglichkeiten in den verschiedenen Teilen Afrikas, die Biologie der betreffenden Pflanzen, die Gewinnung der Produkte und ihre Verwertbarkeit hat vor allem ESDORN [1938, 1941, 1942 a u. b, 1943 a u. b, 1944, 1961] berichtet. Zum Teil erfolgten die Veröffentlichungen zusammen mit NOLDE, wie z. B. in der Reihe der von HESKE [1939—1944] herausgegebenen „Kolonialforstlichen Merkblätter" über Nebennutzungen.

Forstliche Länderkunde und Wirtschaftsgeographie

Gestützt auf eingehende Landeskenntnisse oder umfangreiche Studien internationalen Fachschrifttums, sind in den vergangenen Jahren zahlreiche Berichte über die Grundlagen und Möglichkeiten sowie die besonderen Probleme der Forst- und Holzwirtschaft einzelner afrikanischer Staaten von Hamburger Forst- und Holzwirten verfaßt worden. Sie haben vor allem die Aufgabe, einen allgemeinen Eindruck von den bestehenden Verhältnissen zu vermitteln und damit dem noch nicht Landeskundigen eine Orientierung zu ermöglichen.

HESKE hat sich in besonderem Maße der Atlasländer angenommen. Die Erhaltung und der Schutz des Bodens gehört in ihnen über eine lokale Holzversorgung hinaus zu den vorrangigen Aufgaben des Waldes und des planenden und wirtschaftenden Forstmannes. Darüber hinaus ist die Weidemöglichkeit für Haustiere im Walde ein wichtiger Bestandteil der Existenzgrundlage weiter Teile der Bevölkerung [HESKE 1939/40, 1943, 1956 a u. b].

Weitere Länderberichte liegen von HESKE über Liberia [1955], Sierra Leone [1940 b], Nigeria [1941 a] und Ghana [1940 a] vor. Seine langjährige Tätigkeit als Generalforstmeister in Äthiopien hat bis auf eine Veröffentlichung [1960] nicht mehr den entsprechenden wissenschaftlichen Niederschlag finden können.

WECK [1957, 1960 b, 1961 c, 1963 a] hat vor allem über den Sudan berichtet, mit dem ihn eine langjährige Beratungstätigkeit verband, REICHENSTEIN [1950 a u. b], LESCHNER [1950 a—d], NOLDE [1942 a] und VON MAYDELL [1962 b] haben über die von ihnen bereisten oder speziell bearbeiteten Staaten geschrieben.

Ein Forschungsgebiet eigener Art stellt der Weltforstatlas dar, der von der Bundesforschungsanstalt für Forst- und Holzwirtschaft ab 1951 unter Bearbeitung von R. TORUNSKY herausgegeben wird und in dessen Rahmen auch die Erstellung von Waldkarten und Statistiken afrikanischer Länder gehört.

SCHRADER [1957] und SCHULTZ [1958] haben in ihren Diplomarbeiten einen Überblick über die forst- und holzwirtschaftsgeographische und forst- und holzwirtschaftspolitische Literatur zur wirtschaftlichen Erschließung des Tropenwaldes gegeben, wobei besonders SCHULTZ auf die afrikanischen Verhältnisse eingehen konnte.

Expertentätigkeit

Abschließend ist zu erwähnen, daß, basierend auf den Forschungsarbeiten der Bundesforschungsanstalt in Reinbek und der Hamburger Lehrstühle, eine Reihe von Expertisen in afrikanischen Ländern durchgeführt werden konnte. Diese waren teils kurzfristiger Natur, teils erstreckten sie sich über mehrere Jahre. So hat HESKE als Generalforstmeister der Kaiserlich Äthiopischen Forstverwaltung vier Jahre lang am Aufbau des Landes mitgearbeitet, LÜNZMANN und FRIEDRICH wirkten an der Forstlichen Fakultät von Monrovia in Liberia von 1956 bis 1957, bzw. 1959 bis 1961, während VON MAYDELL 1961/62 und 1963 an Fragen der Holzmarktforschung und Regionalentwicklung in Kenia, Tanganyika, Ghana und der Zentralafrikanischen Republik arbeitete.

WECK gehörte von 1957 bis 1965 dem Advisory Committee of Agriculture der Republik Sudan an. Abgesehen von seiner eigenen Tätigkeit in diesem Lande haben durch seine Vermittlung nach Abschluß ihrer Ausbildung im Rahmen des Studiums der Weltforstwirtschaft in Hamburg Chr. GLEISBERG, F. ROCK, F. ROST und H. R. SCHOENWALD jeweils mehrere Jahre im Forstdienst des Sudan zwischen 1958 und 1964 gewirkt.

Insgesamt wurden von Mitarbeitern der Bundesforschungsanstalt und der Lehrstühle für Weltforstwirtschaft und Holzwirtschaft sowie von Forst- und Holzwirten, die durch diese Institutionen vermittelt wurden und die in engem Kontakt mit Reinbek blieben, seit 1950 rund 32 Arbeitsjahre forschend, beratend und lehrend in afrikanischen Ländern zugebracht. Dazu kommen allein seit 1960 33 Dienstreisen im Auftrage der Bundesforschungsanstalt, vornehmlich nach Westafrika.

Die zunehmend enger werdenden Beziehungen zwischen der Bundesrepublik und Afrika werden es mit sich bringen, daß auch die Forschung auf dem Gebiete der Forst- und Holzwirtschaft afrikanischer Länder erweitert werden kann. Der Hamburger Raum wird durch seine bestehenden Einrichtungen und die im Laufe von Jahrzehnten gesammelten Erfahrungen auch künftig einen Beitrag dazu leisten.

Literatur

ARNDT, U. [1962]: Untersuchungen über die Dauer der natürlichen Resistenz von Überseehölzern. Hamburg 1962. [Dipl. Arb.]

BAVENDAMM, W. [1941]: Untersuchungen über die natürliche Dauerhaftigkeit von Hartholzschwellen aus Cabinda (Portugiesisch-Westafrika). Neudamm und Berlin 1941. (Kolonialforstl. Mitt. Jg. 4, H. 1, S. 61—70.)

BAVENDAMM, W. [1959 a]: Welche Tropenhölzer sind gegen Meerwasserschädlinge resistent und können für den maritimen Wasserbau empfohlen werden? Stuttgart 1959. (Holz-Zentralbl. Jg. 85, H. 12, S. 133—134.)

BAVENDAMM, W. [1959 b]: Über die natürliche Dauerhaftigkeit tropischer Hölzer. Berlin und Köln 1959. (Mitt. Dt. Ges. Holzforschung. H. 46, S. 13—17.)

BAVENDAMM, W., SCHNEIDER, I., MIELKE, H. [1963]: Ergebnisse einer Schiffsforschungsreise nach Äquatorialafrika zwecks Untersuchung von Importholzschäden. Berlin 1963. (Holz Roh- u. Werkst. Jg. 21, H. 1, S. 1—13.)

BOERNER, A. [1957]: Waldbautätigkeit im tropischen Regenwald im Spiegel der englischen und französischen Fachliteratur seit 1945. Hamburg 1957. [Dipl. Arb.]

BUNDESFORSCHUNGSANSTALT FÜR FORST- UND HOLZWIRTSCHAFT [1951 ff.]: Weltforstatlas. (Bearbeiter R. TORUNSKY.)

DIETRICHS, H. H. [1958]: Importance des constituants des bois pour leur utilisation. Nogent-sur-Marne 1958. (Bois et Forêts des Tropiques. H. 62, S. 37—63.)

ESDORN, I. [1938]: Kongo-Kopal und andere afrikanische Kopale. Neudamm und Berlin 1938. (Kolonialforstl. Mitt. Jg. 1, S. 339—347.)

ESDORN, I. [1941]: Afrikanische Kopale, besonders Kongo-Kopal. Neudamm und Berlin 1941. (Kolonialforstl. Merkblätter. R. 2, H. 1, 13 S.)

ESDORN, I., FRANCKE, A., MEYER, E. [1942 a]: Wildölpalme. Elaeis guineensis Jacq. Neudamm und Berlin 1942. (Kolonialforstl. Merkblätter. R. 2, H. 2, 15 S.)

ESDORN, I., KÖRL, W. [1942 b]: Gummi arabicum. Neudamm und Berlin 1942. (Kolonialforstl. Merkblätter. R. 2, H. 3, 11 S.)

ESDORN, I., NOLDE, I. v., MEYER, E. [1943 a]: Schibutter. Neudamm und Berlin 1943. (Kolonialforstl. Merkblätter. R. 2, H. 4, 12 S.)

ESDORN, I., NOLDE, I. v. [1943 b]: Die fettliefernden Bäume und Sträucher des tropischen Afrika. Berlin 1943. (Beiträge zur Kolonialforschung. Jg. 4, S. 7—38).

ESDORN, I., NOLDE, I. v. [1944]: Arganbaum. Neudamm und Berlin 1944. (Kolonialforstl. Merkblätter. R. 2, H. 5, 11 S.)

ESDORN, I. [1961]: Die Nutzpflanzen der Tropen und Subtropen der Weltwirtschaft. Stuttgart 1961.

FEHT, F. [1955]: Untersuchungen über Tola Branca, insbesondere über seine Widerstandsfähigkeit, Imprägnierbarkeit und Anstreichbarkeit. Hamburg 1955. [Dipl. Arb.]

FRANCKE, A., SCHLIEBEN, H. J. [1938/1940]: Untersuchungen zur Keimung und Jugendentwicklung tropischer Holzarten. Neudamm und Berlin 1939—40. (Kolonialforstl. Mitt. Jg. 2, 3.)

FRANCKE, A. [1940]: Die ölhaltigen Produkte in der Wirtschaft des Belgischen Kongo. Neudamm und Berlin 1940. (Kolonialforstl. Mitt. Jg. 3, S. 339—340.)

FRANCKE, A. [1941 a]: Anweisung zur Vegetationsbeschreibung tropischer Waldgesellschaften als Grundlage für ihre Klassifizierung. Neudamm und Berlin 1941. (Kolonialforstl. Mitt. Jg. 3, H. 1, S. 83—88.)

FRANCKE, A. [1941 b]: Die Waldverhältnisse in Gambia. Neudamm und Berlin 1941. (Kolonialforstl. Mitt. Jg. 4, S. 179.)

FRANCKE, A. [1941 c]: Botanische, ökologische und waldbauliche Hinweise zu den afrikanischen Mangroven. Neudamm und Berlin 1941. (Kolonialforstl. Merkblätter. R. 4, H. 2, 15 S.)

FRANCKE, A. [1942 a]: Zur Kenntnis bisheriger Verjüngungssysteme im tropischen Regenwald unter besonderer Berücksichtigung ihrer Grundlagen im afrikanischen Äquatorialwald. Reinbek 1942. [Maschinenschr.]

FRANCKE, A. [1942 b]: Zur Gliederung der forstlich wichtigeren Vegetationsformationen des tropischen Afrika. Neudamm und Berlin 1942. (Kolonialforstl. Mitt. Jg. 5, H. 1, S. 5—14.)

FRANCKE, A., ESDORN, I., MEYER, E. [1942 c]: Wildölpalme. Elaeis guineensis Jacq. Neudamm und Berlin 1942. (Kolonialforstl. Merkblätter. R. 2, H. 2, 15 S.)

FRANCKE, A. [1945]: Waldbautätigkeit im tropischen Regenwald. Neudamm und Berlin 1945. (Z. f. Weltforstwirtsch. Jg. 10, H. 7/10, S. 411—428.)

FRIEDRICH, A. G. [1953]: Gesteigerte Holzeinfuhren aus Afrika. Hamburg 1953. (Übers.-Rdsch. 1953, S. 339—340.)

FRIEDRICH, A. G. [1958 a]: Besoins et importations de l'Allemagne occidentale en bois ronde d'Afrique. Nogent-sur-Marne 1958. (Bois et Forêts des Tropiques. H. 61, S. 51—58.)

FRIEDRICH, A. G. [1958 b]: Skizze des westdeutschen Holzimports aus Afrika 1956—57. Bonn 1958. (Afrika-Informations-Dienst, Dt. Afrika-Ges. H. 14, S. 6—9.)

FRIEDRICH, A. G., HÄBER, J., KASTEN, I. [1958]: Holzimport aus West- und Äquatorial-Afrika. Bonn 1958. (Schriftenreihe Dt. Afrika-Ges. H. 5.)

FRIEDRICH, A. G. [1960]: Professional forestry education program in Liberia. Seattle/Washington. Fifth World Forestry Congress, 1960.

GOTTWALD, H. [1958]: Handelshölzer. Ihre Benennung, Bestimmung und Beschreibung. Hamburg 1958.

HÄBER, J. [1957]: Erzeugung, Verkehr und Verwendung von Okoumé unter besonderer Berücksichtigung seiner Bedeutung für die deutsche Schälindustrie. Hamburg 1957. [Dipl.-Arb.]

HAEN, M. [1957]: Westafrikanische Importhölzer auf dem Londoner Holzmarkt. Ihre Herkunftsgebiete, ihre Verwendung sowie die Wandlungen des Marktes. Hamburg 1957. [Dipl.-Arb.]

HALLER, K. E. [1964]: Waldinventuren für Entwicklungsländer. Stuttgart 1964. (Holz-Zentralbl. Jg. 90, H. 104, S. 1707.)

HESKE, F. [1939/1940]: Die Wälder des europäisch-afrikanischen Großraumes. Neudamm und Berlin 1939/1940. (Z. f. Weltforstwirtsch. Jg. 6, H. 5/6, S. 385—458.)

HESKE, F. [1939/1944]: Herausgeber der Kolonialforstl. Mitt. und Merkblätter. Neudamm und Berlin.

HESKE, F. [1940 a]: Die Waldwirtschaft an der Goldküste. Ein Beitrag zur tropisch-kolonialen Forstwirtschaft des afrikanischen Westens. Neudamm und Berlin 1940. (Kolonialforstl. Mitt. Jg. 3, S. 142—170.)

HESKE, F. [1940 b]: Die Waldwirtschaft von Sierra Leone. Ein Beitrag zur tropisch-kolonialen Forstwirtschaft des afrikanischen Westens. Neudamm und Berlin. (Kolonialforstl. Mitt. Jg. 3, S. 170—177.)

HESKE, F. [1941 a]: Die Waldwirtschaft von Nigerien. Neudamm und Berlin 1941. (Kolonialforstl. Mitt. Jg. 4, H. 1, S. 5—40.)

HESKE, F. [1941 b]: Waldregionen Afrikas. o. O. 1941. (Afrika-Dienst. Jg. 38, H. 1.)

HESKE, F. [1942 a]: Bevölkerungsdichte Afrikas unter besonderer Berücksichtigung der Waldgebiete. Neudamm und Berlin 1942. (Kolonialforstl. Merkblätter. R. 7, H. 2, 8 S.)

HESKE, F. [1942 b]: Wald und Bevölkerung in Afrika. Neudamm und Berlin 1942. (Z. f. Weltforstwirtsch. Jg. 9, H. 3/4.)

HESKE, F. [1942 c]: Wald und Bevölkerung in Afrika (mit Karte). Berlin 1942. (Sonderdruck aus: Beiträge zur Kolonialforschung. Jg. 1, Hrsg. i. Auftr. der Deutschen Forschungsgemeinschaft, Berlin.)

HESKE, F. [1943]: Waldzerstörung und Erosion in Algerien. Berlin 1943. (Beiträge zur Kolonialforschung. Jg. 5, S. 7—46.)

HESKE, F. [1944]: Einsatz zielbewußter Walderhaltung im Kampfe gegen die Austrocknung Afrikas. Neudamm und Berlin 1944. (Z. f. Weltforstwirtsch. Jg. 11, H. 1/3, S. 3—20.)

HESKE, F. [1948]: Der Waldrückgang in Afrika und seine Folgen. Hamburg 1948. (Z. f. Weltforstwirtsch. Jg. 12, H. 1—3, S. 38—40.)

HESKE, F. [1955 a]: Wald und Boden in Liberia. Ein Beitrag zur tropischen Bodenbenutzung. Berlin 1955. (Z. f. Weltforstwirtsch. Jg. 18, H. 2, S. 41—49.)

HESKE, F. [1955 b]: Bundesforschungsanstalt für Forst- und Holzwirtschaft Reinbek-Hamburg. (Zum 25jährigen Bestandesjubiläum am 10. Oktober 1956.) Berlin 1956. (Z. f. Weltforstwirtsch. Jg. 18, H. 5—6, S. 155—163.)

HESKE, F. [1956 a]: Die Waldwirtschaft Tunesiens. Istanbul 1956. (Istanbul Univ. Orm. Fak. Derg. Ser. A, Jg. 6, H. 1, S. 1—54.)

HESKE, F. [1956 b]: Waldbild und Waldwirtschaft der Atlasländer und Nordafrikas. Istanbul 1956 (Istanbul Univ. Orm. Fak. Derg. Ser. A, Jg. 6, H. 2, S. 11—69.)

HESKE, F. [1960]: Forestry in Ethiopia. Kairo 1960. (For. Newl. for the Near East. H. 10, S. 4—12.)

JESS, J. [1959]: Erzeugung und Verkehr von Obeche (Abachi/Wawa/Samba) — Triplochiton scleroxylon — und seine Verwendung in der deutschen Holzindustrie. Hamburg 1959. [Dipl.-Arb.]

KASTEN, I. [1957]: Die Frachtrate bei der Einfuhr von Rundholz aus West- und Äquatorialafrika. Hamburg 1957. [Dipl.-Arb.]

KASTNER, K. [1965]: Die Entwicklung des Holzaußenhandels der Republik Kongo-Léopoldville. Hamburg 1965. [Dipl.-Arb.]

KEYLWERTH, R., NOACK, D. [1962]: Holzeigenschaftstafel: Sipo (Afrika). Berlin 1962. (Holz als Roh- u. Werkst. Jg. 20, H. 4, S. 171—172.)

KUNKEL, G. [1962 a]: Aufzeichnungen über die Vegetation des Mt. Wutivi-Gebietes (Nordwest-Liberia), unter besonderer Berücksichtigung der Pteridophyten. Berlin-Dahlem 1962. (Willdenowia, Mitt. Bot. Garten u. Mus. Jg. 3, H. 1, S. 151—168.)

KUNKEL, G. [1962 b]: Über die Farne Liberias (Westafrika), ihre Vorkommen und ihre Verbreitung. Bern 1962. (Ber. Schweiz. Bot. Ges. Jg. 72, S. 21—66.)

KUNKEL, G. [1962 c]: Über die Vegetationszerstörung und Bodenerosion in Afrika. Ihre Ursachen, ihre Ausmaße und ihre Folgen. Mainz 1962. (Natur u. Landsch. Jg. 37, H. 5, S. 71—75.)

KUNKEL, G. [1963]: Über einige Formationen der küstennahen Inlandsümpfe an der Elfenbeinküste. Bern 1963. (Ber. Schweiz. Bot. Ges. Jg. 73, S. 339 bis 346.)

KUNKEL, G., VOORHOEVE, A. G. [1964 a]: Aufzeichnungen über eine Expedition durch die westliberianischen Wälder. Stuttgart 1964. (Bot. Jb. Jg. 83, H. 1, S. 89—106.)

KUNKEL, G. [1964 b]: The trees of Liberia. München, Basel, Wien 1964.

KUNKEL, G. [1964 c]: Die Vegetationsverhältnisse am Cape Mount (Liberia, Westafrika). Berlin-Dahlem 1964. (Willdenowia, Mitt. Bot. Garten u. Mus. Jg. 3, H. 4, S. 641—652.)

KUNKEL, G. [1964 d]: Über den ökologisch-floristischen bzw. geographischen Anzeigerwert einiger Pteridophyten, am Beispiel vom Vorkommen in Liberia aufgezeigt. Den Haag 1964. (Vegetatio. Jg. 12, H. 1/2, S. 96—102.)

KUNZ, R. [1958]: Rundholztransport in west- und äquatorialafrikanischen Holzüberschußländern. Hamburg 1958. [Dipl.-Arb.]

LESCHNER, F. [1949]: Holzexport aus den Überseegebieten Westafrikas nach dem Kriege. Hamburg 1949. (Weltholzwirtsch. Jg. 1, H. 7, S. 128—131.)

LESCHNER, F. [1950 a]: Holzexport aus Französisch-Westafrika. Augenblickliche Lage und Aussichten. Hamburg 1950. (Weltholzwirtsch. Jg. 2, H. 3, S. 49—50.)

LESCHNER, F. [1950 b]: Schäl- und Sperrholzfabriken in Gabun. Hamburg 1950. (Weltholzwirtsch. Jg. 2, H. 4, S. 67—68.)

LESCHNER, F. [1950 c]: Internationale Holzquellen: Kamerun. Hamburg 1950. (Weltholzwirtsch. Jg. 2, H. 8, S. 149—151.)

LESCHNER, F. [1950 d]: Internationale Holzquellen: Gabun. Hamburg 1950. (Weltholzwirtsch. Jg. 2, H. 9, S. 173—175.)

LESCHNER, F. [1955]: Liberianische Eindrücke (Wirtschaft; Ein- und Ausfuhrhandel; Kreditwesen). Hamburg 1955. (Übers.-Rdsch. Jg. 7, H. 1, S. 19—20.)

LOETSCH, F. [1960]: Die Inventur tropischer Wälder. Hamburg 1960. (Übers.-Rdsch. Jg. 12, H. 12, S. 31—32.)

LOETSCH, F. [1962]: Die Bedeutung des Luftbildes bei Waldinventuren in den Tropen. München 1962. (Allgem. Forstz. Jg. 17, H. 12, S. 9—17.)

LOETSCH, F., HALLER, K. E. [1964]: Forest inventory. Vol. I: Statistics of forest inventory and information from aerial photographs. München, Basel, Wien 1964.

MAYDELL, H. J. VON [1962 a]: Holzverbrauchsstudien der FAO/ECA in Afrika. München 1962. (Allgem. Forstzeitschr. Jg. 17, H. 25, S. 381—382.)

MAYDELL, H. J. VON [1962 b]: Nutzung der Mangrovenwälder in Kenia und Tanganjika. Stuttgart 1962. (Holz-Zentralbl. Jg. 88, H. 84, S. 1370.)

MAYDELL, H. J. VON [1962 c]: Die Forstwirtschaft Tanganjikas. Stuttgart 1962. (Holz-Zentralbl. Jg. 88, H. 126, S. 2029—2030.)

MENNICKE, M. [1954]: Die Rohstoffversorgung der deutschen Furnier- und Sperrholzindustrie unter besonderer Berücksichtigung des Einflusses der Beschaffungskosten westafrikanischer Hölzer. Hamburg 1954. [Dipl.-Arb.]

MIEDLER, K. [1939]: Aufgaben und Methoden der mechanisch-technologischen Erforschung der Kolonial-Hölzer im Dienste der heimischen Volkswirtschaft. Neudamm und Berlin 1939. (Kolonialforstl. Mitt. Jg. 1, S. 311 bis 324.)

MIEDLER, K. [1939—1940]: Die physikalischen Eigenschaften, Festigkeitsmittelwerte, das Verhalten bei der Gewinnung und Verarbeitung und die Verwendung von: 1. Abachi (Triplochiton sclerox.), 2. Limba (Terminalia sup.), 3. Iroko (Chlorophora exc.), 4. Bilinga (Sarcocephalus Did.), 5. Ilomba (Pycnanthus kombo), 6. Westafr. Ceiba (Ceiba pent.), 7. N'Gollon (Khaya ivor.), 8. Njabi (Mimusops djave), 9. Bongossi (Lophira proc.). Neudamm und Berlin 1939/40. (Merkblätter für koloniale Nutzhölzer.)

MOHNSEN, K. [1952]: Die Grundlagen einer äquatorial-westafrikanischen Gesamtwaldlandnutzung unter besonderer Berücksichtigung der Faserstoffgewinnung. (Auszug aus Dissertation „Die Rohstofflage der westdeutschen faserholzverarbeitenden Industrie und die zusätzliche Versorgungsmöglichkeit aus dem äquatorial-westafrikanischen Raum im Rahmen einer Gesamtwaldlandnutzung". Hamburg 1952.) Reinbek 1952. (Mitt. d. Bundesforschungsanstalt f. Forst- u. Holzwirtsch. H. 30.)

MUELLER-ECKHARDT, H. [1959]: Erzeugung, Verkehr und Verwendung von Limba unter besonderer Berücksichtigung seiner Bedeutung für die deutsche Holzindustrie. Hamburg 1959. [Dipl.-Arb.]

NOLDE, I. v. [1940]: Beobachtungen über Laubfall und Lauberneuerung an tropischen Bäumen im Hochland von Quela (Angola). 1940. (Bot. Jahrbücher f. Systematik. Jg. 71, H. 2, S. 233—248.)

NOLDE, I. v. [1941]: Zur Entstehung von Flachkronen bei tropisch-afrikanischen Bäumen. Neudamm und Berlin 1941. (Kolonialforstl. Mitt. Jg. 3, H. 6, S. 486—498.)

NOLDE, I. v. [1942 a]: Die Waldgebiete von Portugiesisch-Westafrika (Angola). Neudamm und Berlin 1942. (Kolonialforstl. Mitt. Jg. 5, H. 2/3, S. 148 bis 168.)

NOLDE, I. v. [1942 b]: Eine wenig bekannte Macrolobiumart aus Angola. Neudamm und Berlin 1942. (Kolonialforstl. Mitt. Jg. 5, H. 5/6, S. 330—337.)

NOLDE, I. v. [1943 a]: Drei wenig bekannte Dipterocarpaceae aus Angola. Neudamm und Berlin 1943. (Schriftenr. des Reichsinst. f. ausl. u. kolon. Forstwirtsch. H. 2.)

NOLDE, I. v., ESDORN, I., MEYER, E. [1943 b]: Schibutter. Neudamm und Berlin 1943. (Kolonialforstl. Merkblätter. R. 2, H. 4, 12 S.)

NOLDE, I. v., ESDORN, I. [1943 c]: Die fettliefernden Bäume und Sträucher des tropischen Afrika. Berlin 1943. (Beitr. zur Kolonialforschung. Jg. 4, S. 7—38.)

NOLDE, I. v., ESDORN, I. [1944]: Arganbaum. Neudamm und Berlin 1944. (Kolonialforstl. Merkblätter. R. 2, H. 5, 11 S.)

PALMGREN, E. [1951]: Forstwirtschaftliche Betrachtungen über das italienische Mandatsgebiet Somaliland. Berlin 1951. (Z. f. Weltforstwirtsch. Jg. 14, H. 3/4, S. 109—110.)

PANZER, K. [1960]: Das Office des Bois de l'A.E.F. (Afrique Equatoriale Française), Entstehung, Organisation und Funktionen. Hamburg 1960. [Dipl.-Arb.]

PLATZER, H. B. [1964]: Arbeitswissenschaftliche Aufgaben in den Entwicklungsländern. München 1964. (Allgem. Forstzeitung. Jg. 19, H. 34/35, S. 512 bis 516.)

REICHENSTEIN, E. [1950 a]: Internationale Holzquellen: Goldküste. Hamburg 1950. (Weltholzwirtsch. Jg. 2, H. 10, S. 197—198.)

REICHENSTEIN, E. [1950 b]: Internationale Holzquellen: Nigerien. Hamburg 1950. (Weltholzwirtsch. Jg. 2, H. 11, S. 221—223.)

RICHTER, H. G. [1964]: Anatomische Untersuchungen an Entandrophragma utile (unter besonderer Berücksichtigung der großen Variationsbreite). Hamburg 1964. [Dipl.-Arb.]

ROCK, F. [1959]: Der Anbau von Nadelhölzern im Sudan. Hamburg 1959. [Diss.]

RUNKEL, R. [1939 a]: Die Bedeutung der Forstchemie für die Erschließung des Tropenwaldes. Neudamm und Berlin 1939. (Kolonialforstl. Mitt. Jg. 1, H. 2, S. 325—333.)

RUNKEL, R. [1939 b]: Chemisch-technische Erforschung kolonialer Hölzer unter besonderer Berücksichtigung der Zellstoffherstellung. Neudamm und Berlin 1939. (Kolonialforstl. Mitt. Jg. 2, H. 1, S. 65—73.)

RUNKEL, R. [1940 a]: Der tropische Regenwald und die aus seiner Zusammensetzung sich ergebenden Aufgaben der Zellwandforschung. Neudamm und Berlin 1940. (Kolonialforstl. Mitt. Jg. 3, H. 1, S. 34—44.)

RUNKEL, R. [1940 b]: Über Zellwände tropischer Laubhölzer. Neudamm und Berlin 1940. (Kolonialforstl. Mitt. Jg. 2, H. 3, S. 72—82.)

RUNKEL, R. [1940/41]: Über Zellwände tropischer Laubhölzer. Neudamm und Berlin 1940/41. (Kolonialforstl. Mitt. Jg. 3, H. 5, S. 425—430.)

RUNKEL, R. [1941 a]: Zur Frage der Zellstoffgewinnung aus tropischen Laubhölzern. Düsseldorf 1941. (Techn. Blätter i. Verlag d. dt. Bergwerksztg. H. 7/8, 16; S. 95—96, 109—110.)

RUNKEL, R. [1941 b]: Der tropische Urwald als Quelle für Zellstoff- und Papierholz. Berlin 1941. (Der dt. Auslands-Ingenieur. Jg. 6, H. 2, S. 26—30.)

RUNKEL, R. [1952 a]: Pulp from tropical woods. Historial development and results of a research work 1925—1952. (Zellstoff aus tropischen Hölzern. Historische Entwicklung und Ergebnisse einer Forschungsarbeit 1925—1952.) Reinbek 1952. (Mitt. Bundesforschungsanstalt f. Forst- u. Holzwirtsch. H. 29.)

RUNKEL, R. [1952 b]: Development of chemical and semichemical processes for deciduous trees with special consideration of tropical woods of Western Africa. (Die Entwicklung von chemischen und halbchemischen Verfahren für Laubhölzer mit besonderer Berücksichtigung der tropischen Hölzer Westafrikas.) New York 1952. (Tappi. Jg. 35, H. 4, S. 174—178.)

SANDERMANN, W., DIETRICHS, H. H. [1959 a]: Chemische Studien an Tropenhölzern. 3. Mitt.: Über die Inhaltsstoffe von Mansonia altissima und ihre gesundheitsschädigende Wirkung. Berlin 1959. (Holz als Roh- u. Werkst. Jg. 17, H. 3, S. 88—97.)

SANDERMANN, W., DIETRICHS, H. H. [1959 b]: Chemische Studien an Tropenhölzern. 4. Mitt.: Chemische Untersuchungen an Teakholz. Berlin 1959. (Holzforschung. Jg. 13, H. 5, S. 137—148.)

SCHMIDT, E. [1942]: Beschreibung ostafrikanischer Holzarten. Dresden 1942. [Maschinenschriftl. Diss.]

SCHMIDT, E. [1948/1951]: Überseehölzer. (Beilagen der Zeitschriften: Z. f. Weltforstwirtsch. und Weltholzwirtsch.)

SCHMIDT, E. [1951]: Überseehölzer. 30 Holzartenbeschreibungen wichtiger Handelshölzer, Holzeigenschaften. Berlin-Grunewald 1951.

SCHMIDT, H. [1942]: Beitrag zum Studium der Verbreitung der Glossina palpalis fuscipes Newst. in Belgisch-Kongo. Neudamm und Berlin 1942. (Kolonialforstl. Mitt. Jg. 5, H. 4, S. 261—264.)

SCHMIDT, H. [1944]: Bostrychidae (Col.) aus Belgisch-Kongo. Neudamm und Berlin 1944. (Z. f. Weltforstwirtsch. Jg. 11, H. 4/9, S. 224—226.)

SCHMIDT, H. [1956]: Tropische Holzschädlinge: Die afrikanische Hügelnest-Termite Macrotermes. Stuttgart 1956. (Holz-Zentralbl. Jg. 82, H. 45, S. 587.)

SCHMINCKE, K.-H. [1961]: Dendrologie und Waldbau der holzwirtschaftlich wichtigsten Baumarten Westafrikas. Auswertung der nach 1945 hierzu erschienenen Literatur in französischer und englischer Sprache. Hamburg 1961. [Dipl. Arb.]

SCHNEIDER, I. [1959]: Untersuchungen über Aktivitätsgrenzen von pflanzlichen und tierischen Importholzschädlingen. Berlin und Köln 1959. (Mitt. Dt. Ges. Holzforschg. H. 46, S. 8—12.)

SCHRADER, S. [1957]: Die forst- und holzwirtschaftsgeographische und forst- und holzwirtschaftspolitische Literatur zur wirtschaftlichen Erschließung des Tropenwaldes. Hamburg 1957. [Dipl. Arb.]

SCHULTZ, W. [1958]: Die forst- und holzwirtschaftsgeographische und forst- und holzwirtschaftspolitische Literatur zur wirtschaftlichen Erschließung des afrikanischen Tropenwaldes. Auswertung des französischen Schrifttums. Hamburg 1958. [Dipl. Arb.]

STOBBE, B. [1959]: Tropische Importhölzer auf dem Holzmarkt der Niederlande unter besonderer Berücksichtigung von Amsterdam und Rotterdam. Ihre Herkunft und Verwendung. Hamburg 1959. [Dipl. Arb.]

WALTER, K. [1964]: Voraussetzungen und Möglichkeiten für die Entwicklung der holzbearbeitenden Industrie in der Republik Kongo (Léopoldville) (unter besonderer Berücksichtigung der technischen Ausrüstung). Hamburg 1964. [Dipl. Arb.]

WECK, J. [1957]: Bericht über eine Reise in den Sudan im Frühjahr 1957. Reinbek 1957. (Teilgutachten für die Sudanesische Regierung.)

WECK, J. [1958]: Über Koniferen in den Tropen. Hamburg und Berlin 1958. (Forstwissenschaftl. Centralbl. Jg. 77, H. 7—8, S. 203—230.)

WECK, J. [1960 a]: Die Bedeutung der Waldformationsklassen der Tropen für die Holzversorgung der Welt. Berlin 1960. (Holz als Roh- u. Werkst. Jg. 18, H. 8, S. 273—281.)

WECK, J. [1960 b]: Aussichten einer Forst- und Holzwirtschaft im Sudan. Köln 1960. (Afrika heute. Jb. d. Dt. Afrika-Ges. S. 147—163.)

WECK, J. [1961 a]: Plantagen von raschwüchsigen Koniferen in den Tropen. München 1961. (Allgemeine Forstzeitung. Jg. 16, H. 42, S. 601—603.)

WECK, J. [1961 b]: Hydrologie und Wasserwirtschaft in Afrika südlich der Sahara. Hannover 1961. (Forstarchiv. Jg. 32, H. 12, S. 248—249.)

WECK, J. [1961 c]: L'expérience des reboisements au Soudan (Khartoum). (Gutachten im Auftrage der EWG. Brüssel 1961.)

WECK, J. [1962 a]: Koniferen in den Tropen und Hilfspflanzen für Holzplantagen in den Tropen. Hamburg 1962. (Mitt. d. Bundesforschungsanstalt f. Forst- u. Holzwirtsch. H. 53.)

WECK, J. [1962 b]: Forstwirtschaftliche Aufgaben in Entwicklungsländern. Baden-Baden und Bonn 1962. (Schriftenr. z. Handbuch f. Entwicklungshilfe. H. 8.)

WECK, J. [1962 c]: Forstwissenschaft. Köln 1962. (Deutsche Afrikawissenschaft — Stand und Aufgaben. Hrsg. v. Wiss. Ausschuß d. Dt. Afrika-Ges. S. 25—34.)

WECK, J. [1963 a]: Stand und Aussichten einer Forst- und Holzwirtschaft im Sudan. Berlin 1963. (Schr. Ver. Socialpol., N. F. Bd 28, S. 181—217.)

WECK, J. [1963 b]: Forestry in tropical and subtropical development countries. The task set and the possibilities offered. Würzburg 1963. (Investment. H. 10, S. 29—35.)

WILLSCHER, O. [1941]: Waldarbeitermangel und Motorsägeneinsatz im afrikanischen Urwald. Ein Beitrag zur kolonialforstlichen Arbeitslehre. Neudamm und Berlin 1941. (Kolonialforstl. Mitt. Jg. 4, H. 3—4, S. 201—288.)

Afrikanische Pflanzen in Hamburg, Hamburger Botaniker in Afrika

Von Kurt Walther

Lange bevor ein Hamburger Botaniker den schwarzen Erdteil betrat, kamen die Pflanzen dieses Kontinentes auf dem Seewege in die Hafenstadt Hamburg und wurden in Privatgärten angepflanzt und gepflegt. Um 1710 wird bereits in dem Garten des Bürgermeisters von Bostel eine südafrikanische *Protea* kultiviert [Schwerin 1710]. Kein Geringerer als Linné besuchte 1735 nicht zuletzt wegen der seltenen Pflanzen in den Gärten die Hansestadt. Insbesondere hat ihn der Garten des Ratssekretärs Dr. J. H. von Spreckelsen tief beeindruckt, fand er doch dort 50 Spezies von der südafrikanischen Gattung *Mesembryanthemum* und 45 Arten der vorwiegend afrikanischen Gattung *Aloe* neben anderen afrikanischen Gattungen und Arten, so daß er schrieb: „... wie die Gartenkunst in Schweden steht und wie in Hamburg, was Geld bedeutet, was Gärtner, was Locus, natura, clima, ingenium, indefessio, opes simul possunt" [Bryk 1919]. Von Spreckelsen war zudem der erste Hamburger, der eine Schrift über eine afrikanische Pflanze, den Drachenbaum, verfaßte: De Yucca Draconis foliis [Spreckelsen 1729]. Auch in den folgenden Jahrzehnten wird von berühmten Hamburger Gärten berichtet, die reich sind an Bäumen und Stauden fremder Erdteile und die einer wißbegierigen, botanisch interessierten Jugend die Kenntnis der Flora ferner Länder vermittelten [Nevermann 1793]. So ist es wohl kein Zufall, daß die Sammler- und Forschergeneration der ersten Hälfte des 19. Jahrhunderts sich nach Südafrika wandte, dessen Pflanzen so zahlreich in Hamburg kultiviert wurden.

Südafrika

Der erste Hamburger, der aufbrach, dieses Land zu durchforschen, und von dem wir bleibende Zeugnisse seiner Tätigkeit besitzen, ist Martin Karl Hinrich Lichtenstein (geb. 10. 1. 1780 in Hamburg, gest. während einer Reise auf der Ostsee 1857). Als junger Arzt zog er mit dem holländischen General Janssens ins Kapland und unternahm von 1803—1806 weite Reisen ins zentrale Südafrika. 1805 wurde er als Regierungsvertreter zu den Betschuanen geschickt. Die Sammlungen, die er zurückbrachte, sind die ersten aus diesem Gebiet. Die Pflanzenausbeute, unter der sich viele Novitäten befanden, wurde z. T. von ihm selbst bearbeitet. Sie kam nach Berlin, wo Lichtenstein Professor der Zoologie wurde. Etwa 50 Spezies befinden sich im Herbarium Willdenow, das im Botanischen Museum Berlin-Dahlem aufbewahrt wird. Adalbert von Chamisso und Schlechtendal nannten die Umbelliferengattung *Lichtensteinia* nach ihm. Seinen Aufenthalt in Afrika hat er in einem zweibändigen Werk: „Reisen im südlichen Afrika 1803—1806" beschrieben [LICHTENSTEIN 1811]. Es ist die erste Landeskunde Südafrikas in deutscher Sprache.

Dieses Werk mit seiner Karte ist für den Hamburger Botaniker Drège die Grundlage für seine pflanzengeographischen Forschungen und der Führer für seine ausgedehnten Sammelreisen in Südafrika gewesen. JEAN FRANÇOIS DRÈGE, am 25. 3. 1794 in Altona geboren, entstammt einer hugenottischen Handwerkerfamilie. Als sog. botanischer Gärtner an den botanischen Gärten in Göttingen, München, Riga, Berlin und Petersburg gründlich ausgebildet, begab er sich 1826 mit seinem Bruder, dem Apotheker Carl Drège, nach Kapstadt. Mit dem Ochsenwagen, von einigen Hottentotten begleitet, durchzog er Südafrika von seinem Wohnort Paarl bei Stellenboosch aus bis zur Mündung des Garip (Oranjefluß) im Westen und bis Port Natal (Durban) im Osten, meist nicht mehr als 100 km von der Küste entfernt. Dieses ist das Gebiet, das er pflanzengeographisch gegliedert hat und aus dem seine reichen Sammlungen stammen [FISCHER-BENZON 1894].

Die Zahl der von Drège gesammelten Pflanzenarten übertrifft mit 7 092 (ohne die kultivierten und zweifelhaften) bei weitem alle bis dahin von einem einzelnen Sammler zusammengebrachten und zeugt gleichzeitig von dem gewaltigen Artenreichtum des Sammelgebietes von etwa der Größe Bayerns. Koch hat in der ersten Auflage seiner Synopsis für ganz Deutschland 3 210 Phanerogamenarten verzeichnet, Drège sammelte in einem kleineren Gebiet 6 595 Arten. Ernst H. F. Meyer hat berechnet, daß Drèges Aufsammlungen zwei Drittel aller bis dahin bekannten Arten enthielten [E. H. F. MEYER 1835 u. 1837]. Die Zahl der von Drège neu aufgefundenen, bis dahin unbekannten Pflanzensippen ist beträchtlich. So hat beispielsweise der Leipziger Professor Gustav Kunze, der Drèges Farne bearbeitete, 112 Farnarten und -varietäten verzeichnet und davon 23 neu beschrieben [KUNZE 1836]. Die Folge war, daß die getrockneten Pflanzen, die Drège nach seiner Rückkehr im Jahre 1834 von Altona, Königstraße 1, aus vertrieb, von den Botanikern in aller Welt begierig aufgegriffen wurden [DRÈGE 1837—40]. Professor Ernst H. F. Meyer in Königsberg, der die ganze Sammlung bearbeiten wollte, mußte 1843 feststellen, daß das gar nicht in dieser Weise möglich sei, denn schon befanden sich die Pflanzen Drèges in zahlreichen Monographien und Sammelwerken veröffentlicht; so brachte er nur zwei seiner Commentarii heraus [E. H. F. MEYER 1835 u. 1837]. Er hat die Asclepiadaceengattung *Dregea* nach diesem großen Forscher benannt. Über 100 südafrikanische Pflanzenarten tragen Drèges Namen und dokumentieren, daß er einer der erfolgreichsten Pflanzensammler nicht nur Südafrikas, sondern aller Zeiten gewesen ist. Seine Pflanzen liegen heute in zahlreichen Pflanzensammlungen der ganzen Welt. Das Herbarium Hamburgense besitzt nur einen kleinen Teil, vornehmlich diejenigen, die er seinem Freund, dem Altonaer Botaniker Johann Jakob Meyer, geschenkt hat.

Drège hat in seinen Tagebüchern neben floristischen Notizen phaenologische, ökologische und vegetationskundliche Beobachtungen festgehalten. Auch geographische und geologische Tatbestände wurden notiert. Vom Mai 1822 bis zum August 1826 hat er an 120 Stationen barometrische Höhenmessungen vorgenommen und die jeweilige Lufttemperatur gemessen; von 23 Quellen liegen Angaben über Wasser- und Lufttemperatur vor. Auf Grund dieses Beobachtungsmaterials führte er die pflanzengeographische Gliederung des bereisten Gebietes durch und entwarf die erste pflanzengeographische Karte Südafrikas, die als Lithographie veröffentlicht ist. Die einzelnen Gebiete werden geographisch, klimatologisch, phaenologisch und floristisch charakterisiert. Die Hauptgebiete I—V (Oberland, Mittelland, Unterland des Westens, Südens und Ostens) unterteilt er weiter in floristisch und geographisch gleichartige Räume, z. B. Gebiet I in Teilgebiete a—d oder bei größerer Mannigfaltigkeit in Aa—e, B . . . usw. [Drège 1844]. In der Einleitung zu dem von E. H. F. Meyer [1835] lateinisch verfaßten Werk über die Sammlungen Drèges werden die einzelnen Gebiete in ihrer Eigenart ausführlich beschrieben. Meyer konnte auf Grund der reichhaltigen Sammlungen Drèges und dessen umfangreichen Beobachtungen die pflanzengeographischen Eigentümlichkeiten des Kaplandes aufzählen: gewaltige Artenmenge, kleine Areale der einzelnen Arten, hohe Endemismenzahl, geringer Grad von Geselligkeit, hohe Zahl von Pflanzenfamilien (nach dem System von Endlicher in Südafrika 146 Familien von 241 überhaupt vorhandenen), Vorherrschen ökologisch eigenartiger Typen wie Heidepflanzen und Sukkulenten, große Farbenpracht der Blüten, Mangel an Fülle und Üppigkeit bei den vegetativen Organen, Fehlen hochwüchsiger Baumarten.

In den letzten Jahren seines Aufenthaltes in Südafrika trat Drège in Verbindung mit zwei anderen deutschen Sammlern in diesem Gebiet, dem aus Apenrade stammenden Christian Friedrich Ecklon und dem großherzoglich badischen Gartendirektor von Schwetzingen, Karl Zeyher. Beide hatten enge Beziehungen zu Johann Georg Christian Lehmann (1792—1860), Professor für Naturlehre am Johanneum in Hamburg und Direktor des 1821 gegründeten Botanischen Gartens daselbst. Auch Ecklons und Zeyhers Ausbeute ist so groß, daß die eifrigen Forscher nicht alles selbst bearbeiten konnten. Lehmann empfiehlt ihnen, einzelne Pflanzengruppen an ihm befreundete Spezialisten zu schicken. So konnten sie von 1834—1837 ihre Enumeratio plantarum in Hamburg herausbringen [Ecklon und Zeyher 1834—1837]. Nach erneuter Sammeltätigkeit kommt Zeyher mit dem Material 1846 nach Hamburg und hält sich längere Zeit bei Drège auf — der im Vorort Groß-Borstel eine Handelsgärtnerei betreibt —, um die Pflanzen zu bestimmen und zum Verkauf fertig zu machen.

In Hamburg beschäftigten sich zur gleichen Zeit Lehmann und Sonder mit der südafrikanischen Flora. Lehmann [1829] bearbeitete die von Ecklon und Zeyher gefundenen Lebermoose und beschrieb die von ihnen gesammelten Cycadeen [Lehmann 1834]. Dabei stellte er die nur in Afrika vorkommende Gattung *Encephalartos* auf und kultivierte die von ihm beschriebenen kapländischen Arten. *Encephalartos altensteinii Lehmann* steht noch heute im Gewächshaus des Botanischen Gartens. Bisher unbekannte südafrikanische Kräuter zog er aus Samen, um sie zu beschreiben. Sein Herbarium, das viele Originale enthielt, befindet sich nicht mehr in Hamburg, es wurde nach seinem Tode an 150 auswärtige Botaniker verkauft.

Große Teile der Sammlung von Ecklon und Zeyher hat der Hamburger Medizinalrat OTTO WILHELM SONDER bearbeitet. Durch seine Beschäftigung mit den südafrikanischen Orchideen [SONDER 1845], Caryophyllaceen [SONDER 1846], Rubiaceen [SONDER 1850] und Santalaceen [SONDER 1857] war er der berufene Mitherausgeber der Flora Capensis [HARVEY—SONDER 1859—1865]. Sein Partner war der Dubliner Professor WILLIAM HARVEY, mit dem ihn auch seine Lieblingsbeschäftigung, das Studium der exotischen Algen, verband. Von dem groß angelegten Werk der Flora Capensis sind nur drei Bände erschienen. Sonder hat darin über 40 Familien bearbeitet und viele in seinem Herbar befindliche, noch unbestimmte Pflanzenproben von Drège, Ecklon und Zeyher neu beschrieben. Mit dem Tode von Harvey kam das Werk zum Stillstand.

Beim Studium der exotischen Algen hat Sonder viele Algenarten der Meere rund um Afrika untersucht und benannt, brachten ihm doch die Schiffe nach Hamburg laufend neues Material [SCHMIDT 1852, DECKEN 1871—1879], und war er doch 1870 von der Stadt mit der Verwaltung einer der größten Algensammlungen der damaligen Zeit, dem Algenherbarium des Bürgermeisters Binder, beauftragt. Seine eigene wertvolle Sammlung wurde nach seinem Tode verkauft und befindet sich im National Herbarium of Victoria, Melbourne/Australien, und im Naturhistoriska Riksmuseum Stockholm/Schweden.

Drège ist nicht über den Oranjefluß hinausgekommen, und von anderen Botanikern seiner Zeit gibt es nur spärliche Angaben über das Land nördlich dieses Flusses; so ist Südwest-Afrika floristisch lange unbekannt geblieben. Auch an der wirtschaftlichen Erschließung ist Hamburg nicht wesentlich beteiligt, sie wurde dem Bremer Lüderitz überlassen. Schließlich aber kamen deutsche Kolonisten ins Land, darunter auch Hamburger; diese sandten Pflanzenproben zum Bestimmen nach Hause. Inzwischen war hier aus dem der Stadt Hamburg geschenkten Algenherbarium des Bürgermeisters Binder, dem Phanerogamenherbarium und der karpologischen Sammlung des Stadtphysikus Buek ein beachtliches Herbarium entstanden (Gründungsbeschluß 19. 5. 1879, der Öffentlichkeit zugänglich seit dem 12. 7. 1885), das im Botanischen Museum untergebracht war. Um aber die südwestafrikanischen Pflanzen bestimmen und den Farmern Auskunft erteilen zu können, war Vergleichsmaterial aus Afrika notwendig. Besonders spürbar wurde der Mangel, als 1909 der Kustos des Herbariums, W. HEERING, im Rahmen des Hamburger Kolonialinstitutes die Bearbeitung der Futterpflanzen der südwestafrikanischen Weide durchführen wollte. Er war schließlich angewiesen auf Professor Schinz und die Pflanzen des botanischen Museums der Universität Zürich. Heerings Untersuchungen erfolgten in Zusammenarbeit mit den Farmern aus allen Teilen des südwestafrikanischen Landes, die ihm Pflanzenproben und einen ausgefüllten Fragebogen mit Angaben über einheimische Pflanzennamen, Standort, Bevorzugung und Ablehnung der Futterpflanzen durch die verschiedenen Tierarten zusandten. Sie erhielten dafür alle botanischen Daten über die eingereichten Futterpflanzen, soweit diese landwirtschaftlich von Interesse waren, und außerdem die Ergebnisse der von dem wissenschaftlichen Assistenten CLEMENS GRIMME durchgeführten chemischen Untersuchung der Inhaltsstoffe [HEERING 1913; HEERING und GRIMME 1911 u. 1914]. Die Arbeiten waren in vollem Gange, als 1914 der Krieg ausbrach; Heering fiel in Frankreich, und Südwestafrika wurde den deutschen Forschern zunächst unzugänglich.

Das lebhafte Interesse, das in Hamburg an der Erforschung Süd-, Südwest- und Südostafrikas bestand, zeigt sich an der Zahl der erworbenen Sammlungen, die hier aufgeführt werden mögen, da sie z. T. unbekannt geblieben sind oder, wenn Dublettensammlung, eine Bedeutung gewonnen haben, da die Originale in Berlin zerstört wurden:

APSTEIN, C.: Deutsche Tiefsee-Expedition, Kapstadt 1898;
BAUER, J.: Transvaal, Johannesburg 1907/08;
BAUM, HUGO: Kunene-Sambesi-Expedition 1899/1900 (Dubletten);
DINTER, KURT: Südwest 1906—1914 (Dubletten), 1922—1924, 1928/1929, 1934/1935;
FISCHER, ILSE: Südwest, Otjimbingue 1897;
GROSSE, RICHARD: Rhodesien, Salisbury 1907;
KÄSSNER, THEO: Nord-Rhodesien 1907/08 (Dubletten), Südafrika 1891—1895 (Dubletten);
LANGENHEIM: Transvaal, Königsberg 1908;
VON PÖPPINGHAUSEN: Südwest 1894;
RANGE, PAUL: Südwest 1906—1913 (Dubletten), Südafrika 1929 (Dubletten);
RAUTANEN, MARTIN: Amboland 1896—1903 (Dubletten);
REIMER: Rhodesien, Salisbury 1906;
SCHLECHTER, RUDOLF: Süd- und Südostafrika 1891—1897 (Dubletten);
SCHÖPFLIN, F.: Natal 1891;
SEINER, FRANZ: Südwest, Omaheke 1910/11 (Dubletten);
WILMS, F.: Transvaal, Lydenburg 1883—1895 (Dubletten).

Besonders wichtig sind die späteren Sammlungen von KURT DINTER, die in Hamburg im Original vorhanden sind, ist doch nach MEEUSE [1962] Dinters Sammlung die größte Sammlung Südwestafrikas überhaupt. In Hamburg liegen diese Schätze, weil die Hamburgische Wissenschaftliche Stiftung und der Botanische Garten auf Betreiben des Institutsdirektors Professor Winkler durch finanzielle Unterstützung Dinters Reisen ermöglichten. Dieses Interesse an der Erforschung Süd- und Südwestafrikas zeigte sich auch bei der Joachim-Jungius-Gesellschaft und bei der Universitäts-Gesellschaft, die auf Empfehlung von Institutsdirektor Professor Mevius dem Privatdozenten des Staatsinstituts für Allgemeine Botanik HANS-DIETER IHLENFELDT 1961/62 und 1963 Beihilfen für seine Süd- und Südwestafrikareisen zum Studium der Pedaliaceen und Mesembryanthemaceen gewährten. Eine reiche Ausbeute dieser merkwürdigen Pflanzen befindet sich in den Gewächshäusern des Botanischen Gartens und im Herbarium Hamburgense.

Westafrika

Der Afrikahandel der Hamburger Kaufleute konzentrierte sich zunächst auf die Länder um den Golf von Guinea und die Küstengebiete um die ostafrikanische Meeresbucht, in deren Mittelpunkt Zanzibar liegt. Pflanzensammlungen aus Westafrika aber kommen bis zum letzten Viertel des 19. Jahrhunderts nur spärlich nach Hamburg. Zwischen 1830 und 1860 beauftragte der Bürgermeister NIKOLAUS BINDER Hamburger Kaufleute und Seefahrer, für ihn Meeresalgen aus den Gewässern um Afrika zu sammeln, die er von den Spezialisten seiner Zeit untersuchen ließ und die heute zu den Kostbarkeiten des Herbariums Hamburgense gehören.

1868 besitzt die Hamburger Firma Carl Woermann in Kamerun Handelsstationen, und ihre Vertreter schicken getrocknete Pflanzen und Proben von Pflanzenprodukten, welche in die seit 1879 bestehenden Hamburger Staatssammlungen gelangen. Der bedeutendste dieser Woermannvertreter ist der Botaniker und Kaufmann MAX JULIUS DINKLAGE (geb. 14. 2. 1864 in Elsfleth, gest. 1. 2. 1935 in Ganta, Liberia). Die Familie zog nach Hamburg, als der Vater seine Stelle als Leiter der nautischen Abteilung der Seewarte antrat. Max Dinklage wurde nach dem Studium Assistent bei Professor Sadebeck, dem Direktor des Botanischen Laboratoriums für Warenkunde. 1889 rüsteten ihn die Botanischen Institute für eine Sammelreise nach Westafrika aus. Vom 28. 7. 1889 bis Ende 1892 sammelte er in Groß-Batanga und Umgebung (Klein-Batanga, Ebea-Fälle, Kribi) 1 510 Nummern Herbarpflanzen für Hamburg und sandte zwischendurch zahllose Proben von Pflanzenprodukten an das Laboratorium für Warenkunde. Größere Ausflüge unternahm er zur Sibanga-Farm in Gabun. Als er für längere Zeit den Leiter der Woermannfaktorei in Groß-Batanga vertrat, zeigten sich seine außerordentlichen kaufmännischen Fähigkeiten. Er wurde bald führender Vertreter der Firma in Westafrika, schließlich Teilhaber und ab 1906 Geschäftsträger der Regierung von Liberia beim Deutschen Reich. Schon 1894 war er nach Liberia gegangen, und hier unternahm er bis 1922 zehn botanische Sammelreisen ins Innere des Landes. Am 25. 9. 1934 schiffte er sich in Hamburg zu seiner letzten Liberiareise im Auftrage des Arnold Arboretums der Havard Universität ein; er kehrte nicht zurück [MILDBRAED 1936]. Pflanzen seiner ersten Reise wurden in Hamburg bestimmt und veröffentlicht (Farne [SADEBECK 1897] und Convolvulaceen [HALLIER 1897]); alle späteren Funde bearbeiteten er selbst und die Botaniker des Botanischen Museums in Berlin-Dahlem. Vor Antritt seiner letzten Reise hatte er ein Manuskript über die Flora von Liberia fast fertig. Es wurde von Johannes Mildbraed 1937 herausgegeben [DINKLAGE 1937]. Die Originalpflanzen seiner zehn Reisen in Liberia sind wohl größtenteils in Berlin zerstört, Hamburg besitzt davon einen wohlerhaltenen, reichhaltigen Dublettensatz. Von Liberia ist außerdem in Hamburg eine noch unbearbeitete Originalsammlung von 850 Nummern vorhanden, die der Hamburger OTTO ROHWEDER 1955 sammelte.

Die Flora von Kamerun ist im Herbarium Hamburgense durch eine sehr wertvolle Pflanzensammlung vertreten, die der Berliner Botaniker JOHANNES MILDBRAED von der zweiten Expedition des Herzogs von Mecklenburg 1910—1911 aus Südkamerun mitbrachte. Die Originalsammlung ist im Kriege in Berlin fast vollständig vernichtet worden; da aber Hamburger Bürger die Reise finanziell unterstützten, ist eine 3 500 Nummern umfassende Dublettensammlung nach Hamburg gelangt und erhalten geblieben. In Berlin sind nur noch etwa 50 Holotypen aus der Gruppe der Farne, Monokotylen und Dikotylen (bis Rosaceen) vorhanden. Die Mildbraedsche Reise berührte auch das Kongogebiet (Kimuenza, Kongo- und Sanghatal [Leopoldville bis Molundo]) und die Inseln Fernando Póo und Annobón. Auch von diesen Gebieten liegt reichlich Material vor. Dagegen sind von Mildbraeds erster Reise von 1907—1908 durch das ostafrikanische Seengebiet, mit Durchquerung des Kongobeckens und Besteigung des Kamerunberges, von der dritten Reise 1913—1914 nach Ostkamerun und von der vierten im Auftrage der Hamburger Guatemala-Pflanzungsgesellschaft nach Kamerun nur wenige Dubletten nach Hamburg gekommen. Die Reisen Mildbraeds haben nicht nur die botanischen Sammlungen um zahlreiche Novitäten vermehrt, sondern auch die Kenntnis der Pflanzenwelt des tropischen Westafrika in erheblichem Maße bereichert, wurden doch die Ergebnisse der Reisen von Mildbraed selbst, einem der besten Kenner der zentralafrikanischen Flora, bearbeitet [MILDBRAED 1914 u. 1922]. Er gehörte zu dem Kreis von Spezialisten, die Adolf Engler im Botanischen Museum in Berlin-Dahlem um sich geschart hatte, nachdem im Jahre 1891 dort eine Botanische Zentralstelle für die deutschen Kolonien errichtet worden war. Alle Pflanzen, die von den Angehörigen des deutschen Verwaltungsdienstes gesammelt wurden, gelangten deshalb zuerst nach Berlin. Dem Museum war die Auflage gemacht worden, Dubletten dieser Sammlungen und solcher, für die Reichsmittel aufgewendet wurden, an deutsche Anstalten weiterzugeben. Dadurch hat Hamburg Dubletten folgender Sammler aus Kamerun erhalten:

BRAUN, JOHANNES: Malimba, Groß-Batanga 1887—1888;

DEISTEL, HANS: Buea, Kamerungebirge 1898—1907;

LEDERMANN, CARL: Nord- und Nordwestkamerun 1908—1909;

LEHMBACH, HERMANN: Buea 1897—1898;

PREUSS, PAUL: Barombi 1889—1892; Versuchsstation Victoria 1892—1902;

RUDATIS, H.: Nordwestkamerun, Ossidinge 1900—1903;

STAUDT, ALOIS: Yaunde 1893—1895, Lolodorf 1895, Johann-Albrechtshöhe 1895—1897;

außerdem aus Togo von WARNECKE, OTTO: Lomé 1899—1901.

Ebenso hat der Woermann-Angestellte GEORG AUGUST ZENKER die während der Zeit als Farmbesitzer in Bipindihof bei Kribi von 1896 bis 1916 gesammelten Pflanzen von Berlin aus verteilt; von ihm besitzt Hamburg 1 128 Nummern aus dieser Zeit. Aus Spanisch-Guinea und Gabun haben dem Hamburger Herbarium außer Dinklage der frühere Begleiter Schweinfurths HERMANN SOYAUX (1879—1882) und GÜNTHER TESSMANN (Spanisch-Guinea 1908—1909) Pflanzen geliefert.

Ostafrika

In Ostafrika hatten Hamburger Firmen wie O'Swald und Hansing zunächst in Zanzibar ihre Niederlassungen, die den Forschungsreisenden als Stützpunkte dienten. Der 1837 in Hamburg geborene Geograph Dr. Albrecht Roscher wohnte 1858/59 längere Zeit bei der Firma O'Swald und studierte Flora und Fauna der Insel, ehe er zu seiner Reise zum Nyassa-See aufbrach, von der er nicht zurückkehrte [Helm 1937]. Seine gesammelten Pflanzen hat der damalige Direktor des Botanischen Gartens in Hamburg, Professor Heinrich Gustav Reichenbach, erhalten; sie sind mit seinem Herbarium in das Naturhistorische Museum in Wien gekommen. Die Algen hat Sonder beschrieben und die Algengattung *Roscheria* nach ihm genannt [Decken 1871—1879].

1876 kam der aus Barmen stammende Arzt Dr. Gustav Adolf Fischer nach Zanzibar und begann unverzüglich mit der Erforschung des gegenüberliegenden Festlandes. Die im Jahre 1883 im Auftrage der Geographischen Gesellschaft in Hamburg unternommene Reise in das bis dahin unbekannte Massai-Land ist auch in botanischer Hinsicht sehr erfolgreich gewesen. Die in seinem Bericht mitgeteilten pflanzengeographischen Beobachtungen und Vegetationsschilderungen, die in seiner Routenkarte verzeichneten Pflanzenvorkommen und ebenso die reichen Sammlungen, die er mitbrachte, sind die ersten aus diesem Gebiet [Fischer 1884/1885]. Reichenbach [1884/85] gab eine Übersicht über die Pflanzen, die nach Hamburg gelangten; eingehend bearbeitet wurden sie später in Berlin, wohin auch die Ausbeute von Fischers späteren Reisen zum Victoria-See ging [Friederichsen 1887, Urban 1916]. In Hamburg wurden lediglich Gräser, Iridaceen und Kompositen von Friedrich Wilhelm Klatt bestimmt und veröffentlicht [Klatt 1891 u. 1892].

Der erfolgreichste botanische Forscher und Sammler Ostafrikas war Franz Stuhlmann (geb. 29. 10. 1863 in Hamburg, gest. 19. 11. 1928 in Hamburg). Er kam mit einem Schiff der Firma Hansing 1883 nach Zanzibar. Seine ersten Sammlungen aus den Jahren 1888 und 1889 stammen von dieser Insel. Da im Jahre 1888 die gegenüberliegende ostafrikanische Küste wegen kriegerischer Wirren unter den Eingeborenen unzugänglich war, entschloß er sich zu einem Ausflug nach Mozambique und der Sambesi-Mündung. Wenn ihm auch die beabsichtigte Beobachtung des Lungenfisches *Protopterus* nicht gelang, so hat er doch bei Quilimane und Pagesuni reichlich Pflanzen eingelegt und die ersten Herbarbelege aus diesem Gebiet nach Europa gebracht. Das Schicksal dieser ersten Stuhlmann-Sammlung soll hier wegen ihrer internationalen Bedeutung ausführlich erörtert werden, war es doch Gegenstand von Diskussionen auf der Vierten Vollversammlung der Vereinigung für das taxonomische Studium der Flora des tropischen Afrikas in Lissabon und Coimbra 1960. Mendonça bezweifelt [1962, S. 146], daß Stuhlmann persönlich in Quilimane war. Für diesen Aufenthalt aber spricht der Bericht, den Stuhlmann am 3. 11. 1892 vor der Geographischen Gesellschaft in Hamburg gegeben hat und in dem er seinen Ausflug ausführlich beschreibt [Stuhlmann 1895]. Die Numerierung der gesammelten Pflanzen ist allerdings nicht in chronologischer Reihenfolge geschehen, sondern erfolgte erst, als Stuhlmann nach Zanzibar zurückgekehrt war. Die Sammeldaten auf den Etiketten weisen seinen Aufenthalt für die Monate Januar bis März 1889 aus. J. P. M. Brenan gibt an, daß die Originale in Berlin zerstört seien und vermutet die Hamburger Pflanzen in Rußland [Mendonça 1962 — Discussion, S. 152]. Nun teilen schon Voigt [1901] und Urban [1916] mit, daß die Hauptsammlung von Stuhlmanns erster Serie in Hamburg liegt. Hier ist tatsächlich die Liste der Pflanzenfunde Nr. 1—1206 vom Januar 1888 bis Januar 1890 vorhanden. Von den Pflanzen befinden sich aber nur noch Sympetale hier, darunter auch die Holotypen der von Klatt [1891] beschriebenen Arten, z. B. *Senecio stuhlmannii Klatt.* Der größte Teil der Hauptsammlung Stuhlmanns ist nicht mehr in Hamburg. Er war ins Hauptherbar inseriert, und von diesem wurden die Gymnospermen, Monkotylen und Dikotylen (Saururaceen bis Guttiferen) — insgesamt 120 000 Bogen neben 60 000 Bogen von Spezialsammlungen — im Jahre 1943 nach Schloß Mutzschen bei Leipzig ausgelagert. Sie haben dort den Krieg wohlbehalten überstanden und wurden nach Augenzeugenberichten in den Novembernächten 1945 von sowjetischen Soldaten in Eisenbahnwaggons verladen und in die Sowjetunion transportiert. Soweit sich ermitteln ließ, befinden sie sich im Komarov-Institut in Leningrad. Dort sind nicht allein die fehlenden Pflanzen Stuhlmanns zu suchen, sondern von den genannten Pflanzengruppen alle anderen afrikanischen Herbarpflanzen, die bis 1943 in das Hamburger Hauptherbar inseriert waren (z. B. Dubletten von Mildbraeds 1., 3. und 4. Reise und anderer afrikanischer Sammler, deren Originale in Berlin zerstört sind, sowie die Originale von Fischers 1. Reise u. a. m.). Dieses Beispiel möge genügen, um zu zeigen, welche Schwierigkeiten für die taxonomische Forschung bei der Beschaffung von Originalmaterial zum Studium der afrikanischen Flora bestehen.

Die Herbarpflanzen von Stuhlmanns späteren Reisen durch Tanganyika gelangten nur nach Berlin, nach Hamburg sind davon keine Dubletten gekommen. Wie Gillet [1962] angibt, hat Stuhlmann mit 9300 Sammelnummern mehr Pflanzen eingelegt als alle anderen ostafrikanischen Sammler zusammen bis zu seiner Zeit.

Stuhlmann sandte seit den ersten Tagen seines Aufenthaltes in Ostafrika auch Samen, Rhizome, Früchte, Holzproben und andere Pflanzenprodukte nach Europa, die zunächst nur nach Hamburg kamen. Er hat dadurch die Hamburger Institute neben Fischer und Dinklage mit wertvollem Untersuchungsmaterial versehen. Dieses ermöglichte es, daß Hamburg ein Forschungszentrum für tropische und speziell afrikanische Kulturpflanzen wurde. Das Interesse an den pflanzlichen Erzeugnissen dieses Erdteils war naturgemäß bei der Hamburger Kaufmannschaft immer sehr rege, und diese hat genügend Beispiele gegeben, wo sie sich an dem Zusammenbringen größerer Sammlungen beteiligte oder botanische Reisende großzügig unterstützte, ganz zu schweigen von der Hamburger Firma Caesar Godeffroy, die vor 100 Jahren gleichzeitig fünf Sammler in die Südsee sandte und ein privates naturhistorisches Museum errichtete. Aber es war keine Stelle vorhanden, welche die Sammelergebnisse rasch bearbeitete und für den Handel und die Wirtschaft des Ursprungslandes auswertete. Es bedurfte erst des Bürgermeisters Kirchenpauer, der selbst ein Botaniker von Ruf war, damit der Senat der Hansestadt 1887 der Errichtung eines „Laboratoriums für Warenkunde" zustimmte. Zum Direktor wurde der bisherige Verwalter der Sammlungen des Botanischen Museums, Professor R. B. SADEBECK, gewählt. Seit 1882 hatte er sich eingehend mit tropischen Kulturpflanzen beschäftigt, hielt Vorlesungen darüber und veröffentlichte 1899 ein zusammenfassendes Werk [SADEBECK 1899 a]. Er wertete die Sammelergebnisse und Beobachtungen Fischers, Stuhlmanns und seines Schülers Dinklage, den er 1889 nach Westafrika geschickt hatte, aus. Seine Lieblingsobjekte waren der *Raphia*-Bast, die *Sanseviera*-Fasern und der *Kickxia*-Kautschuk [SADEBECK 1899 b, 1901 u. 1905]. Seine Arbeit über die tropischen Nutzpflanzen Ostafrikas, ihre Anzucht und ihr eventueller Plantagenbetrieb haben STUHLMANN angeregt, eine Versuchsstation zu schaffen, nachdem der Versuchsgarten in Daressalam nicht mehr ausreichte [SADEBECK 1891]. Die Probleme der tropischen Landwirtschaft können schließlich nur unter den tropischen Klimaverhältnissen gelöst werden. Der Zoologe und Botaniker Stuhlmann war, nachdem er sich mehrere Jahre in den Tropen der anderen Erdteile umgesehen hatte, der geeignete Mann, ein solches umfassendes Institut, wie es das biologisch-landwirtschaftliche Institut Amani war, zu schaffen. Es wurde im Juni 1902 eröffnet. In der botanischen Abteilung beschäftigte man sich mit der Anzucht wichtiger Nutzgewächse wie Kaffee, Kakao, Tee, Kola, Betelnußpalme, mit Heil- und Kautschukpflanzen, Guttapercha und Faserpflanzen, Nutzhölzern, Fruchtbäumen und Schattenbäumen, Futterpflanzen und Gewürzen, Pflanzenkrankheiten, Technik der Kautschukgewinnung und Gewinnung von Sämlingen. Stuhlmann war von 1903 bis 1908 Leiter dieses Institutes, bis er als kranker Mann nach Europa zurückkehrte.

Während in Berlin im Jahre 1891 die Botanische Zentralstelle gegründet wurde und Adolf Engler mit einem großen Spezialistenstab die floristische Erforschung des tropischen Afrikas in ungeahntem Ausmaß vorantrieb, erhielt Sadebeck in Hamburg keine nennenswerte Förderung, denn Kirchenpauer war schon 1887 gestorben. Nur noch HANS HALLIER, der Verwalter des Hamburger Herbariums, beschäftigte sich mit afrikanischen Pflanzen, insbesondere mit der Taxonomie der Convolvulaceen [HALLIER 1897—1903]. Ja, als Sadebeck 1901 in den Ruhestand trat, blieb die Leiterstelle des Laboratoriums für Warenkunde unbesetzt. Erst als der nunmehr Kaiserliche Geheime Regierungsrat Dr. Franz Stuhlmann 1908 in seine Vaterstadt zurückkam, erwachte die Hamburger botanische Afrikaforschung zu neuem Leben. So haben der Senat und die Bürgerschaft am 1. April 1908 die Errichtung eines Kolonialinstitutes beschlossen; dadurch erwuchsen auch den Hamburger Botanikern neue Aufgaben für die weitere Erforschung Afrikas. Stuhlmann wurde innerhalb dieses Institutes Leiter der Zentralstelle, in der sich wissenschaftliche und wirtschaftliche Bestrebungen konzentrieren sollten. Sein durch langjährige Erfahrung erworbenes Wissen über die Kulturpflanzen hat er in den Beiträgen zur Kulturgeschichte Ostafrikas niedergelegt [STUHLMANN 1909]. In den botanischen Instituten wurden nun im Rahmen des Kolonialinstitutes die

Arbeiten von Sadebeck fortgesetzt. Professor Dr. ALFRED VOIGT, der Leiter der Abteilung für Samenkontrolle, konnte im Jahre 1909 eine Studienreise nach Ostafrika und 1911 eine solche nach Kamerun unternehmen [VOIGT 1910].

Zwei größere Forschungsvorhaben wurden durchgeführt: die bereits erwähnte Untersuchung der Futterpflanzen Südwestafrikas und die botanische und chemische Bearbeitung der Nahrungsmittel der Eingeborenen. Mit letzterer war der seit 1909 angestellte Assistent Dr. CLEMENS GRIMME beschäftigt. Die Ergebnisse seiner Untersuchungen an Hülsenfrüchten aus Südwestafrika, Kamerun, Togo und Ostafrika und an Ölfrüchten aus diesen Gebieten sind in mehreren Zeitschriften veröffentlicht [GRIMME 1910—1920]. Da in den botanischen Instituten eine umfangreiche Vergleichssammlung von tropischen Samen, Früchten, Rinden und Hölzern vorhanden war, wurde die Ausführung solcher Arbeiten ermöglicht. Diese Sammlung ist auch heute für die Arbeit des Laboratoriums für Warenkunde eine wertvolle Hilfe, denn immer noch ist Hamburg durch den Handel mit Afrika verbunden, seine Produkte werden häufig von den Handelsfirmen dem Laboratorium zur Prüfung zugesandt, und Kulturpflanzen Afrikas werden wissenschaftlich untersucht [ESDORN 1939 u. 1961; ESDORN u. ZOHM 1961].

Aus der Zeit des Kolonialinstitutes stammt die Arbeit von FERDINAND ESMARCH aus Altona über die Cyanophyceen in den deutschen Kolonien [ESMARCH 1911]. In 59 Erdproben aus Ost- und 12 aus Südwestafrika wurden 29 bzw. 10 Arten dieser Algengruppe festgestellt, die bis dahin aus diesen Gebieten noch nicht bekannt waren.

Die ostafrikanische Expedition der Hamburger Geographischen Gesellschaft 1911—1912 unter Leitung von Erich Obst, deren Sammelergebnisse HEERING [1915] bearbeitet hat, brachte botanisch beachtenswerte Ergebnisse. Für das Studium der ostafrikanischen Flora wurden von den Hamburger Botanischen Instituten folgende wertvolle Dublettensammlungen erworben:

CONRADS, ALOYS: Victoria-See 1911—1912;
KÄSSNER, THEO: Tanganyika 1908;
SCHLIEBEN, H. J.: Tanganyika 1931—1934;
STOLZ, ADOLF: Nyassa-Hochland 1901—1913;
VOLKENS, GEORG: Kilimandscharo 1892—1894.

Dazu kommen Dubletten von Angehörigen der deutschen Gebietsverwaltung, deren Hauptsammlung in Berlin-Dahlem aufbewahrt wurde:

BUSSE, WALTER: Usambara 1900—1903;
ENDLICH, RUDOLF: Kilimandscharo 1908—1911;
HOLST, CARL: Usambara 1891—1893;
PRITTWITZ UND GAFFRON, GEORG VON: Kilimatinde 1903—1905;
SCHEFFLER, GEORG: Kibwezi 1909—1910.

Nordafrika
(außer Mediterrangebiet)

Zur botanischen Erforschung des nördlichen tropischen Afrikas wurde von Hamburg aus nur wenig beigetragen. Die Vegetation im Osten war durch die Sammelreisen und Forschungen von Theodor Kotschy 1837 bis 1840 in Aethiopien und im Sudan, von G. Wilhelm Schimper 1837—1863 in Aethiopien und Georg Schweinfurth 1865—1894 im Sudan und in Aethiopien bekannt geworden; auch im Hamburger Herbarium liegen Pflanzen von diesen berühmten Reisenden. Der einzige Hamburger, der in diesen Gegenden Pflanzen sammelte und in seinen Reisebriefen Nachrichten über die Vegetation hinterließ, ist JOHANN GABRIEL PFUND, geb. 8. 11. 1813 in Hamburg, gest. 21. 8. 1876 im Sudan [PFUND 1878, ASCHERSON 1879]. 1874/75 nahm er als Arzt an der Expedition unter Colonel Coston und Purdie teil und sammelte eifrig, war er doch früher Kustos am Botanischen Museum in Prag gewesen. 879 seiner Sammelnummern hat Berlin, 600 Hamburg erhalten; nach dem Zweiten Weltkriege konnten sie in beiden Herbarien nicht mehr festgestellt werden.

Weiter im Westen liegt Barths Forschungsgebiet. Dieser sammelte selbst keine Pflanzen und konnte auch nicht verhindern, daß die botanischen Reiseberichte des ihn begleitenden Botanikers EDUARD VOGEL verlorengingen. Er hat aber einen Teil der Sammlungen des ermordeten Vogel gerettet und mit nach England genommen.

Nordwestafrikanische Inseln

Von den Inseln, die der nordafrikanischen Küste vorgelagert sind, kamen in der ersten Hälfte des 19. Jahrhunderts Algen in das Herbarium des Hamburger Bürgermeisters Binder. 1851 unternahm JOHANN ANTON SCHMIDT (geb. 6. 5. 1823 in Hamburg, gest. 21. 1. 1905 in Hamburg), der von GRANDVAUX BARBOSA [1962] für einen Österreicher gehalten wird, eine Forschungsreise auf die Kapverdischen Inseln. Er hat als erster eine ausführliche Vegetationsbeschreibung der wichtigsten Inseln geliefert, auf die die späteren Bearbeiter der Vegetation, Grisebach und Engler, aufgebaut haben, und hat außerdem eine Geschichte ihrer floristischen Erforschung geschrieben [SCHMIDT 1852]. Seiner systematischen Aufzählung von 435 Pflanzenarten sind zahlreiche Diagnosen· und pflanzengeographische Notizen beigefügt. Bis zum Erscheinen seines Werkes waren nur 319 Arten bekannt. Er selbst hat etwa 20 neue Arten beschrieben. W. Sonder hat die Algen bearbeitet und *Dasya schmidtiana* nach ihm benannt. Steudel stellte nach seinen Sammelproben die Gramineengattung *Schmidtia* auf. Schmidt war später Professor in Heidelberg und ist im Alter in seine Vaterstadt zurückgekehrt, wo er bis zu seinem Tode eifrig Pflanzen sammelte. Sein umfangreiches Herbarium kam in den Besitz der Stadt Hamburg und ist seit dem letzten Kriege leider nur noch zum Teil vorhanden.

Die Erforschung der Kanarischen Inseln durch Hamburger Botaniker fällt in das erste Drittel des 20. Jahrhunderts. Kurz nach der Jahrhundertwende hatte das Herbarium Hamburgense die Sammlungen des Weimarer Professors JOSEPH BORNMÜLLER erworben (etwa 815 Bogen der ,Plantae maderenses et canarienses') und damit eine Vergleichsunterlage für die Bearbeitung kanarischer Pflanzen erhalten. Der Direktor des Naturhistorischen Museums Hamburg, KRAEPELIN, brachte von einer Reise *Echium*-Arten für den Botanischen Garten mit [HALLIER 1902 b]. Ab 1903 ist der Hamburger OSCAR BURCHARD in Teneriffa ansässig, um die floristischen und ökologischen Arbeiten von HERMANN CHRIST und HEINRICH SCHENK fortzusetzen [BURCHARD 1910, 1911 u. 1913]. Bei Kriegsausbruch 1914 war er zufällig in Deutschland und kam erst 1920 nach Teneriffa zurück. 1928 verteilte er seine ,Plantae canarienses exsiccatae I und II', und 1929 konnte das Ergebnis seiner langjährigen Arbeiten, sein umfangreiches, mit 78 Bildtafeln versehenes Werk über Ökologie und Biologie der Kanarenpflanzen, herausgegeben werden [BURCHARD 1929].

Sieben Jahre später als Burchard kam der Assistent der Botanischen Institute, Dr. LEONHARD LINDINGER, auf einer Studienreise nach Teneriffa [LINDINGER 1911]. Bei seiner zweiten Reise im Juli 1914 wurde er durch den Krieg bis Dezember 1919 dort festgehalten. Diesen Zwangsaufenthalt benutzte er zu einer gründlichen Durchforschung der Insel [LINDINGER 1923 u. 1926]. Seine Herbarpflanzen sind zum größten Teil in Hamburg; die Pilze wurden von SYDOW und WERDERMANN [1924] und die Flechten von ERICHSEN [1926] bearbeitet. Der eigentümliche Drachenbaum erregte auch sein Interesse, und so erschien fast genau nach 200 Jahren wiederum von einem Hamburger eine Arbeit über den „tausendjährigen Drachenbaum" [LINDINGER 1920].

So ist Hamburg mit der afrikanischen Vegetation, deren Produkte auch heute zu uns kommen, eng verbunden durch das Lebenswerk der Männer, die sie erforscht und wie Roscher, Pfund und Dinklage ihr Leben dafür gegeben haben. Solange die Stadt die Sammlungen hütet, die die Grundlage für die weitere Erforschung bilden, wird sie immer damit verbunden bleiben, auch wenn sie keine größeren Forschungsunternehmungen aussenden kann.

Literatur

ASCHERSON, P. [1879]: Einige Bemerkungen zu Dr. Pfund's Reisebriefen. Hamburg 1879. (Mitt. geogr. Ges. Hamburg 1878—79. H. 1, S. 124—132.)

BRYK, F. [1919]: Linnaeus im Auslande. Linnés gesammelte Jugendschriften autobiographischen Inhalts aus den Jahren 1732—1738. Stockholm 1919.

BURCHARD, O. [1910]: Zwei neue kanarische Pflanzen. Berlin 1910. (Fedde Repertorium. Bd 8, S. 551—552.)

BURCHARD, O. [1911]: Dendrologische Wanderungen auf den Kanarischen Inseln. Bonn 1911. (Mitt. dt. Dendrol. Ges. Nr 20, S. 277—298.)

Burchard, O. [1913 a]: Drei neue kanarische Pflanzen. Berlin 1913—15. (Fedde Repertorium. Bd 13, Nr. 4, S. 57—58.)

Burchard, O. [1913 b]: Mitteilungen zur Ökologie einiger sukkulenter Gewächse der kanarischen Inseln. Leipzig 1913. (Engl. Bot. Jb. Bd 49, Beibl. 109, S. 44—49.)

Burchard, O. [1929]: Beiträge zur Ökologie und Biologie der Kanarenpflanzen. Stuttgart 1929. (Biblioth. Bot. H. 98.)

Decken, Baron K. K. von der [1871—1879]: Reisen in Ostafrika. Berlin, Heidelberg 1871—1879.

Dinklage, M. [1937]: Verzeichnis der Flora von Liberia (ed. J. Mildbraed). Berlin 1937. (Fedde Repertorium. Bd 41, S. 235—271.)

Drège, J. F. [1837—40]: Catalogus plantarum exsiccatarum Africae australioris quas emturis offert. Hamburg 1837—40.

Drège, J. F. [1844]: Zwei pflanzengeographische Dokumente, nebst einer Einleitung von Dr. E. Meyer, Prof. in Königsberg. Leipzig 1844. (Bes. Beigabe zur Flora 1843, Bd 2.)

Ecklon, Ch. F. und K. Zeyher [1834—37]: Enumeratio plantarum Africae australis extra tropicae, quae collectae determinatae et expositae ab Ecklon et Zeyher, Pars I—III. Hamburgi 1834—37.

Erichsen, C. F. E. [1926]: Beiträge zur Lichenenflora von Teneriffa. Dresden 1926. (Hedwigia. Bd 66, S. 275—282.)

Esdorn, I. [1939]: Kongo-Kopal und andere afrikanische Kopale. Neudamm-Berlin 1939. (Kolonialforstl. Mitt. Bd 1, S. 339—347.)

Esdorn, I. u. G. Zohm [1961]: Die afrikanischen Alstonia-Arten unter besonderer Berücksichtigung des Holzes. Jena 1961. (Flora. Bd 150, H. 2/3, S. 318 bis 331.)

Esdorn, I. [1961]: Alstonia-Arten als Arzneipflanzen. Zürich 1961. (Pharmaceutica Acta Helvetiae. Bd 35, S. 6—9.)

Esmarch, F. [1911]: Beitrag zur Cyanophyceenflora unserer Kolonien. Hamburg 1911. (Jb. Hamburgischen Wiss. Anst. für 1910. Beih. 3, S. 63—82.)

Fischer, G. A. [1884—1885]: Bericht über die im Auftrage der Geographischen Gesellschaft in Hamburg unternommene Reise in das Massailand. Hamburg 1884—1885. (Mitt. geogr. Ges. Hamburg 1882—1883. S. 36—99.)

Fischer-Benzon, R. von [1894]: Mitteilungen über schleswig-holsteinische Botaniker. Kiel 1894. (Heimat. Bd 5, S. 130—132.)

Friederichsen, L. [1887]: Dr. G. Adolf Fischer, Nekrolog. Hamburg 1887. (Mitt. geogr. Ges. Hamburg 1885—1886. H. 3, S. 215—221.)

Gillet, J. B. [1962]: The history of the botanical exploration of the area of The Flora of Tropical East Africa (Uganda, Kenya, Tanganyika and Zanzibar). Lisboa 1962. (Comptes rendus IVe réunion AETFAT—1961, S. 205—229.)

Grandvaux Barbosa, L. A. [1962]: Les botanistes dans l'archipel du Cap-Vert. Lisboa 1962. (Comptes rendus IVe réunion AETFAT—1961, S. 77—94.)

Grimme, C. [1910]: „Narras", ein wichtiges Eingeborenen-Nahrungsmittel in Deutsch-Südwestafrika. Berlin 1910. (Tropenpflanzer. Jg. 14, S. 297—302.)

Grimme, C. [1911 a]: Die Entdeckung einer neuen Ölfrucht in Deutsch-Südwestafrika. Frankfurt 1911. (Die Umschau. Jg. 15, S. 492—494.)

Grimme, C. [1911 b]: Über die wichtigsten in Togo und Deutsch-Ostafrika kultivierten Hülsenfrüchte. Berlin 1911. (Z. Unters. Nahrungs- u. Genußmittel. Jg. 21, S. 547—553.)

Grimme, C. [1920 a]: Über einige in Kamerun angebaute Sojabohnen. Cöthen 1920. (Chemiker-Ztg. Jg. 44, S. 194.)

Grimme, C. [1920 b]: Über einige Hülsenfrüchte der Levante und aus Kamerun. Berlin 1920. (Z. Unters. Nahrungs- u. Genußmittel. Jg. 40, S. 37—40.)

HALLIER, H. [1897]: Bausteine zu einer Monographie der Convolvulaceae. I. Dinklage's westafrikanische Convolvulaceen. Genf 1897. (Bull. Herb. Boiss. Bd 5, Nr 5, S. 373—378.)

HALLIER, H. [1898]: Zwei Convolvulaceensammlungen des Botanischen Museums zu Hamburg. I. Die von Fräulein Ilse Fischer im Jahre 1896 bei Otjimbingue in Deutsch-Südwestafrika gesammelten Convolvulaceen. Hamburg 1898. (Jb. Hamburgischen Wiss. Anst. für 1897. Jg. 15, S. 41—42.)

HALLIER, H. [1899 a]: Convolvulaceen in H. Schinz: Beiträge zur Kenntnis der afrikanischen Flora. Genf 1899. (Bull. Herb. Boiss. Bd 7, Nr 1.)

HALLIER, H. [1899 b]: Dipteropeltis, eine neue Poraneengattung aus Kamerun. Hamburg 1899. (Jb. Hamburgischen Wiss. Anst. für 1898. Jg. 16, Beih. 3, S. 1—7.)

HALLIER, H. [1899 c]: Sycadenia, eine neue Section der Argyreiengattung Rivea. Hamburg 1899. (Jb. Hamburgischen Wiss. Anst. für 1898. Jg. 16, S. 9—16.)

HALLIER, H. [1900]: Über Kautschuklianen und andere Apocyneen, nebst Bemerkungen über Hevea und einen Versuch zur Lösung der Nomenklaturfrage. Hamburg 1900. (Jb. Hamburgischen Wiss. Anst. für 1899. Jg. 17, Beih. 3, S. 17—216.)

HALLIER, H. [1902 a]: Convolvulaceen in A. Engler: Beiträge zur Flora Afrikas. 4. Die von W. Goetze am Rukwa und Nyassasee u.s.w. gesammelten Pflanzen. Leipzig 1902. (Engl. Bot. Jb. Bd 30, S. 386—388.)

HALLIER, H. [1902 b]: Kanarische Echium-Arten im Hamburgischen Botanischen Garten. Berlin 1902. (Gartenflora. Jg. 51, S. 372—377.)

HALLIER, H. [1903]: Convolvulaceen in H. Baum: Kunene-Sambesi-Expedition. Berlin 1903.

HARVEY, W. H. et O. W. SONDER [1859—1865]: Flora Capensis. Dublin 1859—1862. London 1865.

HEERING, W. [1913]: Über die Weidepflanzen in Deutsch-Südwestafrika. Magdeburg 1913. (Landwirtschl. Umschau. 1913, S. 922.)

HEERING, W. [1915]: Dr. E. Obst's Botanische Sammlung aus dem abflußlosen Rumpfschollenland des nordöstlichen Deutsch-Ostafrika. Hamburg 1915. (Mitt. geogr. Ges. Hamburg. Bd 29, S. 207—216.)

HEERING, W. und C. GRIMME [1911]: Untersuchungen über die Weideverhältnisse in Deutsch-Südwestafrika. Berlin 1911. (Arb. Dt. Landwirtschafts-Ges. H. 197.)

HEERING, W. und C. GRIMME [1914]: Die Futterpflanzen Deutsch-Südwestafrikas und Analysen von Bodenproben. Berlin 1914. (Arb. Dt. Landwirtschafts-Ges. H. 262.)

HELM, R. [1937]: Zum hundertsten Geburtstag des hamburgischen Afrikaforschers Dr. Albrecht Roscher. Hamburg 1937. (Mitt. geogr. Ges. Hamburg. Bd 45, S. 1—6.)

KLATT, F. W. [1891]: Die von Dr. Fr. Stuhlmann und Dr. Fischer in Ostafrika gesammelten Compositen und Iridaceen. Hamburg 1891. (Jb. Hamburgischen Wiss. Anst. für 1890. Jg. 8, S. 287—290.)

KLATT, F. W. [1892]: Die von Herrn Dr. Fischer 1884 und Herrn Dr. Fr. Stuhlmann 1888—1889 in Ostafrika gesammelten Gräser. Hamburg 1892. (Jb. Hamburgischen Wiss. Anst. für 1891. Jg. 9, T. 2, S. 119—122.)

KUNZE, G. [1836]: Acotyledonearum Africae australis extra tropicum sitae, inprimis promontorii bonae spei, recensio nova, e Drègei, Eckloni et Zeyheri aliorumque peregrinatorum collectionibus aucta et emendata. Particula I. Filices Linnaei complectens. Halae 1836.

LEHMANN, J. G. CH. [1829]: Hepaticarum capensium a. C. F. Ecklon collectarum. Berlin 1829. (Linnaea. Bd 4, S. 357—371.)

LEHMANN, J. G. CH. [1834]: De plantis Cycadeis praesertim Africae australis. Hamburg 1834.

Lichtenstein, M. K. H. [1811]: Reisen im südlichen Afrika 1803—1806. Bd 1. 2. Berlin 1811.

Lindinger, L. [1911]: Reisestudien auf Tenerife über einige Pflanzen der kanarischen Inseln und Bemerkungen über die etwaige Einbürgerung dieser Pflanzen in Deutsch-Südwestafrika. Hamburg 1911. (Abh. Hamburg. Kolonialinst. Bd 6.)

Lindinger, L. [1920]: Vom „tausendjährigen" Drachenbaum. Stuttgart 1920. (Kosmos. S. 210—211.)

Lindinger, L. [1923]: Vorläufige Mitteilung über einige Ergebnisse meiner zweiten Kanarenreise. Berlin 1923. (Bot. Arch. Bd 4, S. 263—277.)

Lindinger, L. [1926]: Beiträge zur Kenntnis von Vegetation und Flora der kanarischen Inseln. Hamburg 1926. (Hamburgische Univ.-Abh. aus dem Gebiet der Auslandskde. Bd 21.)

Meeuse, A. D. J. [1962]: A short history of botanical exploration in the territory of South West Africa. Lisboa 1962. (Comptes rendus IVe réunion AETFAT—1961, S. 123—126.)

Mendonça, F. A. [1962]: Botanical collectors in Mozambique. Lisboa 1962. (Comptes rendus IVe réunion AETFAT—1961, S. 145—152.)

Meyer, E. H. F. [1835 und 1837]: Commentatorium de plantis Africae australioris, quas per octo annos collegit observationibusque manuscriptis illustravit Joannes Franciscus Drège. Vol. I, Fasc. I et II — Lipsiae 1835 et 1837.

Mildbraed, J. [1914]: Wissenschaftliche Ergebnisse der Deutschen Zentral-Afrika-Expedition 1907—1908 unter Führung Adolf Friedrichs, Herzogs zu Mecklenburg. Bd 2: Botanik. Leipzig 1914.

Mildbraed, J. [1922]: Wissenschaftliche Ergebnisse der Zweiten Deutschen Afrika-Expedition 1910—1911 unter Führung Adolf Friedrichs, Herzogs zu Mecklenburg. Bd 2: Botanik. Leipzig 1922. (Hamburgische Wiss. Stiftung.)

Mildbraed, J. [1936]: Max Dinklage. Nachruf. Berlin-Dahlem 1936. (Notizbl. Bot. Gart. Mus. Berlin-Dahlem. Bd 12, S. 413—415.)

Nevermann, F. Th. [1793]: Neuer Almanach aller um Hamburg liegenden Gärten, nebst Zugabe einiger Gedichte. Hamburg 1793.

Pfund, J. G. [1878]: Reisebriefe aus Kordofan und Dar-Fur. Red. von L. Friederichsen. Hamburg 1878. (Mitt. geogr. Ges. Hamburg 1876—1877. S. 121—305.)

Reichenbach, H. G. [1884—1885]: Vorläufiger Bericht über das Herbarium des Herrn Dr. G. A. Fischer. Hamburg 1884—1885. (Mitt. geogr. Ges. Hamburg 1882—1883. S. 265—271.)

Sadebeck, R. B. [1891]: Die tropischen Nutzpflanzen Ostafrikas, ihre Anzucht und ihr eventueller Plantagenbetrieb. — Eine orientierende Mitteilung über Aufgaben und Arbeiten des Botanischen Museums und Laboratoriums für Warenkunde. Hamburg 1891. (Jb. Hamburgischen Wiss. Anst. für 1891. Jg. 9, T. 1, S. 203—228.)

Sadebeck, R. B. [1897]: Filices Camerunianae Dinklageanae. Hamburg 1897. (Jb. Hamburgischen Wiss. Anst. für 1896. Jg. 14, Beih. 3, S. 1—18.)

Sadebeck, R. B. [1899 a]: Die Kulturgewächse der deutschen Kolonien und ihre Erzeugnisse. Jena 1899.

Sadebeck, R. B. [1899 b]: Über Kickxia-Kautschuk und die neuesten westafrikanischen Kautschukexpeditionen. Berlin 1899. (Dt. Kolonialztg. August 1899.)

Sadebeck, R. B. [1901]: Der Raphiabast. Hamburg 1901. (Jb. Hamburgischen Wiss. Anst. für 1900. Jg. 18, Beih. 3, S. 1—42.)

Sadebeck, R. B. [1905]: Der helle und der dunkle Raphiabast von Madagaskar. Leipzig 1905. (Engl. Bot. Jb. Bd 36, S. 350—376.)

Schmidt, J. A. [1852]: Beiträge zur Flora der Cap Verdischen Inseln. Heidelberg 1852.

SCHWERIN, J. D. [1710]: Nahmenregister derjenigen in- und ausländischen Bäume, Pflanzen, Bluhmen, welche dieses Jahr auf einem wohlbekandten in Horn vor der Stadt Hamburg belegenen Garten sich befinden. Hamburg 1710.

SONDER, O. W. [1845]: Enumeratio Orchidearum, quas in Africa australi extratropica collegerunt C. F. Ecklon et C. Zeyher. Berlin 1845. (Linnaea. Bd 19, S. 184 f.)

SONDER. O. W. [1846]: Revision der Heliophileen. Hamburg 1846. (Abh. naturwiss. Ver. Hamburg. Bd 1, S. 173—279.)

SONDER, O. W. [1857 a]: Enumeratio Santalacearum in Africa australi extratropica crescentium, quas Dr. Ecklon et C. Zeyher collegerunt. Regensburg 1857. (Flora. Bd 15, S. 353—365.)

SONDER, O. W. [1857 b]: Nachschrift zu meiner Enumeratio Santalacearum Africae australis. Regensburg 1857. (Flora. Bd 15, S. 401—407.)

SPRECKELSEN, J. H. VON [1729]: De Yucca Draconis foliis. Hamburg 1729.

STUHLMANN, F. [1895]: Bericht über meinen fast 5jährigen Aufenthalt in Ost-Afrika. Hamburg 1895. (Mitt. geogr. Ges. Hamburg 1891—1892. S. 354—357.)

STUHLMANN, F. [1909]: Beiträge zur Kulturgeschichte Ostafrikas. (In: Deutsch-Ost-Afrika. Wissenschaftliche Forschungsresultate über Land und Leute unseres ostafrikanischen Schutzgebietes und der angrenzenden Länder. Bd 10. Berlin 1909.)

SYDOW, H. und E. WERDERMANN [1924]: Über einige neue oder interessante Pilze der kanarischen Inseln. Berlin 1924. (Annls mycologici. Bd 22, S. 183—190.)

URBAN, I. [1916]: Geschichte des Königlichen Botanischen Museums zu Berlin-Dahlem ‹1815—1913› nebst Aufzählung seiner Sammlungen. Dresden 1916.

VOIGT, A. [1901]: Die Botanischen Institute der Freien und Hansestadt Hamburg. Hamburg 1901.

VOIGT, A. [1910]: Eine Studienreise nach Deutsch-Ostafrika. Bruxelles 1910. (Actes IIIme Congrès internat. Bot. T. 1, S. 155—160.)

Der Anteil Hamburgs an der zoologischen Erforschung Afrikas von 1865 – 1965

Von Henriette Oboussier

Die Geschichte des Zoologischen Museums Hamburg und seiner Sammlungen wurde von Albert Panning dargestellt. Wer diese reiche Quellensammlung studiert, bekommt zugleich einen Einblick, welche Rolle die überseeischen Verbindungen Hamburgs für den Aufbau der großen wissenschaftlichen Sammlungen spielten. Insbesondere die Linienreedereien vermittelten in früheren Zeiten durch ihre interessierten Kapitäne und Mannschaften manches wertvolle Material von allen Meeren und Küsten. Afrikanische Formen wurden gesammelt von den Kapitänen der Woermann-Linie an der Westküste [Panning 1958, S. 10—11], der Hamburg-Bremer Afrika-Linie am Kongo und im Nigerdelta, der Deutschen Ost-Afrika-Linie an der Ostküste, der Hamburg-Amerika-Linie in der Lüderitzbucht, Kapstadt und Durban und der Deutsch-Austral-Linie in Kapstadt. Alle diese Sammlungen wurden in Hamburg bearbeitet. Sie lieferten die Grundlage für viele Einzeluntersuchungen sowie für W. Michaelsens dreibändiges Werk über die Meeresfauna Westafrikas, zu der auch die Sammlung von Greef 1879/80 in St. Thomé herangezogen wurde.

Hier möchte ich jedoch nur die größeren Sammlungen der Landfauna einzelner Forschungsreisender berücksichtigen, die nach Hamburg gebracht oder von Hamburger Forschern bearbeitet wurden. Die älteste dürfte wohl die Vogelsammlung von Dr. med. Carl Weiss [Panning 1958, S. 18] aus St. Thomé sein, die 1847 in den Besitz der damaligen Hamburger Museums-Kommission kam (diese Museums-Kommission war 1843 gegründet worden).

In die Berichtsspanne der letzten 100 Jahre fallen die Reisen von Dr. med. G. A. Fischer 1876—1883 nach Zanzibar und Massailand, von Dr. Franz Stuhlmann 1888—1898 in Ostafrika sowie die Ostafrika-Expedition der Hamburger Wissenschaftlichen Stiftung 1911/12 von Dr. E. Obst. Von den beiden Deutschen Zentral-Afrikanischen Expeditionen unter Führung Adolf Friedrichs, Herzog zu Mecklenburg, erhielt Hamburg im wesentlichen Material zur Bearbeitung der Meeresfauna Westafrikas [Panning 1958, S. 24]. Während diese Reisen nicht allein der zoologischen Erforschung galten und nicht von Mitgliedern oder Mitarbeitern des Naturhistorischen (später Zoologischen) Museums durchgeführt wurden, dienten ausschließlich wissenschaftlichen Zwecken die Reisen von W.

MICHAELSEN (1911 Deutsch-Südwest-Afrika), R. GAST (1927/28 Ostafrika), W. TRENSE und G. A. Freiherr v. MAYDELL (1952—54 Hamburgische Angola-Expedition), W. MEISE (1955 Angola), H. OBOUSSIER (1959, z. T. gemeinsam mit M. RÖHRS und J. VOELKER, Angola; 1961 Angola; 1963 Moçambique, Tanganyika, Uganda), W. LADIGES und J. VOELKER (1959 Angola). Ferner ließ W. GRIEM auf Veranlassung des Zoologischen Museums 1958—65 die Fische des Tanganyika- und Nyassasees sammeln. Diese Sammlung dürfte eine der größten dieser Art sein.

Entsprechend dem Stand der zoologischen Forschung war das Ziel der Forschungsreisen vor dem Ersten Weltkrieg, eine Kenntnis der Fauna zu begründen. Umfangreiches Material der verschiedensten Gruppen wurde gesammelt und dann von Spezialisten systematisch bearbeitet. Erst nachdem auch von vielen anderen Institutionen und Wissenschaftlern solche Bestandsaufnahme erarbeitet worden war, war die Grundlage zu Untersuchungen mit gerichteter Fragestellung gegeben. Daß daneben reine Aufsammlungen auch heute noch zur weiteren Erforschung des großen Kontinents wertvolle Beiträge liefern, wenn sie entsprechend bearbeitet werden, ist selbstverständlich. Ohne sie wäre die tiergeographische und ökologische Forschung undenkbar.

Es würde den Rahmen dieser Rückschau sprengen, wollte ich versuchen, alle zoologischen Untersuchungen hier aufzuzählen, die von Hamburgern an afrikanischen Faunenelementen oder von anderen Wissenschaftlern an dem afrikanischen Material des Hamburger Museums durchgeführt wurden. Ich will mich darauf beschränken, Hinweise zu geben auf zusammenfassende Schriftenverzeichnisse, denen man entsprechende Arbeiten entnehmen kann. Über fünfzig Untersuchungen, darunter zahlreiche systematisch-faunistische Arbeiten, sind erschienen in den „Mitteilungen aus dem Hamburgischen Zoologischen Museum und Institut" (vgl. Register 1964, zusammengestellt von E. DETLEFSEN). Auch die Schriftenverzeichnisse der Hamburger Mitarbeiter (soweit veröffentlicht) geben über den Umfang der Arbeit, die geleistet wurde, bereits Aufschluß. Es bearbeiteten W. MICHAELSEN die Oligochaeten, H. AUGENER die Hirudineen, F. BORCHMANN die Coleopteren (Lagriiden, Canthariden, Alleculiden, Meloiden), H. GEBIEN die Coleopteren (Tenebrioniden), G. ULMER die Trichopteren, L. LINDINGER die Cocciden, O. KRÖBER die Dipteren, K. KRAEPELIN die Skorpione, Pedipalpen und Solifugen, C. F. ROEWER die Opilioniden, G. PFEFFER die Mollusken und Fische. B. KLATT führte seine ersten Caniden- und Domestikationsstudien auf Grund von Beobachtungen und Material durch, das er in Eritrea sammelte. Auch die beiden Direktoren des alten Hamburger Zoologischen Gartens hatten reges Interesse für afrikanische Fauna. BOLAU publizierte Arbeiten über den Gorilla, J. VOSSELER, der zuvor (1903—1908) in Amani tätig war, hat mehrere Schriften über Insekten und ostafrikanische Säugetiere verfaßt.

Von den heutigen Mitarbeitern des Hamburger Zoologischen Museums und Instituts seien hier die Schriften aufgeführt, die sich mit der afrikanischen Fauna beschäftigen und die die Auswertung von Forschungsreisen in Afrika betreffen. Es sind dies die Schriften von W. LADIGES (Fische), W. MEISE (Vögel u. Spinnen), H. OBOUSSIER (Artiodactylen), H. v. TYSZKA

(Antilopen), J. VOELKER (Fische und Cestoden) und H. WEIDNER (Insekten). Wie weitgespannt die Fragestellungen dieser Arbeiten sind, die alle Bausteine zur Kenntnis und Entwicklung Afrikas liefern, ist den Titeln leicht zu entnehmen.

Literatur

AUGENER, H. [1939]: Schriftenverzeichnis. (Mitt. Hamburger Zool. Mus. Inst. Bd 48. 1939, S. I—IV.)

BOLAU, H. [1876]: Über die menschenähnlichen Affen des Hamburger Museums. (Abh. Nat. wiss. Ver. Hamburgischen. Bd 6, S. 63—90.)

BORCHMANN, F. [1947]: Schriftenverzeichnis. (Verh. Ver. nat. wiss. Heimatforschg Hamburg. Bd 29. 1947, S. XXIV—XXVI.)

DETLEFSEN, E. [1964]: Register zu den Bänden 1—60 der Mitteilungen aus dem Hamburgischen Zoologischen Museum und Institut. (Mitt. Hamburgischen Zool. Mus. Inst. Bd 61. 1964, S. 273—286.)

GEBIEN, H. [1949]: Schriftenverzeichnis. (Verh. Verein nat. wiss. Heimatforschg Hamburg. Bd 30. 1949, S. XII—XV.)

KLATT, B. [1958]: Schriftenverzeichnis. (Mitt. Hamburgischen Zool. Mus. Inst. Bd 56. 1958, S. I—V.)

KRAEPELIN, K. [1959]: Schriftenangabe. (In: Weidner: Die entomologischen Sammlungen des Zoologischen Staatsinstituts und des Zoologischen Museum Hamburg = Mitt. Hamburgischen Zool. Mus. Inst. Bd 57. 1959, S. 89—142.)

KRÖBER, O. [1962]: Schriftenverzeichnis. (Entomol. Mitt. Zool. Staatsinst. Zool. Mus. Hamburg. Nr 37. 1962.)

LADIGES. W. [1961] u. J. VOELKER: Untersuchungen über die Fischfauna in Gebirgsgewässern des Wasserscheidenhochlands in Angola. (Mitt. Hamburgischen Zool. Mus. Inst. Bd 59. 1961, S. 117—140.)

LADIGES, W. [1964]: Beiträge zur Zoogeographie und Ökologie der Süßwasserfische Angolas. (Mitt. Hamburgischen Zool. Mus. Inst. Bd 61. 1964, S. 221—272.)

LINDINGER, L. [1909/11]: Afrikanische Schildläuse I—IV. (Jb. Hamburgischen wiss. Anst. 1909/11 = Arb. botan. Staatsinst. Bd 26—28.)

MEISE, W. [1932]: Über die Stachelspinnen der Gattung Pycnacantha Blackw. (Zool. Anz. Bd 100. 1932, S. 73—79.)

MEISE, W. [1933]: Vorläufiges über die Expedition des Museums für Tierkunde in Dresden nach dem Matengo-Hochland am Njassasee. (Orn. Monats-Ber. Bd 41. 1933, S. 141—145.)

MEISE, W. [1934 a]: Neue Formen vom Matengohochland am Njassasee. (Orn. Monats-Ber. Bd 42. 1934, S. 16—17.)

MEISE, W. [1934 b]: Pycnonotus tricolor naumanni subsp. nova. (Orn. Monats-Ber. Bd 42. 1934, S. 116.)

MEISE, W. [1934 c]: Cisticola natalensis matengorum subsp. nova. (Orn. Monats-Ber. Bd 42. 1934, S. 117.)

MEISE, W. [1937]: Zur Vogelwelt des Matengo-Hochlandes nahe dem Nordende des Njassasees. (Mitt. Zool. Mus. Berlin. Bd 22. 1937, S. 86—160.)

MEISE, W. [1938]: Guano und anderer Vogeldung. Rohstoffe des Tierreichs. Bd 1, T. 2. Berlin 1938.

MEISE, W. [1950] und E. STRESEMANN: Notes on South African birds described in A. Lichtensteins Catalogus 1793. (Ibis. Bd 92. 1950, S. 22—26.)

Meise, W. [1955]: Als Ornithologe im Regenwald von Angola. (J. ornith. Bd 96. 1955, S. 460.)

Meise, W. [1958]: Über neue Hühner-, Specht- und Singvogelrassen von Angola. (Abh. Verh. nat. wiss. Ver. Hamburg. N. F. 2. 1958, S. 63—83.)

Meise, W. [1959]: Über Verbreitung, Verbreitungsgeschichte und Evolution afrikanischer Vögel. (Proc. XII. Int. Orn. Congr. 1958, S. 499—506. 1959.)

Meise, W. [1961]: Pipus heteroclitus ‹A. Lichtenstein›, der erste Sandregenpfeifer von Ghana. (Vogelwarte. Bd 21. 1961, S. 144—146.)

Michaelsen, W. [1938]: Schriftenverzeichnis. (Mitt. Hamburgischen Zool. Mus. Inst. Bd 47. 1938, S. I—XIV.)

Oboussier, H. [1962]: Zur Kenntnis des Kaffernbüffels. (Bol. Inst. invest. cient. Ang. Luanda. Vol. 1. 1962, S. 39—48.)

Oboussier, H. [1963 a]: Hirn und Hypophyse des Kaffernbüffels ‹Syncerus caffer Sparrmann 1779.› (Acta anat. Bd 54. 1963, S. 205—219.)

Oboussier, H. [1963 b]: Die Pferdeantilope ‹Hippotragus equinus cottoni Dollman und Burlace 1928.› (Z. Morph. Ökol. Tiere. Bd 52. 1963, S. 688—713.)

Oboussier, H. [1963 c] und O. Willscher: Jagdprobleme im heutigen Afrika. (Wild und Hund. Bd 66. 1963, S. 696 ff.)

Oboussier, H. [1964 a] und H. v. Tyszka: Beiträge zur Kenntnis der Reduncini ‹Hippotraginae-Bovidae› Südangolas, Hirnfurchenbild und Hypophyse. (Z. Morph. Ökol. Tiere. Bd 53. 1964, S. 362—386.)

Oboussier, H. [1964 b]: Ein ungewöhnliches Warzenschwein ‹Phacochoerus aethiopicus shortridgei St. Leger, 1932›. (Säugetierkdl. Mitt. Bd 12. 1964, S. 94—97.)

Oboussier, H. [1964 c]: Über die individuelle Variation innerhalb einer Population des Springbocks ‹Antidorcas marsupialis angolensis Blaine 1922› unter besonderer Berücksichtigung des Hirns und der Hypophyse. (Mitt. Hamburgischen Zool. Mus. Inst. Erg. Bd 61. 1964, S. 119—132 = Kosswig-Festschrift.)

Oboussier, H. [1965]: Zur Kenntnis der Schwarzfersenantilope ‹Impala› Aepyceros melampus unter besonderer Berücksichtigung des Großhirnfurchenbildes und der Hypophyse. (Z. Morph. Ökol. Tiere. Bd 54. 1965, S. 531—550.)

Oboussier, H. [1966]: Das Großhirnfurchenbild als Merkmal der Evolution. Untersuchungen an Boviden II, Subfamilien Cephalophinae ‹Simpson 1945›. (Mitt. Hamburgischen Zool. Mus. Inst. Bd 63. 1966.)

Panning, A. [1958]: Beiträge zur Geschichte des Zoologischen Staatsinstituts und Zoologischen Museums in Hamburg. T. 4. (Mitt. Hamburgischen Zool. Mus. Inst. Bd 56. 1958, S. 1—30.)

Pfeffer, G. [1936]: Schriftenverzeichnis. (Mitt. Hamburgischen Zool. Mus. Inst. Bd 46. 1936, S. I—VIII.)

Roewer, F. [1959]: Schriftenangabe. (In: Weidner: Die entomologischen Sammlungen des Zoologischen Staatsinstituts und Zoologischen Museum Hamburg = Mitt. Hamburgischen Zool. Mus. Inst. Bd 57. 1957, S. 89—142.)

Tyszka, H. v. [1966]: Das Großhirnfurchenbild als Merkmal der Evolution. Untersuchungen an Boviden I, Subfamilien Hippotraginae und Bovinae ‹Simpson 1945›. (Mitt. Hamburgischen Zool. Mus. Inst. Bd 63. 1966.)

Ulmer, G. [1964]: Schriftenangabe. (In: Weidner: Die entomologischen Sammlungen des Zoologischen Staatsinstituts und Zoologischen Museum Hamburg. T. X: Insecta VII = Mitt. Hamburgischen Zool. Mus. Inst. Bd 62. 1964, S. 55—100.)

Voelker, J. [1960]: Zwei neue Cestoden der Gattung Inermicapsifer in Provacia capensis Welwitschii Gray. (Z. Tropenmed. Paras. Bd 11. 1960, S. 316—324.)

VOSSELER, J. [1905]: Einige Beobachtungen an ostafrikanischen Orthopteren. (Ber. Land- Forstwirtsch. Deutsch-Ostafrika. Bd 2. 1905, S. 291—374.)

VOSSELER, J. [1905/07]: Verschiedene Heuschreckenberichte. (Pflanzer. 1905—07.)

VOSSELER, J. [1907 a]: Neue und alte Kokosschädlinge. (Pflanzer. 1907, S. 275—317.)

VOSSELER, J. [1907 b]: Aus dem Leben ostafrikanischer Säuger. (Zool. Beobachter. Bd 48. 1907, S. 164—179; 193—205; 225—241.)

VOSSELER, J. [1909]: Der silbergraue Erdwühler in der Gefangenschaft. (Zool. Beobachter. Bd 50. 1909, S. 33—35.)

WEIDNER, H. [1938]: Phosphorus gabanator Thoms. als Kakaoschädling und einige Bemerkungen über weitere Phosphorus-Arten ‹Col. Ceramb. Lamiin.›. (Z. Pflanzenkrankh. Bd 48. 1938, S. 210—223.)

WEIDNER, H. [1940 a]: Über phosphorus gabanator Thoms. ‹Col. Ceramb. Lamiin.› und Eulophonotus myrmeleon Feld u. Rog. ‹Lep. Cossidae›, zwei Schädlinge des Kakaobaums in Kamerun. (Z. Pflanzenkrankh. Bd 50. 1940, S. 433—44.)

WEIDNER, H. [1940 b]: Eine an Kakaofrüchten schädliche Pyralide. (Anz. Schädlingsk. Bd 16. 1940, S. 101—104.)

WEIDNER, H. [1941]: Die Heterodinae des Hamburgischen Zoologischen Museums und Instituts. (Zool. Anz. Bd 134, S. 268—295.)

WEIDNER, H. [1942] u. MINNING: Giftraupen unter besonderer Berücksichtigung Afrikas. (Dt. tropenmed. Z. Bd 46. 1942, H. 4 = Merkbl. Inst. Schiffs-Tropenkrankh. Hamburg = Med. wichtige Insekten Merkbl. 10.)

WEIDNER, H. [1953]: Heuschreckenprobleme und ihre Erforschung in Afrika und Westasien. (Z. Pflanzenkrankh. Bd 60. 1953, S. 463—475.)

WEIDNER, H. [1954]: Vorratsschutzprobleme in Nigeria. (Z. Pflanzenkrankh. Bd 61. 1954, S. 70—73.)

WEIDNER, H. [1955 a]: Tinea vastella Zeller, ein Schädling an Jagdtrophäen in Afrika. (Anz. Schädlingsk. Bd 27. 1955, S. 154—156.)

WEIDNER, H. [1955 b]: Über einige interessante Insekten ‹Lepidoptera, Orthoptera, Isoptera› aus Angola. (Ent. Z. Bd 65. 1955, S. 169—181; 189—192; 201—207.)

WEIDNER, H. [1955 c]: Die Heterodinae ‹Orthoptera, Saltatoria›. (Mitt. Hamburgischen Zool. Mus. Inst. Bd 53. 1955, S. 109—172.)

WEIDNER, H. [1956 a]: Ergebnisse neuer Arbeiten über Wanderheuschrecken. (Z. Pflanzenkrankh. Bd 62. 1956, S. 769—775.)

WEIDNER, H. [1956 b]: Beiträge zur Kenntnis der Termiten Angolas, hauptsächlich auf Grund der Sammlungen und Beobachtungen von A. de Barros Machado. 1. Beitrag. (Diamang. Publ. Cult. Bd 29. 1956, S. 55—106.)

WEIDNER, H. [1957]: Die Heterodinae von Belgisch Congo ‹Othoptera, Ensifera›. (Rev. Zool. Bot. Afric. Bd 56. 1957, S. 46—70.)

WEIDNER, H. [1959]: Freilanduntersuchungen über Schwarmbildung und Wanderungen der afrikanischen Wanderheuschrecken. (Z. Pflanzenkrankh. Bd 66. 1959, S. 272—285.)

WEIDNER, H. [1960]: Mission zoologique de l'I. R. S. A. C. en Afrique orientale ‹P. Basilewsky et N. Leloup 1957›. IV. Isoptera. (Ann. Mus. Congo Tervuren Zool. Bd 81. 1960, S. 30—39.)

WEIDNER, H. [1961]: Beiträge zur Kenntnis der Termiten Angolas, hauptsächlich auf Grund der Sammlungen und Beobachtungen von A. de Barros Machado. 2. Beitrag. (Diamang. Publ. Cult. Bd 54. 1961, S. 13—78.)

WEIDNER, H. [1962]: Auf landwirtschaftlichen Versuchsfeldern im Sudan schädliche Termiten und die Beschreibung einer neuen Pseudacan thotermes-Art ‹Isoptera›. (Z. angew. Ent. Bd 51. 1962, S. 86—93.)

WEIDNER, H. [1963]: Ergebnisse der zoologischen Nubienexpedition 1962. T. 5, Isoptera. (Annln naturhist. Mus. Wien. Bd 66. 1963, S. 409—411.)

Weidner, H. [1964 a]: Die Trachypetrellini, eine die Wüsten Südafrikas bewohnende Feldheuschreckentribus ‹Orthoptera, Pamphigidae› mit Beschreibung einer neuen Art. (Mitt. Hamburgischen Zool. Mus. Inst. Erg.Bd 61. 1964, S. 315—331 = Kosswig-Festschrift.)

Weidner, H. [1964 b]: Weitere Mitteilungen zur Kenntnis der Trachypetrellini ‹Orthoptera, Pamphiginae›. (Ent. Mitt. Zool. Staatsinst. Zool. Mus. Hamburg. Bd 3. 1964, S. 45—46.)

Die Beziehungen der Hamburger Tropenmedizin zu Afrika

Von Egbert Asshauer

Moderne Afrikanistik, als interdisziplinäre Wissenschaft verstanden, verleiht den Wirtschafts-, Gesellschafts- und politischen Wissenschaften zwangsläufig eine gewisse Vorrangstellung, die sich aus der Evolution Afrikas seit dem Ende der Kolonialzeit ergibt.

Dabei sollte jedoch die Idee von der „Investition in den Menschen", um ein Schlagwort des afrikanischen Anthropologen Vilakazi zu gebrauchen, und ihre eminente Bedeutung nicht nur für die allgemeine wirtschaftliche, sondern damit untrennbar verbunden, auch für die gesellschaftliche und politische Entwicklung nicht unterschätzt werden.

In diesem Sinne möchte der folgende Beitrag verstanden werden, der als Teilgebiet einer solchen „Investition in den Menschen" die engen Beziehungen zwischen Gesundheit und Produktivität besonders herausstellt.

Das Jahr 1892 bildet eine tiefe Zäsur in der Geschichte der Freien und Hansestadt Hamburg. Innerhalb weniger Wochen raffte die Cholera über die Hälfte der mehr als 16 000 Erkrankten dahin. Der Hafen verödete völlig.

Mit Gesetz vom 1. 4. 1893 errichtete der Hamburger Senat einen hafenärztlichen Dienst zur sanitären Überwachung der einlaufenden Schiffe und des Hafens und folgte damit dem Beispiel Londons, das schon 1873 nach einer Choleraepidemie die ärztliche Überwachung seines Hafens gesetzlich verankert hatte. Heute besteht eine solche in nahezu allen Häfen der Welt.

Im ersten Jahre seines Bestehens wurden in Hamburg vom hafenärztlichen Dienst 22 640 See- und 42 867 Flußschiffe mit insgesamt 468 285 Personen an Bord untersucht. 1906 wurde ihm, nebenbei bemerkt, ein auswandererärztlicher Dienst angeschlossen, der im Jahre nach seiner Errichtung insgesamt 156 000 Auswanderer untersuchte. Die häufigsten Krankheiten waren damals Malaria und Beri Beri, die auch die häufigsten Todesursachen darstellten, sowie Typhus, Tuberkulose und Geschlechtskrankheiten.

Organisator und erster Leiter des hafenärztlichen Dienstes wurde ein kaiserlicher Marinearzt und Assistent Robert Kochs: Bernhard Nocht. Sein Wirken für Hamburg und für die deutsche Tropenmedizin sind nicht voneinander zu trennen; einige biographische Daten mögen dies verdeutlichen: 1900 wurde Nocht der erste Direktor des Institutes für Schiffs- und Tropenkrankheiten in Hamburg; 1906—1920 stand er an der Spitze des Hamburger Medicinalkollegiums; er erhielt 1919 an der Hamburger Universität das Ordinariat für Tropenmedizin, das für viele Jahrzehnte das einzige in Deutschland bleiben sollte; als Mitglied des Reichsgesundheitsrates, als Vizepräsident der Hygienekommission des Völkerbundes und als langjähriger Leiter der Malariakommission des Völkerbundes erfüllte er auch überregionale Aufgaben.

Dem wirtschaftlichen Aufschwung, der kurz vor der Jahrhundertwende einsetzte und durch den Erwerb von Kolonien und den Ausbau der Handelsflotte gefördert wurde, waren gewisse Grenzen gesetzt: In südamerikanischen Häfen wütete das Gelbfieber, in westafrikanischen die Malaria; im Inneren dieser Länder kamen noch andere Tropenseuchen hinzu, denen Seeleute, Handelsleute und Pflanzer gleichermaßen zum Opfer fielen. Die weiße und farbige Bevölkerung der überseeischen Kolonien wurde durch Malaria, Schlafkrankheit, Pest, Pocken, Rückfallfieber, Typhus, Ruhr und nicht zuletzt auch durch Tuberkulose dezimiert und durch Lepra, Frambösie, Syphilis, Trachom und Wurmkrankheiten invalidisiert. Tropische Tierseuchen standen einer gewinnbringenden Weidewirtschaft und damit auch einer ausreichenden Ernährung der eingeborenen Bevölkerung entgegen. Die Erschließung und Entwicklung der überseeischen Kolonien war weitgehend von der Bekämpfung und Ausrottung der Massenseuchen und von einer vorausschauenden Gesundheitsfür- und -vorsorge abhängig geworden.

Ätiologische und epidemiologische Forschungen, denen durch die Entdeckungen Pasteurs und Kochs und durch die Lehre von den krankheitserregenden Mikroorganismen eine wissenschaftliche Grundlage gegeben worden waren, beschäftigten die wenigen Tropenmediziner in der Zeit vor 1900. Die Erreger der wichtigsten Seuchen waren inzwischen bekannt geworden: THEODOR VON BILHARZ, ein gebürtiger Schwabe, entdeckte 1851 den Erreger der nach ihm benannten Bilharziose. LEWIS wies 1870 erstmals die Jugendformen von Filarien im strömenden menschlichen Blut nach, deren Übertragung durch Stechmücken später PATRICK MANSON aufklärte. LAVERAN fand 1880 den Malariaerreger, dessen Färbung 1891 durch ROMANOWSKI gelang; sie wurde später im Hamburger Tropeninstitut durch NOCHT und entscheidend durch GIEMSA verbessert. Die Übertragung der Malaria durch Mücken wurde erst 1897 durch Ross erwiesen. FINLEY klärte 1881 die Übertragung des Gelbfiebers durch Stechmücken. BRUCE entdeckte 1887 den Erreger des Maltafiebers und 1896 eine Trypanosomenart als Erreger der Nagana und bewies dessen Übertragung durch Tsetsefliegen. 1903 erkannte er, daß eine andere Trypanosomenart, das schon von Fonde und Dutton im menschlichen Blut gesehene *Trypanosoma gambiense,* der Erreger der afrikanischen Schlafkrankheit ist und ebenfalls durch Tsetsefliegen übertragen wird. KOCH entdeckte 1883 den Choleraerreger und KITASATU und YERSIN fanden 1894 den Erreger der Pest.

Therapie und Verhütung der Übertragung der genannten Krankheiten blieben zunächst ungelöste Probleme. Die Erreger vieler anderer endemischer und epidemischer Seuchen waren unbekannt geblieben; über den

Entwicklungszyklus der Erreger im Überträger und im Wirt und über die Überträger selber war nur wenig bekannt.

Es spricht für die Weitsicht und das Interesse des Hamburger Senats, daß er in dieser Situation den Vorschlägen NOCHTS folgte, ein tropenmedizinisches Forschungsinstitut einzurichten, wie es seit 1898 in Liverpool und seit 1899 in London Wirklichkeit geworden war; in Paris nahm seit 1889 das Institut Pasteur an der tropenmedizinischen Forschung teil.

Am 15. 1. 1900 stellte der Senat der Hansestadt an die Bürgerschaft einen Antrag, in Übereinstimmung mit dem Reichskolonialamt in Hamburg ein Institut für Schiffs- und Tropenkrankheiten zu errichten. Es sollte „der Förderung der Kenntnis und Erforschung von Tropenkrankheiten, der Ausbildung von Schiffsärzten der Handelsmarine und der Fortbildung in der Schiffshygiene" dienen. In Zusammenhang damit sollte das Staatliche Seemannskrankenhaus, das vorwiegend unfallchirurgischer Behandlung diente und 1878 aus einer bereits 1863 errichteten Seemannsstation entstanden war, in eine „Heilanstalt für innerlich erkrankte Seeleute und Tropenkranke" umgewandelt werden.

Die der Gründung folgenden Jahre bis zum Ersten Weltkrieg standen unter dem Motto „Forschung, Lehre, Heilung" und gehören zu den fruchtbarsten deutscher tropenmedizinischer Forschung. Nocht vereinigte Mediziner, Biologen und Chemiker um sich und stellte so von Anfang an die Forschungsarbeit des Institutes auf eine breite Basis. Die Verbindung des hafenärztlichen Dienstes mit dem Seemannskrankenhaus zu einem Tropeninstitut wurde in ihrer Vielseitigkeit noch durch die engen Bindungen an das Reichskolonialamt, an die Kaiserliche Marine und die Schutztruppe gefördert, die Ärzte zu kurz- oder langfristiger Tätigkeit und zu Kursen an das Institut abkommandierten.

In richtiger Einschätzung der Bedeutung des neugeschaffenen Forschungs- und Behandlungszentrums für Tropenkrankheiten unterstützten der Senat und die Kaufmannschaft Hamburgs dessen Arbeit außerordentlich tatkräftig. Die ersten Forschungs- und Studienreisen der Institutsmitglieder wurden auf Kosten und im Auftrag verschiedener Hamburger Reedereien, des Hamburger Staates und später auch des Reichskolonialamtes ausgeführt, um die Malariasituation in westafrikanischen Häfen und in den ostafrikanischen Kolonien, die Gelbfiebersituation in den südamerikanischen Häfen, die Schlafkrankheit in Deutsch-Ostafrika und schließlich die allgemeinen Gesundheitsprobleme der deutschen Südseekolonien zu erforschen. Dazu traten später auch Reisen im Auftrag ausländischer Regierungen, vor allem zur Malariabekämpfung.

Die Ergebnisse dieser Reisen und der Forschung in den Laboratorien wurden in zum Teil selbst herausgegebenen Publikationsorganen veröffentlicht und konnten aufgrund der skizzierten praxisnahen Verbindung des Institutes z. T. sofort in Methoden zur Seuchenbekämpfung umgesetzt werden.

Der Seucheneinschleppung durch einlaufende Schiffe wurde unter anderem durch eine systematische Rattenvernichtung in den im Hafen liegenden Schiffen begegnet. Nocht und Giemsa hatten zu diesem Zweck gemeinsam eine Barkasse entwickelt, die Giftgas erzeugte und durch Schläuche in den Schiffsleib leitete. Man erkannte, daß die Plage vieler Seeleute, die Beri Beri, Folge einer Fehlernährung war, und konnte ihr durch Korrektur der Nahrung entgegentreten.

Der Pharmazeut und Chemiker Giemsa verbesserte die vorher schwierige und unsichere Darstellung der Malariaparasiten derart, daß sie an allen Laboratorien der Welt sicher durchgeführt werden kann. Er entwickelte auch im Laufe der Jahre eine Anzahl von Chinin-, Arsen- und Wismutderivaten zur medikamentösen Behandlung tropischer Krankheiten.

Friedrich Fülleborn richtete eine besondere Abteilung zur Erforschung der Wurmkrankheiten und ihrer Erreger ein, die mit ihren vielen exotischen Arten, darunter Hakenwürmern, Bilharzien und Filarien, in den Tropen eine große volkswirtschaftliche Bedeutung haben. Die Biologie dieser Parasiten und die Methoden zu ihrem Nachweis waren Hauptgebiete der Forschungen Fülleborns und seiner Schüler.

Der Mediziner und Zoologe Erich Martini wurde der Begründer der deutschen medizinischen Entomologie, die sich mit der Krankheitsübertragung durch Gliederfüßler befaßt. Durch seine zahlreichen wissenschaftlichen Beiträge leistete er wichtige Vorarbeiten für die späteren Massenausrottungskampagnen gegen die Vectoren der Tropenkrankheiten von Mensch und Tier. Auch dem Wesen der großen Seuchen des Menschen hat er eingehende Studien gewidmet.

Der Kliniker Peter Mühlens führte gegen Krankheitsüberträger gerichtete Kampagnen schon vor dem Ersten Weltkrieg in Palästina und in Deutsch-Ostafrika durch. Meyer beschäftigte sich in diesen Jahren mit der Bakteriologie der Tropenkrankheiten. Schaudinn, der früh verstorbene Entdecker des Syphiliserregers, wurde der erste Leiter der protozoologischen Abteilung. Sein Nachfolger von Prowazek entdeckte zusammen mit Halberstädter 1907 in Java den Erreger des Trachoms, einer in vielen warmen Ländern verbreiteten Volksseuche, die nicht selten zu Blindheit führt.

Der Leiter der Pathologischen Abteilung, da Rocha Lima, sah 1916 zum ersten Male die Erreger des Fleckfiebers in den Epithelzellen von Läusen, die an Fleckfieberkranken gesogen hatten. Er begründete die Rickettsienforschung als neues Gebiet der mikrobiologischen Wissenschaft und gab später auch die Anregung zur Bereitung eines Fleckfieberimpfstoffes aus infizierten Läusemägen. Auch in der Gelbfieberforschung leistete da Rocha Lima einen wichtigen Beitrag: Er analysierte die krankhaften Gewebsveränderungen in der Leber, die noch heute von diagnostischer Bedeutung sind.

Zu den Pionieren der Tropenmedizin muß auch ein anderer Hamburger Arzt gezählt werden, der damals noch nicht zum Stabe des Tropeninstitutes gehörte: Enrique Paschen. Als Assistent — und später Leiter — der Hamburgischen Staatlichen Impfanstalt machte er 1906 erstmalig die sogenannten Elementarkörperchen — auch Paschensche Körperchen genannt — durch ein besonderes Färbeverfahren im Sekret von Impf- und echten Variolapusteln mikroskopisch sichtbar und sprach die 0,0002 mm großen Gebilde als wahrscheinliche Erreger der Kuh- und Menschenpocken an. Die Richtigkeit dieser Annahme ist lange angezweifelt, schließlich aber doch allgemein anerkannt worden.

Andere Mitarbeiter des Institutes in den Jahren bis zum Ausbruch des Ersten Weltkrieges waren NEUMANN, der 1922 Direktor des Hamburger Hygiene-Institutes wurde, der bekannte Hämatologe V. SCHILLING, RODENWALDT, später einer der namhaftesten Tropenhygieniker, und ZEISS, der nach vieljähriger Forschungstätigkeit in Moskau Direktor des Hygiene-Institutes in Berlin wurde. Die Arbeiten jener Jahre bestanden neben der Grundlagenforschung in der Schiffs- und Hafenhygiene und in der Tropenmedizin auch in der praktischen Mithilfe an der Einrichtung einer vorher nicht bestehenden Gesundheitsfür- und -vorsorge in den Kolonien, und sie führten zu einer merklichen Zunahme der Rentabilität sowohl der Schiffahrt als auch der kolonisatorischen Arbeit.

Der Erste Weltkrieg unterbrach diese fruchtbare Arbeit. Aber selbst jetzt noch wurde von den Hamburger Tropenmedizinern, von denen die Mehrzahl als Armee- und Korpshygieniker auf den südeuropäischen und kleinasiatischen Kriegsschauplätzen eingesetzt war, Bedeutendes in der Fleckfieberforschung und in der Seuchenbekämpfung und -verhütung, besonders von Malaria, Typhus und Ruhr, geleistet. Zwangsläufig wurden die Kriegsseuchen, zu denen man damals auch die Malaria rechnen mußte, Hauptforschungsrichtung. H. WERNER, der damalige Leiter des Tropenkrankenhauses, gab während dieser Zeit die erste Beschreibung eines neuen Krankheitsbildes, des Fünftagefiebers, heraus.

Das Ende des Krieges sah den Hamburger Hafen wieder einmal verödet und das Hamburger Tropeninstitut mit seinem Krankenhaus seiner ursprünglichen Funktion beraubt. Die Kolonien waren verloren und die weltumspannenden Auslandsverbindungen des Institutes abgerissen. Damit war aber die Existenzberechtigung eines tropenmedizinischen Forschungsinstitutes so sehr infrage gestellt, daß eine Zeitlang an eine Angliederung an das Hygienische Institut als Tropenhygienische Abteilung gedacht wurde.

Wieder zeigten sich Hamburger Kaufleute und Reeder weitsichtig. Sie schlossen sich zur „Vereinigung der Freunde des Tropeninstitutes" zusammen, die noch heute fortwirkt, und förderten durch ihren Einfluß und durch großzügige Spenden die Wiederaufnahme der überseeischen Verbindungen und der wissenschaftlichen Arbeit des Tropeninstitutes.

Schon bald beschränkte man sich nicht nur auf Laboratoriumsforschung, auf die Lehre der Tropenmedizin in Kursen und seit 1919 auch im Rahmen der neugegründeten Hamburgischen Universität, sondern versuchte, die lebensnotwendigen Auslandskontakte wiederherzustellen.

Dies gelang zunächst in Europa selbst. Mitglieder des Institutes leiteten die Rettungsaktion des Deutschen Roten Kreuzes für das russische Seuchengebiet im Jahre 1921, führten 1922 Malariabekämpfungsmaßnahmen in Dalmatien durch, berieten 1923 die jugoslawische Regierung bei der Errichtung eines Tropeninstitutes in Dalmatien und führten in den folgenden Jahren, teils im Auftrage der betreffenden Regierungen, teils im Auftrage des Völkerbundes, Malariabekämpfungskampagnen in Italien, Kleinasien und Rußland durch.

Afrika war ein fast rein französisches und englisches Einflußgebiet geworden, das deutschen Wissenschaftlern bis in die dreißiger Jahre hinein verschlossen blieb. Ibero-Amerika war jedoch von der Einstellung der Entente-Mächte gegenüber dem Nachkriegsdeutschland weniger berührt. Hier knüpften Nocht und seine Mitarbeiter wieder an, unterstützt von der Ibero-Amerika-Stiftung in Hamburg. Neben den in deutscher Sprache abgehaltenen Tropenkursen für deutsche und ausländische Ärzte wurden jetzt zusätzliche Kurse in spanischer Sprache eingerichtet, die reges Interesse fanden. In der „Revista medica de Hamburgo", die von den Leitern des Tropeninstitutes und des Eppendorfer Krankenhauses gemeinsam herausgegeben wurde, schuf sich die Hamburger Wissenschaft ein neues, speziell auf die lateinamerikanischen Länder gerichtetes Sprachrohr.

Schon 1922 wurde die erste Studienreise nach Mittelamerika unternommen, der bald Studien- und Forschungsreisen, zum Teil im Auftrag der entsprechenden Regierungen, in alle Länder Ibero-Amerikas folgten. Auch Reisen in die Vereinigten Staaten, in den Vorderen Orient und schon frühzeitig nach China und Japan wurden bald wieder möglich und erweiterten den Forschungsbereich des Tropeninstitutes.

Dieser beschränkte sich allerdings, gezwungen durch den Verlust der Kolonien, auf Arbeitsgebiete, zu deren Bearbeitung neben der Laboratoriumsforschung Auslandsaufenthalte von mehreren Monaten bis zu zwei Jahren genügten, im wesentlichen auf Probleme aus der Protozoologie, der Helminthologie und der Entomologie. Aber auch diese Arbeit trug reiche Früchte. Als Ausbeute fast jeder Reise nach Übersee brachten Institutsmitglieder Stämme von Erregern menschlicher und tierischer Tropenseuchen nach Hamburg zurück, dazu Stämme der obligatorischen Überträger, seien es Moskitos, Zecken, Raubwanzen, Bilharziose übertragende Wasserschnecken oder andere niedere Tiere. Dadurch war es möglich, in den heimatlichen Laboratorien die Lebenszyklen der parasitischen Mikroorganismen und Würmer ablaufen zu lassen und im einzelnen zu studieren. Die dabei gewonnenen Erkenntnisse erlaubten es wiederum, Modellversuche zur Prüfung neuer chemischer Verbindungen auf ihre Heilwirkung zu entwickeln.

In der Tat ist die Zeit zwischen den beiden Weltkriegen im Bereich der Tropenmedizin durch bedeutende Fortschritte in der medikamentösen Bekämpfung der Tropenkrankheiten gekennzeichnet. Die Entwicklung des Salvarsans durch Ehrlich hatte neben der Therapie der auch in den Tropen verbreiteten Syphilis die der Frambösie ermöglicht; damit konnte eine Krankheit behandelt werden, die in weiten Teilen Afrikas zur Invalidität der Farbigen führte und deshalb von erheblicher volkswirtschaftlicher Bedeutung war.

1920 erprobten Mayer und Zeiss im Hamburger Tropeninstitut die Wirkung von Bayer 205 (Germanin) auf Schlafkrankheitserreger und andere Trypanosomen in Tierversuchen, und NOCHT und MÜHLENS konnten mit dem neuen Mittel die ersten Patienten, einen Engländer und einen Belgier, die anderswo vergeblich Heilung gesucht hatten, von der Schlafkrankheit heilen.

1921 führten MÜHLENS und MENK das Yatren in die Behandlung der Amöbenruhr ein, ebenfalls einer Tropenerkrankung von großer volksgesundheitlicher Bedeutung. 1926 wurden in Hamburg die ersten Behandlungsversuche mit Plasmochin abgeschlossen, einem Medikament, das erstmals zusammen mit Chinin, das 1932 durch Atebrin und noch später durch Resochin ersetzt wurde, die rückfallsfreie Heilung der Malaria ermöglichte.

E. PASCHEN, bereits als Entdecker des Pockenerregers genannt, erbrachte 1931/32 zusammen mit NAUCK den Beweis für die Züchtbarkeit der Elementarkörperchen in Gewebekulturen und damit eine weitere Stütze für deren Erregernatur.

In Fortführung früherer Arbeiten auf dem Gebiet der Protozoologie wurden durch REICHENOW und insbesondere durch WESTPHAL grundlegende experimentelle Untersuchungen zur Pathogenese der Amöbenruhr durchgeführt. Neben anderen Arbeiten aus dem Bereich der Helminthologie waren insbesondere die Arbeiten von VOGEL zur Epidemiologie und Immunologie der Bilharziose von weiterreichender praktischer Bedeutung. Gleiches gilt für experimentelle Untersuchungen in der entomologischen Abteilung durch MARTINI und WEYER zu den Problemen der Malariaübertragung, der Rassenforschung bei Stechmücken und zu Fragen der Diagnostik von Erkrankungen durch Rickettsien.

Mehrfach wurden Ansätze gemacht, eine Außenstation in den Tropen zu gründen, wie sie die führenden ausländischen Tropeninstitute bereits seit langem besaßen. So beteiligte sich das Institut personell an der Gründung eines Deutsch-Dominikanischen Tropenforschungsinstitutes in der Hauptstadt der Dominikanischen Republik, welches unter dem Patronat der Hamburger Universität stand; geschäftsführend war die deutsche Ibero-Amerika-Stiftung in Hamburg. In Südafrika und in Kamerun wurden kurz vor Ausbruch des Zweiten Weltkrieges Außenstellen gegründet, doch machte der Krieg wiederum und sehr nachhaltig derartige Bemühungen zunichte.

Bis 1939 waren am Hamburger Tropeninstitut 3 000 Ärzte ausgebildet worden, von denen 783 aus dem Ausland kamen. 27 000 Patienten, die im Tropenkrankenhaus seit seiner Gründung behandelt worden waren, und 2 145 wissenschaftliche Publikationen legten Zeugnis von der Arbeit der Hamburger Tropenmediziner ab. Nicht zuletzt in dieser Arbeit muß ein wesentlicher Faktor dafür gesehen werden, daß insbesondere in den Jahren nach dem Ersten Weltkrieg der Name deutscher Wissenschaft, hier verbunden mit dem Namen Hamburgs, in aller Welt auf gültige Weise wiederbegründet wurde. Wenn auch zwangsläufig die Forschungen mehr auf Ibero-Amerika und auf Ostasien als auf Afrika gerichtet waren, so ergab sich doch eine starke Ausstrahlung zumindest auch in den kulturpolitischen Bereich Afrikas, der ein günstiges Klima für sich anbahnende Handels- und politische Beziehungen schuf.

Wiederum jedoch zerstörte der Krieg das Errungene und wieder wurden Zweifel an der Existenzberechtigung eines tropenmedizinischen Forschungsinstitutes laut. Wieder waren es private Stiftungen und die Vereinigung der Freunde des Tropeninstitutes, welche die Wiederaufnahme der wissenschaftlichen Arbeit unterstützten.

Hatten vor dem Ersten Weltkrieg ätiologische und epidemiologische Probleme im Vordergrund des tropenmedizinischen Interesses gestanden und zwischen den Kriegen neben der Konsolidierung der gewonnenen Erkenntnisse Probleme der Therapie, so sind es nach dem Zweiten Weltkrieg neben der Betreuung des einzelnen Kranken in erster Linie solche der Gesundheitsfür- und -vorsorge in den Tropen: Entwicklung diagnostischer Methoden, die unter Feldbedingungen anwendbar sind; Entwicklung pharmazeutischer Präparate, die zur Massentherapie geeignet sind; Schutz vor Ansteckung durch Impfung, durch medikamentöse Prophylaxe in großem Maßstab und Bekämpfung der übertragenden Insekten, Schnecken etc. Letztere erfolgt sowohl durch Eingriffe in die Biologie der Überträger, zum Beispiel auf chemischem Wege durch Kontaktinsektizide, als auch durch gezielte Veränderung des Biotops.

Viele vorher unbekannte Probleme sind durch die Fortschritte des Gesundheitswesens und durch die zunehmende Industrialisierung in den jungen Staaten Afrikas und Asiens aufgetaucht.

Dazu zählen die ungewollte Veränderung des Biotops durch industrielle Projekte, die durchaus negative Folgen haben kann; die Entwicklung einer Artresistenz der Überträger gegen Kontaktinsektizide und der Parasiten gegen Medikamente. Schwerer wiegen die großenteils noch unerforschten sozialhygienischen Probleme, die infolge der Verstädterung durch Industrialisierung und Schaffung eines Proletariats, durch zunehmende Überalterung als Folge der Gesundheitssanierung und des Bevölkerungszuwachses, durch Senkung der Kindersterblichkeit entstehen, ohne daß die wirtschaftliche Entwicklung mit Schaffung einer genügenden Anzahl von Arbeitsplätzen Schritt hält. Die Entwicklung auf medizinischem Sektor ist infolgedessen durch Zunahme der Zivilisationskrankheiten bei Abnahme der Tropenkrankheiten gekennzeichnet. Eine Gesundheitspolitik ist notwendig geworden, welche die finanziellen und, was schwerer wiegt, die personellen Kräfte der Entwicklungsländer weit überfordert und die nur auf weltweiter Basis in enger Zusammenarbeit zwischen nationalen Regierungen und internationalen Gremien, in erster Linie der Weltgesundheitsorganisation, geschaffen werden kann.

Hamburg hat sich in der Tropenmedizin durch die breite Basis der Zusammenarbeit von Medizinern, Chemikern, Biologen und seit Kriegsende auch Veterinärmedizinern eine gewisse Vorrangstellung bewahrt. Diese beruht nicht zuletzt auch auf der andernorts nicht in gleichem Maße gegebenen Möglichkeit, Tropenkranke zu behandeln: In den 65 Jahren seit der Gründung des Tropenkrankenhauses im Rahmen des Instituts sind dort über 40 000 Patienten behandelt worden, davon ca. 12 000 in den letzten 15 Jahren; über 6 000 Behandlungen werden jährlich ambulant durchgeführt. Diese Entwicklung wird durch den ständig zunehmenden

Schiffs- und Flugreiseverkehr sowie durch die Vielzahl von Entwicklungs- und Austauschprojekten mit ihrer personellen Fluktuation gefördert. Im Vordergrund stehen bei diesen Krankheiten neben Malaria und Wurmkrankheiten wie in früheren Jahren jetzt auch zunehmend Bilharzia-Infektionen, Amöben-Infektionen und Folgezustände nach Tropenaufenthalten mit Schäden an Leber und Darm.

Die Forschungsrichtung des Tropeninstitutes hat sich den Erfordernissen der Zeit entsprechend gewandelt. Aus der Arbeit der Nachkriegsjahre, in denen das Institut vorwiegend Funktionen in der Seuchenbekämpfung und -verhütung zu erfüllen hatte, resultierte die Erforschung bestimmter Anthropozoonosen, ihrer Verbreitung, Übertragung, Diagnostik und Therapie: Toxoplasmose, Ornithose, Rickettsiosen und Tollwut seien hier genannt. Hamburg wurde dadurch allmählich ein überregionales Beratungs- und Behandlungszentrum für diese Krankheiten ebenso wie für Milzbrand und Influenza — letzteres im Rahmen der Weltgesundheitsorganisation.

Die Errichtung der veterinärmedizinischen Abteilung erlaubte die Bearbeitung der Parasitologie und Immunbiologie tropischer Tierseuchen. Erst die Entwicklung der Elektronenmikroskopie ermöglichte eine Grundlagenforschung in der Virologie, insbesondere zu Fragen des Gelbfiebervirus und der Viren der Pockengruppe; diese Untersuchungen haben eine zunehmende Bedeutung sowohl im Rahmen der Tropenmedizin wie der Medizin und Biologie generell. Bearbeitung von Problemen der Ätiologie, Epidemiologie und Therapie der Amöbenruhr sowie der Immunbiologie und -serologie der Bilharzose nehmen in Fortführung vor dem Kriege begonnener Arbeiten in der Erforschung der Tropenkrankheiten einen breiten Raum ein. Auch Ernährungsprobleme treten in den Vordergrund des Interesses: Von der wissenschaftlichen Tätigkeit des Hamburger Tropeninstitutes, an dem sich trotz der Vielzahl von Krankenhäusern und wissenschaftlichen Instituten in Hamburg die tropenmedizinische Forschung auch weiterhin konzentriert, zeugen ca. 800 Veröffentlichungen, zum Teil in Lehrbuchform, die nach dem Kriege erschienen sind.

Zu den überregionalen Aufgaben eines Tropeninstitutes gehört heute auch Gutachtertätigkeit für Berufsgenossenschaften und solche im Rahmen des Bundesversorgungs- und -entschädigungsgesetzes; Beratung von Auswanderern, von Firmen und Industrieunternehmen, von ausländischen Regierungen und natürlich auch von Einzelpersonen; Tropentauglichkeitsuntersuchungen und Untersuchungen von Rückkehrern aus den Tropen, die vielfach im Auftrage staatlicher und kirchlicher Stellen sowie für Industrieunternehmen durchzuführen sind.

Schließlich nimmt auch der Umfang der übernationalen Tätigkeit im Rahmen der Weltgesundheitsorganisation sowohl durch Laborforschung wie durch Forschungsreisen, zum Beispiel zur Zeit nach Guinea, und durch Mitarbeit in verschiedenen Gremien der Organisation ständig zu.

Reisen wurden erstmals 1949, zunehmend seit 1952 durch Spenden der Vereinigung der Freunde des Tropeninstitutes, der Ibero-Amerikanischen Stiftung, der Joachim-Jungius-Gesellschaft, des Ostasienvereins und schließlich, aber erst später, auch aus staatlichen und aus Mitteln der Entwicklungshilfe, der Forschungsgemeinschaft und der Weltgesundheitsorganisation ermöglicht. Wie schon nach dem Ersten Weltkriege wurden zuerst die traditionellen Bindungen zu den ibero-amerikanischen Ländern neu geknüpft, aber schon relativ bald stand auch Afrika für Forschungen aus dem oben genannten Themenkreis wieder offen.

Mit wenigen Ausnahmen hat es sich hier jedoch — und das gilt für die gesamte deutsche Tropenmedizin — um das Studium einzelner Probleme gehandelt, die im wesentlichen schon im Laboratorium bearbeitet worden waren. Großangelegte, langfristig geplante Forschungsprogramme über die skizzierten Probleme der modernen Tropenmedizin, wie sie insbesondere in den afrikanischen Staaten auf eine Lösung drängen, können im Gegensatz zu ausländischen Instituten, die über Außenstellen verfügen, von Hamburg aus nicht durchgeführt werden. Entsprechende Pläne zur Errichtung einer Außenstelle konnten bis heute nicht realisiert werden. So bleibt dem Hamburger Tropeninstitut die volle Mitarbeit an der Lösung der gesundheitspolitischen Probleme, vor welche die politisch und sozial mündig werdenden jungen Völker Afrikas und Asiens die tropenmedizinische Forschung stellen, vorläufig noch verwehrt.

Auch einem anderen Problem werden wir bald nicht mehr gewachsen sein: die ärztliche Versorgung der sich schnell vermehrenden und durch Seuchen nicht mehr dezimierten farbigen Bevölkerung durch Ausbildung von Fachkräften in den Entwicklungsländern selbst und hier in Deutschland zu sichern. Dieses Problem kann einmal entscheidend für die wirtschaftliche und politische Weiterentwicklung der betroffenen Länder werden.

Politische und soziale Stabilität in den heutigen Entwicklungsländern hängen in wesentlichem Maße von der wirtschaftlichen und der physischen Gesundung und Gesunderhaltung der farbigen Bevölkerung ab. Dazu leistet die Tropenmedizin durch „Investition in den Menschen" einen Beitrag. Die eigentliche und entscheidende Evolution im geistigen Bereich müssen die farbigen Völker allerdings aus eigener Kraft vollziehen.

Hamburger völkerkundliche Forschungen in Afrika

Von Kunz Dittmer
(unter Mitarbeit von Ute Schwarz)

Auch in Deutschland löste sich die Völkerkunde als selbständige Wissenschaft erst zum Ende des 19. Jh. aus dem Verbande der Geographie und der Anthropologie. Dabei ging der Errichtung von Lehrstühlen die Gründung von völkerkundlichen Museen um mehrere Jahrzehnte voraus. Die Museen schickten auch die ersten Expeditionen mit ausschließlich oder doch vorwiegend völkerkundlicher Zielsetzung und mit der Hauptaufgabe des Sammelns von Ethnographica aus. Dies gilt auch für Hamburg, wo bis zur Gründung des Hamburgischen Kolonialinstitutes als Vorläufer der Universität völkerkundliche Forschung in erster Linie durch das M. f. V.*) betrieben wurde.

Gefördert wurde sie durch den Charakter Hamburgs als eines der international bedeutendsten Überseehäfen, dessen Handelshäuser und Reedereien enge Kontakte auch mit Afrika pflegten. Denn ihre Inhaber und Mitarbeiter zeigen sich bis heute höchst interessiert an den Völkern und Kulturen der Länder, mit denen sie wirtschaftliche Beziehungen unterhalten. Gemäß der Tradition opferwilligen hanseatischen Bürgersinnes glichen sie auch den Nachteil der Freien und Hansestadt, nicht über die den wissenschaftlichen Instituten der ehemaligen Länder und der Reichshauptstadt von den Herrscherhäusern gewährten Zuwendungen verfügen zu können, durch großzügige Spenden aus.

I. Feldforschungen

Die unerläßliche Grundlage für jede ethnologische (vergleichende) Forschung bildet das ethnographische Studium der Lebensweisen fremder Völker an Ort und Stelle und seine Ergebnisse an Dokumentationsmaterial, bestehend aus den Niederschriften eigener Beobachtungen und Aussagen der Gewährsleute, Bild- und Tonaufnahmen, nicht zuletzt aus den für den eigenen Bedarf von Einheimischen hergestellten Gegenständen, in denen sich ihre materielle und geistige Kultur verdinglicht. Fachethnologen konnten diese Aufgabe natürlich erst seit der Ermöglichung einer entsprechenden Hochschulausbildung übernehmen. Ihr widmeten

*) M. f. V. wird im folgenden als Abkürzung für Hamburgisches Museum für Völkerkunde und Vorgeschichte gebraucht.

sich aber bereits lange vorher und glücklicherweise bis heute auch die Vertreter anderer Disziplinen mit bestem Erfolg. Auch wenn sie schon an anderen Stellen dieses Sammelbandes genannt wurden, sind doch ihre völkerkundlichen Forschungsergebnisse in diesem Beitrag gesondert zu würdigen.

In erster Linie sind hier die Geographen zu nennen, die stets auch die Völker und Kulturen der bereisten Länder zu erforschen pflegen. Diese anthropogeographischen Studien wurden und werden in Hamburg besonders intensiv betrieben. Ferner wurden Kolonialbeamte und Missionare durch langjährigen Aufenthalt in Übersee im Erwerb eingehender Kenntnisse von Land und Leuten begünstigt. Auch diese konnten in Hamburg für die völkerkundliche Forschung genutzt werden. Sodann können Sprachwissenschaftler durch den Fortfall von Übersetzungsschwierigkeiten besonders korrekte Aussagen von Einheimischen erhalten und tiefe Einblicke in ihr geistiges Leben gewinnen. Selbstverständlich stellen nicht nur die ethnographischen Beobachtungen der Linguisten und die Inhalte der von ihnen aufgenommenen Texte, sondern auch die Ergebnisse ihrer vergleichenden sprachwissenschaftlichen Untersuchungen wertvolles Material für die ethnologische und kulturhistorische Forschung dar.

Sämtliche nachstehend genannten Forschungsreisen stießen in wissenschaftliches Neuland vor. Oft erbrachten sie die ersten — nicht selten die einzigen — genaueren Kenntnisse, zumindest besonders gründliche Untersuchungen der afrikanischen Kulturen. Infolge des schnellen Kulturwandels sind sie meist die wichtigsten Grundlagen für eine Erfassung der voreuropäischen Kulturverhältnisse der betreffenden Gebiete und für die Erforschung der afrikanischen Kulturgeschichte geblieben. Im folgenden können nur die Feldforschungen erwähnt werden, die umfangreiche oder besonders wichtige völkerkundliche Ergebnisse erbracht haben. Die erste ethnographische Expedition ging zwar vom M. f. V. aus; da aber die vor ihrer Berufung nach Hamburg in Afrika durchgeführten Forschungen einiger bedeutender Gelehrter die Grundlagen für ihre späteren wissenschaftlichen Veröffentlichungen und Lehrtätigkeit bildeten, soll die Aufzählung gemäß der zeitlichen Priorität beginnen:

A. Kolonialbeamte

Der erste Generalsekretär des Hamburgischen Kolonialinstituts, F. STUHLMANN, war als Kolonialbeamter über 20 Jahre (1887—1908) in Deutsch-Ostafrika tätig gewesen. Dabei hatte er seine naturwissenschaftlichen Untersuchungen von der Zoologie ausgehend auf weitere Fächer ausgedehnt. Folgerichtig und systematisch arbeitete er sich über Haustier- und Nutzpflanzenforschung in immer weitere Gebiete der Ethnographie, Kulturgeschichte und Historie Ostafrikas ein und erwarb sich darin ein umfangreiches und gründliches Wissen. Von 1890 bis 1892 begleitete er EMIN PASCHA auf dessen vom Reichskommissar v. WISSMANN angeregter Forschungs- und Besitzergreifungsreise nach dem Nordwesten Deutsch-Ostafrikas und — entlang dem Westufer der Victoria-, Edward- und Albert-Seen — nach Uganda. Er sammelte dabei die ersten eingehenden Kenntnisse von den dort angetroffenen Stämmen.

Vor seiner Berufung an das Bernhard-Nocht-Institut für Schiffs- und Tropenkrankheiten hielt sich F. Fülleborn von 1897—1900 als Arzt der deutschen Schutztruppe ebenfalls in Deutsch-Ostafrika auf. Auch er erweiterte seine naturwissenschaftlichen Studien auf das anthropologische und ethnographische Gebiet. Er erarbeitete dabei die erste und grundlegende Darstellung der Völkerkunde des südlichen Deutsch-Ostafrika.

Ebenfalls als Arzt der deutschen Schutztruppe konnte O. Dempwolff 1909—1910 die Hehe und die Sandawe im abflußlosen Gebiet Ostafrikas eingehend studieren.

B. Geographen

S. Passarge begann seine Feldforschungen in Afrika mit einer Beteiligung an der Expedition des deutschen Kamerun-Komitees in Adamaua 1893—1894. Die Ergebnisse wurden monographisch [1895] publiziert und in spätere umfassendere Veröffentlichungen [1909, 1933, 1951] eingearbeitet. 1896—1899 arbeitete er in Süd- und Südwestafrika, wobei er die Kalahari und das Okavango-Sumpfland bereiste. Er erwies sich nun bereits als ein ausgezeichneter Ethnograph, der völkerkundliche Forschung mit der gleichen Intensität wie länderkundliche betrieb. Die daraus resultierenden Monographien [1905, 1907] erbrachten die erste — und für lange Zeit einzige — umfassende Kunde der Kalahari-Buschmänner und der kaum bekannt gewesenen Bewohner des Okavango-Sumpflandes.

1910 widmete sich der von der Geographischen Gesellschaft Hamburg in das abflußlose Gebiet Ostafrikas entsandte E. Obst auch der ethnographischen Erforschung der dort lebenden Stämme. Seine mitgebrachte wertvolle ethnographische Sammlung wurde von der Geographischen Gesellschaft dem M. f. V. geschenkt (vgl. Reche [1914]).

In diesem Zusammenhang sei auch die zweite, von Adolf Friedrich Herzog zu Mecklenburg geleitete Zentral-Afrikaexpedition von 1910 bis 1911 erwähnt, da sie unter dem Protektorat der Hamburgischen Wissenschaftlichen Stiftung stand, die Hälfte der heimgebrachten ethnographischen Sammlung in das M. f. V. gelangte und die Expeditionsteilnehmer sich bei ihren umfangreichen ethnographischen Untersuchungen des Fragebogens des Hamburger Seminars für Geschichte und Kultur des Orients bedienten. Unsere Kenntnisse der Bevölkerung im Kongo-, Schari-, Tschadsee-Gebiet und in Kamerun wurden durch ihre Forschungsergebnisse wesentlich erweitert [1912].

Im Grasland von Kamerun erforschten 1910 F. Thorbecke und Frau eingehend die ethnographischen Verhältnisse des Ost-Mbam-Landes. Wir verdanken ihnen eine genaue Beschreibung der materiellen Kultur seiner Stämme und eine vorzügliche Monographie der Tikar.

C. Sprachwissenschaftler

Der Semitist C. Rathjens untersuchte 1908 die Reste der in ein Rückzugsgebiet abgedrängten abessinischen Juden (Falascha) und ihre bis dahin kaum bekannten Nachbarn. Seine Forschungsergebnisse sind um so wertvoller, als er der erste und einzige Fachmann war, der die Falascha eingehend studierte.

C. MEINHOF führte während seiner nach Kordofan im Jahre 1914 unternommenen Reise neben linguistischen Arbeiten auch ethnographische, religionswissenschaftliche und historische Studien durch.

E. DAMMANN verband seine 1936—1937 auf Lamu unternommenen Forschungen über Sprache und Literatur der Suaheli mit ethnographischen und religionswissenschaftlichen Untersuchungen, die unsere Kenntnis der Küstenbevölkerung Ostafrikas und der arabischen Beeinflussung der Suaheli-Kultur bereicherten.

1937—1938 führte E. MEYER sprachwissenschaftliche Forschungen in Kamerun durch. Ihre dabei erarbeiteten ethnographischen Kenntnisse fanden ihren Niederschlag in einer völkerkundlichen Darstellung Kameruns [1947].

D. Völkerkundler

Dem M. f. V. erlaubten seine spärlichen finanziellen Mittel vor seiner Neuorganisation im Jahre 1904 keine eigene Feldforschung. Danach wurde aus verschiedenen zwingenden Gründen als erstes eine — 1908 bis 1910 mit einem eigenen Expeditionsschiff bewerkstelligte — Expedition in die deutschen Schutzgebiete der Südsee organisiert. Obwohl Vorbereitung und Durchführung der Expedition sowie die gleichzeitige Planung und Ausführung des Neubaues des M. f. V. den Einsatz aller Kräfte erforderten, widmete sich sein neuer Direktor G. THILENIUS tatkräftig auch der Afrikaforschung. Es gelang ihm, für sie — zusätzlich zu den für damalige Verhältnisse enormen Kosten der Südsee-Expedition! — erhebliche Mittel zu beschaffen.

So griff er die Pläne des jungen L. FROBENIUS für eine erste Forschungsreise nach Innerafrika auf. Er verpflichtete ihn für das M. f. V. und finanzierte seine von 1904—1906 im Kongo-Kasai-Gebiet durchgeführte Expedition gegen die Auflage, ethnographische Sammlungen für Hamburg anzulegen und wissenschaftlich zu beschriften. Nach seiner Rückkehr trat Frobenius 1907 in den Verband des M. f. V. ein und wurde mit der Durchführung einer Expedition in den Westsudan (1907—1909) beauftragt, die wiederum durch Sammlungsankäufe mitfinanziert wurde. Auch an seiner vierten, nach Nigeria und in den Zentralsudan führenden Forschungsreise (1910—1912) beteiligte sich das M. f. V. in gleicher Weise. Hamburg erwarb dadurch ungewöhnlich umfangreiche und wertvolle ethnographische Sammlungen. Sie stellen ein erstklassiges Dokumentationsmaterial dar für die Kulturen des Kasaigebietes — insbesondere der Lubastämme und der Kuba mit einem hohen Anteil an Werken der Kunst und des Kunstgewerbes —; des West- und Zentralsudans mit Legung des Schwerpunktes auf die Mandevölker und die altnigritischen Splittergruppen; sowie Nigerias — vor allem der Yoruba und Nupe — mit ebenfalls starker Betonung der Kunst und des Kunstgewerbes.

Ferner führte kurz vor dem Ersten Weltkrieg der hamburgische Sammler J. KONIETZKO im Auftrage des M. f. V. eine Sammelreise in das Obernil-Gebiet durch und brachte eine gute Sammlung der in deutschen Museen nur wenig vertretenen Schilluk und Dinka mit.

Der Erste Weltkrieg bedeutete eine jähe Unterbrechung der so glanzvoll begonnenen Feldforschungen. In der Nachkriegszeit ließ die schlechte Finanzlage keine staatliche Förderung kostspieliger Expeditionstätigkeit zu. Zudem bewirkte der Verlust der Kolonien, der Handelsflotte und der Handelsniederlassungen in Übersee ein Erlahmen des öffentlichen Interesses an völkerkundlicher Forschung. So war das M. f. V. erst kurz vor dem Zweiten Weltkrieg in der Lage, wieder mit Forschungsreisen zu beginnen. Sie wurden nunmehr, gemäß dem wissenschaftlichen Interessengebiet seines neuen Direktors F. Termer, nach Mittelamerika gerichtet, dorthin auch nach dem Kriege fortgesetzt. Die Afrikaforschung konnte erst nach 40jähriger Unterbrechung wieder aufgenommen werden, nachdem die Deutsche Forschungsgemeinschaft ein entsprechendes Vorhaben in ihr Schwerpunktprogramm aufgenommen und den größten Teil der Kosten übernommen hatte. Durch Beihilfen seitens der Joachim-Jungius-Gesellschaft in Hamburg und der Hamburgischen Wissenschaftlichen Stiftung sowie durch Zuwendungen privater Spender wurde die Finanzierung gesichert.

Sie versetzte den Leiter der Afrika-Abteilung des M. f. V., K. Dittmer, in die Lage, von 1954 bis 1956 Feldforschungen im Obervolta-Gebiet durchzuführen. Sein Mitarbeiter J. Zwernemann mußte leider bei Halbzeit schwer erkrankt ausscheiden und wurde durch Frau M. Dittmer als Assistentin für die vielfältigen Sonderaufgaben der Expedition ersetzt. Denn es wurde zur Erlangung eines möglichst umfangreichen Dokumentationsmateriales ein intensiver Gebrauch nicht nur von Photoapparaten, sondern auch von einer Filmkamera und von einem Tonbandgerät gemacht und eine große ethnographische Sammlung angelegt. In erster Linie galt die Arbeit der noch unerforschten Gruppe der Gurunsi (Kasena, Nuna, Lyela) in Haute-Volta und Ghana als typischer und von Islam und europäischer Zivilisation noch kaum berührter Vertreter der Altnigritier des Westsudans. Vergleichende Studien wurden unter den benachbarten Bobo-Bwa, Dagari, Fulbe, Nankana und Mosi angestellt. Sodann wurden Kultur und Handwerk der unter Senufo lebenden Kaste der Kwi-Eisenschmelzer und Schmiede sowie eine in deren Nähe auf einem felsigen Rückzugshorst siedelnde Splittergruppe von Mande-Herkunft, die bisher nur dem Namen (Ouara) nach bekannten Sa'ama, untersucht. Die umfangreichen Forschungsergebnisse konnten bisher erst zum Teil veröffentlicht werden (vgl. Dittmer [1958 b, c, 1960 a, 1961, 1962 a, 1965, 1950/63] und Zwernemann [1960—1965]); die geplanten Monographien der Kasena und Nuna befinden sich noch in Arbeit.

Großzügige Spenden hamburgischer Mäzene, Reisebeihilfen der Hansestadt Hamburg, der Hamburgischen Wissenschaftlichen Stiftung und der Deutschen Forschungsgemeinschaft ermöglichten K. Dittmer und Frau 1963—1964 eine Forschungsreise durch die Oberguinealänder von Sierra Leone über Liberia, Côte d'Ivoire, Ghana, Togo und Dahomé nach Nigeria zum Studium der untergehenden einheimischen Handwerke. Dabei wurde wieder eine große Sammlung an Ethnographica — die z. B. die im M. f. V.

noch nicht vertretenen Kulturen des Hinterlandes von Liberia illustriert — und vor allem an Werken der Kunst und des Kunstgewerbes zusammengebracht. Von den wissenschaftlichen Ergebnissen sind insbesondere neue Aufschlüsse über die Kunst- und Kulturgeschichte Westafrikas zu erwähnen.

Ferner wird bis heute die Übung fortgesetzt, sich an den Expeditionen befreundeter Ethnologen durch Ankäufe ihrer kleineren, aber ebenfalls geschlossenen Sammlungen zu beteiligen.

II. Völkerkunde an den Hochschulen

Schon bei der Gründung des Hamburgischen Kolonialinstitutes wurde der Völkerkunde eine wichtige Rolle zuerkannt: Als Generalsekretär wurde der ob seiner ethnographischen Feldforschungen in Afrika und völkerkundlichen Arbeiten international hoch angesehene F. Stuhlmann berufen. Für die Lehrtätigkeit wurde der wissenschaftliche Stab des M. f. V. herangezogen. Thilenius und Mitarbeiter hielten Vorlesungen und Übungen ab, wobei sie sich auf die Museumssammlungen als Lehr- und Studienmaterial stützen konnten.

Nach der Gründung der Hamburgischen Universität wurde die Lehrtätigkeit des M. f. V. in gleicher Weise dort fortgesetzt, sein Direktor Thilenius als o. Professor auf den neuerrichteten Lehrstuhl für Völkerkunde berufen. Diese personelle Union zwischen Ordinariat und Direktorat des M. f. V. wurde in Hamburg bis heute beibehalten. Unter Thilenius konnten sich auch dessen Abteilungsleiter habilitieren und erhielten später Professuren. Der gute Ruf der Hamburgischen Universität wie ihres Vorläufers zog zahlreiche Studierende der Ethnologie an. Wegen der für lange Zeit sehr ungünstigen Berufsaussichten wurde Völkerkunde naturgemäß mehr als Nebenfach denn als Hauptfach gewählt. Immerhin wurden schon nach den Anlaufjahren des in der Nachkriegszeit besonders schwierigen Studiums Dissertationen mit ethnologischen Themen eingereicht; darunter von 1926—1935 an Thilenius sechs, an seinen Nachfolger Termer bis 1959 zwei, insgesamt acht Dissertationen zu Fragen der Völkerkunde Afrikas (s. S. 137 ff). Ihr weitgespannter Themenkreis (Wirtschaft, Gesellschaft, Religion, Kunst) bezeugt die Vielseitigkeit der völkerkundlichen Lehrtätigkeit.

Der 1962 auf den Lehrstuhl berufene E. Schlesier konnte eine Neukonstituierung des Seminars für Völkerkunde mit der Zuteilung bis dahin fehlender eigener Räumlichkeiten, Handbücherei und vor allem wissenschaftlicher und technischer Hilfskräfte erreichen.

III. Das Hamburgische Museum für Völkerkunde und Vorgeschichte

Das M. f. V. spielte eine führende Rolle in der völkerkundlichen Forschung. Seine Aufgaben und Tätigkeiten seien daher etwas eingehender behandelt (vgl. Thilenius [1916]).

Die Keimzelle völkerkundlicher Museen bilden fast allerorten Ethnographica, die entweder von Reisenden der verschiedensten Berufe als Reiseandenken, „Curiositäten", aber auch schon frühzeitig als wissenschaftliche Belege für die Kulturen fremder Völker, heimgebracht wurden oder die als kostbare Geschenke an Angehörige europäischer Herrscherhäuser von fremden Staatsoberhäuptern oder von eigenen Untertanen in führenden Positionen nach Europa kamen. Sie gelangten in Schatzkammern, Kunst- und Raritätenkabinette oder in Studien- oder Lehrsammlungen wissenschaftlicher Gesellschaften und Institutionen.

In der Hansestadt Hamburg besaß die Stadtbibliothek schon in der 1. Hälfte des 19. Jh. naturwissenschaftliche, archäologische, historische und ethnographische Sammlungen, die im Johanneum-Gymnasium untergebracht waren und die Grundlage des „Naturhistorischen Museums" bildeten. Seit 1850 baute der „Naturwissenschaftliche Verein" die völkerkundliche Sammlung weiter aus, deren Verwaltung ihm 1867 von der Oberschulbehörde auch offiziell übertragen wurde. Sie vergrößerte sich durch Ankäufe und durch Zuwendungen hamburgischer Bürger so stark, daß sie 1871 aus dem „Naturhistorischen Museum" herausgelöst und als — durch eine Kommission verwaltetes — „Kulturhistorisches Museum" 1877 in das neuerrichtete Museumsgebäude am Steintorplatz überführt wurde.

In dieser Zeit verschafften sich weitsichtige Persönlichkeiten zunehmend Gehör mit ihren Warnungen, daß durch das rapide Vordringen der europäischen Zivilisation nach Übersee im Gefolge der Kolonisationstätigkeit etc. die indigenen traditionellen Kulturen in absehbar kurzer Zeit völlig verschwinden oder zumindest stark gewandelt werden würden. Die Kolonial- und Industrienationen hätten daher als Verursacher dieser Veränderungen auch die Pflicht, durch Anlegung von völkerkundlichen Sammlungen in letzter Minute so viele Zeugnisse dieser untergehenden Kulturen wie irgend möglich für die zukünftige wissenschaftliche Forschung zu retten. Dieser Ruf wurde verstärkt durch den Wunsch der aufblühenden Vorgeschichtsforschung, ihre Ausgrabungsgegenstände aus unvergänglichem Material durch einen Vergleich mit ethnographischen Parallelen und den durch sie repräsentierten lebenden Kulturen kulturell näher bestimmen und lebendiger illustrieren zu können. Sah man doch damals die „Naturvölker" als noch lebende Vertreter nahezu unverändert gebliebener — nur in den Zentren der Hochkulturentwicklung ausgestorbener — alter und ältester Zivilisationen, prähistorische Artefakte und Ethnographica mithin als gleichwertige Dokumente einer universalen Menschheitsgeschichte an.

Dies hatte zur Folge, daß im letzten Drittel des 19. Jh. in Europa viele Museen für Völkerkunde — oft zugleich für Vorgeschichte — gegründet und mit ausreichenden Mitteln ausgestattet wurden, um in großem Umfang völkerkundliche Sammlungen durch Ankäufe in Europa und auf eigenen Sammelexpeditionen erwerben zu können. Dadurch wurde wiederum die völkerkundliche Forschung entscheidend vorangetrieben und die Formierung der Völkerkunde als selbständige Wissenschaft ermöglicht. Denn es wurde ja nicht nur durch das Hereinströmen so umfangreicher Materialien die materielle Kultur vieler bis dahin unbekannter Völker zur Kenntnis gebracht, vielmehr konnten und mußten die Museumsbeamten auf ihren Sammelreisen zwangsläufig auch die Ganzheit der betreffenden Kulturen erforschen. Denn zur Bestimmung der Herstellungsart, Funktion, Herkunft und Verbreitung der gesammelten Ethnographica müssen notwendigerweise auch Wirtschaft, Gesellschaft, Religion, künstlerisches und geistiges Schaffen, d. h. alle Seiten der Kulturen studiert werden, in die die Sammelgegenstände integriert sind und in denen sich auch der Geist ihrer Verfertiger objektiviert. Zudem genossen die Museumsethnologen den Vorteil, zu vergleichenden Forschungen Originaldokumente aus entfernten Ländern oder Kontinenten in einem Raum zur Hand haben zu können.

Hamburg trug der genannten Entwicklung dadurch Rechnung, daß es 1879 die ethnographischen Sammlungen als „Museum für Völkerkunde" neu konstituierte und jenem im Regulativ vom 29. 4. 1879 ausdrücklich Aufgaben einer „wissenschaftlichen Anstalt" zuwies. Denn man hatte schon damals erkannt, daß ein ethnographisches Denkmal erst nach einer wissenschaftlichen Bearbeitung zu einer für wissenschaftliche Forschung benutzbaren „Quelle" wird. Wegen des Anwachsens der Sammlungen wurden diese 1891 im Neubau des Naturhistorischen Museums untergebracht.

1893 wurde dem M. f. V. in Dr. K. HAGEN erstmals ein Wissenschaftler als Assistent zugeteilt und ihm 1896 auch die prähistorischen Sammlungen unterstellt. Da sich bis zum Beginn des 20. Jh. die Bestände auf rd. 100 000 Gegenstände vermehrt und auch die Aufgaben sich erweitert hatten, beschloß der Senat im Jahre 1904 eine Neuorganisation des Hamburgischen Museums für Völkerkunde und Vorgeschichte. Zu seinem Direktor berief er den a.o. Professor für Anthropologie und Ethnologie G. THILENIUS von Breslau und bewilligte ihm ein für die damaligen Verhältnisse großzügig bemessenes Budget für Ankäufe von Sammlungen, Büchern und technischer Ausrüstung sowie für die Drucklegung wissenschaftlicher Publikationen und für die Anstellung eines genügend großen wissenschaftlichen und technischen Stabes. Dazu wurde auch 1905 der Bau des gegenwärtigen eigenen Gebäudes genehmigt. An seiner Planung nahm Thilenius regen Anteil, so daß das von 1908 bis 1912 errichtete Museum für Jahrzehnte nach technischer Ausrüstung und wissenschaftlichem Aufbau als vorbildlich erachtet wurde.

Es konnten nun die vielfältigen Aufgaben eines Völkerkunde-Museums mit Elan in Angriff genommen werden, wie:

1. Erwerb von ethnographischen Sammlungen durch Kauf und Aussendung von Expeditionen, ihre Katalogisierung und Konservierung für künftige Forschungen.
2. Wissenschaftliche Bearbeitung der Sammlungsbestände.
3. Ethnographische und ethnologische Forschungen im Felde und daheim.
4. Publikation der Forschungsergebnisse.
5. Lehrtätigkeit in der Hochschul-, Volkshochschul- und Mittelschulbildung (durch Kurse für Lehrer und durch Schulführungen).

6. Öffentlichkeitsarbeit zur Verbreitung völkerkundlichen Wissens durch Schaustellung eines Teiles der Sammlungen in permanenten Ausstellungen und in zeitlich befristeten, wechselnden Sonderausstellungen mit Erklärungen der Exponate mittels Etiketten und Texterläuterungen in den Vitrinen, Publikumsführungen und ggf. gedruckten Führern; sodann durch (Lichtbild-)Vorträge im Hörsaal des Museums.

Die Feldforschungen sind oben schon genannt worden. Bezüglich der Sammeltätigkeit ist zu betonen, daß ihr Schwerpunkt nicht — wie meist üblich — auf die ehemaligen eigenen Kolonien gelegt wurde, sondern daß im Gegenteil versucht wurde, alle Länder Afrikas einigermaßen gleichmäßig zu berücksichtigen. Mit Ausnahme einiger unvermeidbarer Lücken können die Bestände der Afrika-Abteilung einen umfassenden Überblick über die Kulturen südlich der Sahara (die von europiden Völkern getragenen Kulturen Nordafrikas werden von der Eurasien-Abteilung behandelt) geben, die wichtigsten sind bzw. waren gut vertreten. Besonders hervorzuheben sind die reichen Bestände an Werken der altafrikanischen Kunst. U. a. war es ein großes Verdienst von K. Hagen, sofort nach dem Auftauchen der Benin-Altertümer auf dem Antiquitäten-Markt den kunst- und kulturhistorischen Wert der bis dahin völlig unbekannten Bronze- und Elfenbeinarbeiten erkannt und in den ersten Jahren des 20. Jh. große Ankäufe durchgesetzt zu haben. Nach den Kriegsverlusten des Berliner Museums für Völkerkunde stellt die Hamburger Benin-Sammlung heute die größte in Deutschland und eine der bedeutendsten auf dem Kontinent dar.

Die beiden Kriege und die Wirtschaftskrisen brachten dem M. f. V. schwere Rückschläge: Weder konnte die ursprünglich vorgesehene Erweiterung des Museumsgebäudes durch eine Bebauung der Osthälfte des Grundstückes erfolgen, die den so dringend benötigten Platz für weitere Schausäle (um wichtige und interessante Sammlungen aus ihrem Dornröschenschlaf im Depot hervorzuholen) und Magazinräume zur Unterbringung der stark angewachsenen Studiensammlungen sowie zusätzlich erforderliche Arbeitsräume bieten würde, noch konnte der schon vor einem halben Jahrhundert (!) vorhandene Bestand an wissenschaftlichen und technischen Mitarbeitern gehalten werden, der natürlich entsprechend den erweiterten Aufgaben und Sammlungsbeständen des Museums längst hätte stark vergrößert werden müssen. Es war daher unvermeidlich, daß manche Aufgaben — z. B. die wissenschaftliche Bearbeitung und Publikation von Sammlungen — nicht im gewünschten Umfang erfüllt werden konnten.

Besonders schwer wurde eine der Hauptaufgaben, die Anlegung ethnographischer Sammlungen, betroffen: Bis 1917 (noch im 4. Kriegsjahr!) war es möglich, sehr umfangreiche ethnographische Sammlungen für die Afrika-Abteilung zu erwerben (z. B. die o.a. Sammlung des Herzogs zu Mecklenburg mit 2 430 Nummern, die Sammlungen der genannten Frobenius-Expeditionen mit insgesamt rd. 29 000 Gegenständen neben weiteren größeren Sammlungen von bis zu über 1 000 Gegenständen von anderen Sammlern oder Antiquitätenhändlern). Danach verringerten sich die Neuerwerbungen infolge der rigorosen Kürzungen der Ankaufsmittel auf völlig unzureichende Beträge ganz erheblich. Erst durch die o.a. eigenen Expeditionen des M. f. V. konnten dank der genannten Unterstützungen wieder einigermaßen vergleichbar große Sammlungen erworben werden (Sammlung DITTMER 1954—1956: rd. 1 600 Gegenstände, 1963—1964: rd. 1 100 Stück). Daß seit dem Ersten Weltkrieg bis heute die Bestände der Afrika-Abteilung ständig anwuchsen, ist in erster Linie der Spendenfreudigkeit hamburgischer Mäzene zu verdanken.

Während des Zweiten Weltkrieges und der ersten Nachkriegsjahre mußte die wissenschaftliche Arbeit wegen der Einberufungen zum Kriegsdienst, der Auslagerung, Rückführung, Neuordnung und -aufstellung der Sammlungen mit vermindertem Mitarbeiterstab unter schwierigsten Umständen stagnieren. Ein Teil der zum Kriegsende in Sachsen verbliebenen Schausammlung der Afrika-Abteilung konnte trotz aller Bemühungen noch nicht zurückgeführt werden. Leider erlitten Teile der verlagerten Bestände noch in den letzten Kriegstagen z. T. unersetzliche Verluste. Ein Teil der dadurch gerissenen und der vorher bereits vorhandenen Lücken könnte zwar in einem den Aufgaben und dem Rang des M. f. V. gemäßen Umfang heute noch geschlossen werden, doch sieht sich das M. f. V. trotz der von seinem seit 1962 amtierenden Direktor E. SCHLESIER durchgesetzten geringen Erhöhung des Budgets noch immer von größeren Käufen aus Etatmitteln auf dem Antiquitätenmarkt oder gar auf Auktionen nahezu ausgeschlossen.

In diesem Zusammenhang kann nicht verschwiegen werden, daß es zwar unter Anspannung aller Kräfte gelungen ist, den außerhalb Hamburgs geltenden Ruf des M. f. V. als eines der international angesehensten völkerkundlichen Museen bis heute aufrechtzuerhalten, daß aber ein schnelles Absinken auf einen provinziellen Status droht, wenn nicht bald seine personellen und finanziellen Mittel auf einen seinen Aufgaben entsprechenden Stand gebracht werden. Denn für die zukünftige völkerkundliche Forschung sind folgende Tatsachen zu berücksichtigen:

1. Die Verpflichtung zur Rettung der ethnographischen Denkmäler untergehender Kulturen in allerletzter Minute ist heute noch dringlicher geworden, insbesondere bezüglich des in schnellem Kulturwandel begriffenen Afrika. Für einige wenige Jahre bestehen noch Möglichkeiten zum Erwerb völkerkundlicher Sammlungen durch Expeditionen nach einigen afrikanischen Gebieten und durch Ankäufe auf dem Antiquitätenmarkt, wodurch die betreffenden Gegenstände auch vor der Zerstreuung in unbekannt bleibende Privatsammlungen bewahrt und für die künftige wissenschaftliche Forschung zugänglich bleiben würden.
2. Die immer enger und vielfältiger werdenden kulturellen, wirtschaftlichen und politischen Beziehungen zu Afrika haben das Bedürfnis nach sachlicher Unterrichtung über die Völkerkunde Afrikas in weiten Kreisen der Bevölkerung neu geweckt und bei den Nachbarwissenschaften verstärkt. Seine Befriedigung ist sowohl im wissenschaftlichen als auch im nationalen Interesse dringend erforderlich. Völkerkundliche Museen wären dazu in erster Linie berufen und durch die

Anschaulichkeit ihrer Ausstellungen für Laien auch gut geeignet. Auch diese Aufgabe erfordert aber verstärkten Neuerwerb und vermehrte wissenschaftliche Tätigkeit und Öffentlichkeitsarbeit.

3. Die gleichen Gründe, vornehmlich die Unternehmungen zur Entwicklungshilfe, haben einen zusätzlichen Bedarf der Hochschulen und neugegründeten diesbezüglichen staatlichen oder gemeinnützigen Anstalten etc. an auch ethnologisch ausgebildeten Fachleuten als ständige oder zeitweilige Mitarbeiter (z. B. zur Abhaltung von Kursen und Vorträgen, Gutachter- und Auskunftstätigkeit) hervorgerufen. Diese — in zunehmendem Maße auch an die Museen gerichteten — Anforderungen können schon heute aus Personal- und Geldmangel nicht erfüllt werden.
4. Weitere neue Aufgaben ergeben sich aus den Problemen des immer intensiver und rascher ablaufenden Kulturwandels und ihrer wissenschaftlichen Bearbeitung sowie aus der rasch aufblühenden prähistorischen, historischen und archäologischen Erforschung Afrikas. Ihre Ergebnisse müssen insbesondere von den Museumsethnologen verarbeitet werden.
5. Die Bibliothek des M. f. V. ist die einzige ethnologische Fachbibliothek für den ganzen nordwestdeutschen Raum und hat auch der Forschungs- und Lehrtätigkeit der Hamburgischen Universität zu dienen. Ihre noch immer völlig unzureichenden Ankaufsmittel gestatten ihr aber weder, die durch die seit 1932 verfügten scharfen Sparmaßnahmen und durch die Vernichtung der älteren — höchst wichtigen — Reisewerke und Zeitschriftenbestände der Commerzbibliothek im Kriege entstandenen Lücken zu schließen, noch der im gleichen Zeitraum um ein Vielfaches angewachsenen Produktion ethnologischer Fachliteratur auch nur einigermaßen gerecht zu werden.
6. Die von Thilenius seit 1906 gegründeten zwei Publikationsreihen des M. f. V. wurden zwar durch die Initiative seines Nachfolgers Termer und des Leiters der Vorgeschichtlichen Abteilung, H.-J. Eggers, seit 1943 bzw. 1950 um je drei völkerkundliche bzw. prähistorische erweitert. Im Gegensatz zu regelmäßig jährlich erscheinenden Veröffentlichungen anderer deutscher Völkerkundemuseen können sie jedoch aus Geldmangel nur in unregelmäßigen Abständen erscheinen. Z. T. war und ist ihr Druck nur durch fremde, auf Sonderfälle beschränkte Beihilfen möglich. Es dürfte dem Ansehen der Hansestadt Hamburg aber nicht dienlich sein, daß die wissenschaftlichen Mitarbeiter des M. f. V. ihre Forschungsergebnisse nur zum geringsten Teil in den eigenen Publikationsorganen veröffentlichen können.

Aus alldem geht hervor, daß in Zukunft die zwangsläufig gestellten Aufgaben des M. f. V. nur dann zu erfüllen sind, wenn endlich budgetmäßig zumindest die vor dem Ersten Weltkrieg bestandene Relation zwischen aktuellen Aufgaben und Personalbestand sowie zwischen den Kosten für die notwendigen Ankäufe von Sammlungen, Büchern und sonstigen Hilfsmitteln, für die Drucklegung der Publikationen und den hierfür bereitzustellenden Geldern wieder hergestellt wird.

IV. Veröffentlichungen

A. Publikationen von Kolonialbeamten

F. STUHLMANN [1894] widmete einen großen Teil seines Berichtes über die mit EMIN PASCHA von Bagamojo durch Deutsch-Ostafrika bis Uganda unternommene Expedition der Ethnographie. Seine völkerkundlichen Forschungen sind z. T. in die Reiseschilderung eingearbeitet, aber auch als kleine Monographien zu gesonderten Kapiteln zusammengefaßt. Sie zeigen eine für die damaligen Arbeitsbedingungen bemerkenswerte Vielseitigkeit und Gründlichkeit. Seine Beschreibungen der Kamba, Saramo, Nyamwezi, Ganda, Karagwe, Wira, Lendu brachten nicht nur die ersten zuverlässigen und umfangreicheren Nachrichten von diesen Stämmen, sondern sind auch unverändert wichtige Quellen geblieben. Ein Bericht über angetroffene Pygmäen und diesbezügliche Informationen war gesondert [1893] publiziert worden.

Seiner Abhandlung über Nutzpflanzen und Haustiere Ostafrikas [1909] gab er eine kulturgeschichtliche Zusammenfassung von 70 Seiten, in der er bereits ethnobotanische und ethnozoologische Untersuchungen für die kulturhistorische Forschung auswertete und damit methodologisch Neuland betrat. Er wies nach, daß schon vor der antiken und mittelalterlich-orientalischen Handelstätigkeit an den ostafrikanischen Küsten asiatische Kultureinflüsse auf Ostafrika einwirkten und ihm wichtige Kulturgüter vermittelten. Auch in seinem Werk über die Handwerke und Techniken in Ostafrika [1910] — das immer noch ein grundlegendes Handbuch ist — bemüht sich Stuhlmann um eine kulturhistorische Aufgliederung und um Nachweis und Unterscheidung der zu verschiedenen Zeiten auf Ostafrika einwirkenden Einflüsse der altorientalischen Hochkulturen, Süd- und Ostasiens und Indonesiens. Diese Untersuchungen sind bis heute richtungweisend und zum großen Teil auch gültig geblieben.

Die in F. FÜLLEBORNS Länderkunde des südlichen Deutsch-Ostafrika [1906] reichlich enthaltenen und meist thematisch in Abschnitten zusammengefaßten Beiträge zur Ethnographie (mit Einschluß wertvoller historischer Traditionen) stellen noch heute wichtige Quellen zur Völkerkunde dieses Gebietes dar.

O. DEMPWOLFF arbeitete 1906 bis 1907 unter den Hehe in Deutsch-Ostafrika. Seine Beiträge zu ihrer Ethnographie [1913] bringt er hauptsächlich als vernaculare Texte mit Übersetzungen. Sie behandeln materielle Kultur, historische Traditionen, Religion, erfreulich viel Soziologie und vor allem das Lied- und Erzählgut. Im abflußlosen Gebiet Deutsch-Ostafrikas konnte er seine Feldforschungen unter den Sandawe [1916] durch Gewinnung verständnisvoller Informanten besonders vielseitig und gründlich betreiben. 60 % seines Werkes nimmt eine zuverlässige Monographie ein, die auch Gesellschaft und Religion ausführlich darstellt und durch eingefügte vernaculare Texte die Eingeborenen selbst zu Wort kommen läßt. Unsere bis dahin sehr spärlichen Kenntnisse dieses kulturhistorisch so interessanten Völkchens wurden dadurch entscheidend erweitert.

In 16jähriger Tätigkeit als Missionar in Südwestafrika gesammelte, ungewöhnlich tiefschürfende und umfassende Kenntnisse der Bergdama legte H. VEDDER in seiner vorbildlichen Monographie [1923] über dieses, von seinen Nachbarn gejagte und halb versklavte Völkchen vor. Vedder behandelt sehr ausführlich und genau alle Aspekte ihres Lebens und ihrer Kultur. Er räumt dabei den sozialen Verhältnissen, dem religiösen Gedankengut und dem Brauchtum breiten Raum ein. Ein weiterer Band führt Dichtung und Lieder vor. Das Werk wird immer seinen Platz als erstrangige Quelle über die — als letzte Nachfahren der *negriden* Wildbeuter kulturhistorisch höchst interessanten — Bergdama behalten.

B. Publikationen von Geographen

S. PASSARGE hat vom Beginn seiner wissenschaftlichen Tätigkeit an bei seinen länderkundlichen Arbeiten der völkerkundlichen Forschung in vorbildlicher Weise die gleiche Bedeutung wie der physischen Geographie zugemessen. Er erneuerte und intensivierte die ältere Anthropogeographie und zeigte das für die deutsche Ethnologie charakteristische (und auch die meisten in dieser Bibliographie genannten Arbeiten kennzeichnende) Bestreben, nicht einen Kulturzug unter Vernachlässigung der anderen einseitig zu betonen, sondern möglichst alle Aspekte einer Kultur (Wirtschaft, Gesellung, Religion, künstlerisches und geistiges Schaffen) sowie die für ihre Entwicklung wichtigen historischen Fakten gleichmäßig zu berücksichtigen. Schon die Veröffentlichung der Ergebnisse seiner ersten Feldforschungen in Afrika [1895] brachte nicht nur wie üblich ethnographische Notizen in den Reisebericht eingestreut, sondern auch mit einem zweiten Teil von rd. 100 Seiten über den „Central-Sudan" eine erste umfassende Völkerkunde Nordkameruns und der angrenzenden Gebiete. Die als Ergebnisse seiner Forschungen in Südwestafrika [1905] publizierten Länder- und Völkerkunden bringen kurze, aber sehr gute Monographien der Cwana-Stämme und anderer im Okavangosumpfland (insbesondere der Mbukuschu), sowie Untersuchungen über die Abhängigkeit der Kulturen dieses Gebietes und der Kalahari von der geographischen Umwelt. Ausgezeichnet ist ferner die alle Lebensbereiche darstellende Monographie der Kalahari-Buschmänner [1907 a]. Ein Besuch der Simbabwe-Ruinen in Südrhodesien veranlaßte Passarge [1907 b], bis heute unwiderlegliche Gründe gegen ihre Zuschreibung zur Bantukultur vorzubringen und ihre und der prähistorischen Metallindustrie Entstehung auf orientalische Einflüsse zurückzuführen. Deren Datierung in vorchristliche Zeit und seine Vermutung, Rhodesien sei doch das dem König Salomo Gold liefernde Ophir gewesen, haben sich jedoch als höchst unwahrscheinlich erwiesen.

Mit der Berufung an das Hamburgische Kolonialinstitut beginnen Passarges größere, zusammenfassende Werke zu erscheinen. Das über Südafrika [1908] widmet er etwa zur Hälfte der Völkerkunde und führt für den Titel dieses Teiles den Begriff der „Kulturgeographie" anstelle der älteren „Anthropogeographie" ein. Nach anthropologischer und linguistischer Einleitung werden Wirtschaft und Ergologie ausführlich, die Soziologie etwas knapp behandelt. Eine Darstellung der religiösen Glaubensvorstellungen wurde ganz unterlassen, da ihm dafür genügend zuverlässige Unterlagen für das ganze Gebiet noch fehlten und für seine vorwiegend kultur g e o g r a p h i s c h e Zielsetzung dieses Thema wohl auch nicht wichtig genug erschien. Dafür brachte er als ganz moderne und damals weit in die Zukunft weisende Neuerung je einen Abschnitt über die vorgeschichtlichen Kulturen und den Kulturwandel.

In den nächsten Jahren bearbeitete Passarge für H. MEYER's Handbuch „Das Deutsche Kolonialreich" die Teile „Kamerun" [1909] und „Togo" [1910]. In ihnen wird jeweils etwa die Hälfte der Abhandlungen einer Darstellung der ethnographischen Verhältnisse zugeteilt, wobei nun auch die Themen Gesellschaft, Religion, Brauchtum, Kunst und anderer geistiger Kulturbesitz und die historischen Traditionen behandelt werden.

Das Hauptwerk Passarges, die „Geographische Völkerkunde", erschien zunächst 1933 in gesonderten Bänden. In die einbändige Neuauflage [1951] wurde der frühere 2. Band „Afrika" textlich unverändert übernommen (obwohl die 1940 erschienene „Völkerkunde" von H. BAUMANN - R. THURNWALD - D. WESTERMANN die Möglichkeit zu mancher notwendigen Korrektur geboten hätte), nur durch Abbildungen und ein Kapitel über die „Vorgeschichtszeit" erweitert. Darin stellt der Verfasser seine in die 1. Auflage an verschiedenen Stellen eingestreuten Ansichten über die afrikanischen Rassen und den Geschichtsverlauf nochmals und ausführlicher dar. Die vordem theoretisch und durch seine Feldforschungen erarbeiteten länderkundlichen und anthropogeographischen bzw. kulturgeographischen Problemstellungen und Begriffe handelt Passarge in diesem Werk systematisch ab. Den geographischen folgen Kapitel über den „völkerkundlichen Aufbau Afrikas", die „Kulturprovinzen" und „kulturgeographischen Räume" — die annähernd dem von ihm entworfenen „länderkundlichen Aufbau" entsprechen — und über „die einzelnen Faktoren der kulturgeographischen Räume". Der Verfasser sucht darin nachzuweisen, daß die kulturellen, rassischen und politischen Verhältnisse und Entwicklungen (einschließlich der historischen) völlig von den geographischen Faktoren bedingt und gestaltet werden. Es zeigt sich darin zweifellos eine Überschätzung der Umwelteinflüsse auf die kulturgeschichtlichen Entwicklungen und eine Unterbewertung der Aktivität des Menschen, etwa in der von ihm bewirkten Änderung der physischen Umwelt oder der Auswirkung geschichtlicher Ereignisse (z. B. politischer und kriegerischer Änderungen von Machtverhältnissen, religiöser Bewegungen, technischer Erfindungen usf., die alle auch starke Umweltschranken überwunden haben) auf die Gestaltung, Entwicklung und Verbreitung von Kulturen. Die völkerkundlichen Darstellungen des Verfassers müssen heute als unzureichend und veraltet gelten. Seine Ansichten über die Rassen und über den Geschichtsverlauf waren nach dem jeweiligen Stande der Wissenschaft 1933 vorzeitig, 1951 bereits überholt. Da sie aber vom Verfasser selbst als „absolut hypothetisch" bezeichnet werden, müssen wir sie als kühne Anregung zur Kritik und damit zu weiterer Forschung werten. Es seien aber auch die bleibenden Errungenschaften von Passarges Wirken für die Völkerkunde hervorgehoben:

Die Berücksichtigung der von ihm herausgearbeiteten Faktoren: „Wirtschaftsgeographische Räume", „Handelsräume", „Rückzugsgebiete", „Kulturhöhendruckgefälle", „Bevölkerungsdruck", „politischer Druck" und andere, hat sich als sehr fruchtbar und auch notwendig für die völkerkundliche und historische Forschung erwiesen. Denn da die physische Umwelt so vielfältig zunächst auf Siedlung, Wirtschaft und Ergologie einwirkt, bei deren wechselseitiger funktionaler Verflechtung mit Sozialordnung und Religion aber auch auf diese, sind ohne genauere Kenntnis der von der Umwelt gestellten Anforderungen und gebotenen Anreize auf die biologische und kulturelle Anpassung weder die lokalen Prägungen der Kulturen noch ihre Entwicklung und Veränderung, noch historische Wandlungen (wie Wanderungsbewegungen, Bildung und Zerfall von Staaten etc.) völlig zu verstehen.

Eine reiche völkerkundliche Ausbeute brachte die Kamerun-Expedition von F. THORBECKE heim. An ihrer Feldarbeit und wissenschaftlichen Ausarbeitung hatte Frau M. P. THORBECKE einen großen Anteil. Während im ersten Band der Forschungsergebnisse [1914] interessante ethnographische Notizen in die länderkundliche Reisebeschreibung eingestreut sind, ist der zweite Band [1916] mit Ausnahme der geographischen Einleitung völlig der Ethnographie gewidmet. Er bringt eine Übersicht über die Stämme des Ost-Mbam-Landes und ihre historischen Traditionen und eine eingehende Darstellung ihrer materiellen Kultur. Der dritte Band [1919] ist eine wiederum vorbildliche Monographie der Tikar, die gründlich und detailliert nicht nur die materielle Kultur, sondern auch Soziologie, Religion und Kult, geistiges Leben und Kunst behandelt. Der Hamburger Musikwissenschaftler W. HEINITZ steuerte einen Anhang über die Musikinstrumente und Phonogramme aus dem Ost-Mbam-Land bei.

C. Publikationen von Sprachwissenschaftlern

C. RATHJENS war der erste und einzige Fachmann, der die abessinischen Juden — die ja für viele Jahrhunderte Abessinien beherrscht hatten — studierte. Als Ergebnisse seiner Feldforschungen und langjährigen Literaturstudien gibt er in seinem Werk [1921] nach einer anthropologischen und linguistischen Einleitung eine Darstellung der Geschichte der Juden in Südarabien und Abessinien, der materiellen Kultur und der Religion der abessinischen Juden (Falascha) und der Einwirkung ihres Kultes auf die koptische Kirche Abessiniens. Er weist nach, daß sich die Ethnogenese der Falascha bereits in vorchristlicher Zeit durch die Überlagerung autochthoner Agau durch aus Südarabien gekommene Stammes- und Glaubensjuden vollzog. Daher stellt die vom Verfasser vermittelte Kenntnis der Geschichte, Religion und des Brauchtums der Falascha nicht nur einen wertvollen Beitrag zur Kulturgeschichte Abessiniens und seiner christlichen Kirche, sondern auch für die Erforschung des vorchristlichen Judentums dar.

Die Leistungen C. MEINHOFS als Afrikanist werden an anderer Stelle ausführlich gewürdigt. Es sei hier nur hervorgehoben, daß er stets ein sehr reges Interesse für die Völkerkunde bewies. Er lieferte ihr wertvolle Beiträge mit den bei seinen sprachwissenschaftlichen Forschungen anfallenden ethnologischen Ergebnissen und berücksichtigte bei seinen linguistischen Studien auch ethnologische Fragestellungen. So werden etwa in einer Darstellung der Dichtung der Afrikaner [1911] die engen Beziehungen des Erzählgutes zum Kulturgepräge wie der Märchen und Sagen zur Mythe deutlich gemacht, und auch der Ethnopsychologie Untersuchungen gewidmet. In Kapiteln über die Mythen sowie über kultische und magische Dichtungen befaßt sich Meinhof hier auch schon mit Problemen der Religionsethnologie, die ihn noch für viele Jahre fesseln sollten. Den afrikanischen Religionen widmete Meinhof drei Publikationen [1912, 1913 a, 1926]. In den beiden ersten behandelt er vorwiegend die Themen Animismus, Manismus, Totemismus, Magie, Kult, Heilbringer, Dämonen und Himmelsgötter sowie die Religionsentwicklung, die er in das evolutionistische Dreistufenschema Sammler — Hackbauer — Viehzüchter einordnet. Die letztgenannte Veröffentlichung [1926] ist noch stärker ethnologisch ausgerichtet und sieht die Religionsentwicklung als kulturbedingt an. Als „Leitfossil" der Kulturentwicklung wählt der Verfasser unter dem Einfluß des Wirtschaftsethnologen E. HAHN die Entwicklung der Wirtschaftsformen. Daher versucht er, diesen bestimmte Religionsformen zuzuordnen und gliedert seine Arbeit in Religionen der Sammler und Jäger, der Hackbau- und der Hirtenvölker, wobei er auch den Einfluß fremder Religionen untersucht.

Der weitgespannte Interessenkreis Meinhofs zeigt sich darin, daß er auch afrikanische Rechtsbräuche [1914] in seine Untersuchungen einbezieht. Die Kapiteleinteilung folgt noch dem Schema europäischer Juristen. Angesichts der eingehenden Kenntnis des Verfassers vom afrikanischen Geistesleben überraschend, aber der zeitgemäßen Unterschätzung der „Primitiven" entsprechend, wird ihre Rechts- und Sozialordnung — in der Meinhof sogar „Ähnlichkeiten mit dem Zusammenleben der Tiere" findet — zu sehr als unbewußt triebhafte Äußerungen erklärt. Dagegen sieht er durchaus richtig die Rechtsauffassungen schriftloser Völker in deren Sitten und Brauchtum ausgedrückt und verrät ein tiefes Verständnis für die ausschlaggebende Rolle der Religion (insbesondere des Ahnenkultes) für das afrikanische Rechtsleben.

Weitere ethnographische Beiträge lieferte Meinhof [1913 b] durch die Übersetzung von vernacularen Texten eines Duala über Fischfangmethoden in Kamerun und im Bericht über seine Studienreise nach Kordofan [1916], in dem er auch Untersuchungen zur Religions- und politischen Geschichte des Landes bringt.

Das von E. MEYER verfaßte Kapitel „Kamerun" in BERNATZIKS Afrika-Hdb. [1947] übertrifft manche anderen Beiträge an Gründlichkeit und Vielseitigkeit. Seine lexikalisch gedrängte Darstellungsweise ermöglicht es ihr, auch den kleinsten Splitter des Völkermosaiks Kameruns zu erfassen und jeweils mit knappen, aber alle Seiten der Kultur erfassenden Angaben zu beschreiben.

Für das gleiche Handbuch schrieb P. BERGER [1947] das Kapitel „Tanganjika" mit ähnlicher Vielseitigkeit und Sorgfalt. Nur ist die Gliederung anders: Einer Übersicht über die einzelnen Stämme und Sprachen folgen Kapitel zur Soziologie, Religion, Wirtschaft und Ergologie, in denen Abweichungen von der Norm bei einzelnen Stämmen gesondert erwähnt werden.

In sprachwissenschaftlichen Arbeiten über Dichtkunst und über Sprichwörter der nördlichen Suaheli [1940, 1955] gibt E. DAMMANN auch ethnologisch interessante Einblicke in deren Denken, Religion und Geschichte. Mit Studien zu psychologischen, soziologischen und geschichtlichen Themen [1944, 1960] bereichert er unser Wissen über die wenig bekannten Digo an der Küste Ostafrikas. Nicht nur religionswissenschaftlich, sondern auch ethnosoziologisch und kulturhistorisch interessant ist sein Beitrag zur religiösen Stellung des Häuptlings bei den Südost- und Ostbantu [1956]. Er weist darin auf die Verflechtung des Häuptlingtums mit Religion, Magie und Kult hin und untersucht auch dessen Wandlung unter dem Einfluß der Kolonialverwaltungen und des Christentums und des Islams. Sein letztes Werk [1963] ist ebenfalls mit seinem reichen Material zur Darstellung der afrikanischen Religionen und Kulte, ihrer Verflechtungen mit dem sozialen Leben und ihres Wandels ein wichtiges Handbuch auch für den Ethnologen.

D. Publikationen von Ethnologen

1. Dissertationen

In 14jährigem Aufenthalt in Südwestafrika erworbene Landeskenntnisse verwertet L. W. G. ELMENHORST in seiner Dissertation über das Haus in Südwestafrika [1926]. Etwa ein Drittel der Arbeit wird von einem Überblick über Rassen, geographische und soziale Umwelt der Bewohner Südwestafrikas eingenommen, der die damaligen Kenntnisse und Ansichten widerspiegelt. Der Wert der Arbeit liegt in der detaillierten Beschreibung der Behausungen der Buschmänner, Bergdama, Hottentotten, Herero und Ovambo, die die verschiedenen Aufgaben und auch die sozialen und kultischen Bezüge der Bauten berücksichtigt.

Eine vorbildliche Dissertation reichte A. EILERS mit ihrer Untersuchung der sozialen Beziehungen des Kindes bei den Bantu [1927] ein, die dieses zuvor allgemein wenig beachtete Thema von allen Seiten beleuchtet und dabei gleichermaßen funktionale wie kulturhistorische Gesichtspunkte berücksichtigt. Im Kapitel über die sozialen Beziehungen des Kindes zur Familie, Sippe und zum Dorf- und Stammesverband werden alle nur denkbaren, das Verhältnis des Kindes zu seiner sozialen Umwelt betreffenden Probleme tiefschürfend behandelt. Die Verfasserin befaßt sich nicht nur mit sozialen und rechtlichen Themen, sondern auch mit psychologischen (z. B. emotionale Beziehungen zu Verwandten und Alters- und Stammesgenossen, Erziehung, Sonderfälle des unehelichen oder verwaisten Kindes etc.) und religiösen (insbesondere Ahnenkult, magische Riten usw.). Sie gelangte schon frühzeitig zu Erkenntnissen, die erst später allgemein als gültig anerkannt wurden, wie z. B. die starke Beeinflussung der Sozialordnung und der Rechtsauffassung von religiösen Vorstellungen (das Kapitel über den Sippenverband ist daher sogar unterteilt in die Beziehungen des Kindes zu diesem im Diesseits und Jenseits). So erfaßt A. Eilers etwa, daß die Leviratsehe bedingt ist durch die Zahlung des Brautpreises (mit der die lebenslange Gebärfähigkeit der Frau erworben wird), daß sie zugleich aber auch durch den Ahnenkult gefordert wird; daß auf die soziale Stellung und die Aufgaben des Kindes (wie auch seiner Eltern) dynamistische Vorstellungen einwirken (Erhaltung und Vererbung der Lebens- und Seelenkraft der Sippe durch die Deszendenz, Wiedergeburt von Ahnen in ihren Nachkommen); daß bei der Zurechnung des Kindes zur väterlichen oder mütterlichen Abstammungslinie sowohl nach dem über das Kind Verfügungsberechtigten (Erziehung, Strafrecht, Brautpreiszahlung, Vertretung vor Gericht etc.), über den Erbgang materieller Güter, aber auch nach der Vererbung ideellen Besitzes (Totem und Tabus, magische und geistige Kräfte und Mittel) und der Pflichten im Kult der väterlichen oder mütterlichen Ahnen zu fragen ist. Leider viel zu wenig beachtet wurden die Untersuchungen von A. Eilers zum Problem des „Vater- bzw. Mutterrechts", aus denen sie die ganz modern anmutende Folgerung zog, daß ein — z. B. durch Aufteilung des Erbes in materielle und geistige Güter erreichtes — labiles Gleichgewicht zwischen Vater- und Muttersippe aus verschiedenen endogenen Ursachen leicht zu einem Vorwiegen der einen führen kann, ohne daß immer eine fremde Beeinflussung oder Überlagerung vorliegen muß.

O. FISCHER beschäftigt sich in seiner Dissertation über Divinationsformen [1929] mit den Beziehungen des Menschen zur übersinnlichen Welt. In ihr untersucht er die verschiedenen Formen und Hilfsmittel des Wahrsagens und der Orakel, Ordale, Trance, Omina und Traumdeutungen nach den damals zur Verfügung stehenden Quellen (die z. B. orientalische Einflüsse etwas einseitig nur der Einwirkung von Mohammedanern zuschreiben). Erfolge der Wahrsager führt er nur auf Tricks und leichte Suggestibilität der Eingeborenen zurück; daß auch Probleme der Parapsychologie vorliegen, wurde zu jener Zeit noch nicht erkannt. Wie Eilers, so betont auch Fischer die enge Verflechtung zwischen wirtschaftlich-sozialem Leben und religiösen Vorstellungen, deren Beachtung er den in Afrika tätigen Europäern schon dringend anrät.

An das ebenso interessante wie schwierige Thema der afrikanischen Kunst, deren Erforschung durch Fachleute eben erst begonnen hatte, wagte sich L. MADAUS [1929] mit seiner Dissertation über die Holzfiguren des Kongo-Kassai-Gebietes. Sein „stilkritischer Versuch" war vorzeitig, da zum einen sein Untersuchungsmaterial (er stützte sich vorwiegend auf die Sammlungen des M. f. V.; die der Völkerkundemuseen von Berlin, Leipzig und Frankfurt waren ihm anscheinend nur teilweise zugänglich) lückenhaft war — wozu er selbst durch unverständliche Ausschließung der Kunst der Kuba- und Bena Lulua-Gruppen beitrug — und die betreffenden Katalogangaben viele Irrtümer enthielten, zum anderen ihm die von J. STRZYGOWSKI 1923 als erstem ausgearbeitete kunsthistorische Methode für Untersuchungen der Kunst schriftloser Völker noch unbekannt war. So enthalten seine Versuche zur Aufstellung von Stilkriterien wohl viele gute Ansätze und richtige Erkenntnisse, aber auch Mängel, Unklarheiten und Irrtümer. Die angestrebte Aufstellung von Stilprovinzen wurde im Text gar nicht durchgeführt. Eine diesbezügliche Tabelle wirft die Namen von Regionen, Stämmen, Landschaften, Dörfern durcheinander; ihre „Stile" sind z. T. gar nicht gegeneinander abgrenzbar und durch Beispiele nicht erläutert. In der Verbreitungskarte sind die Stilgebiete — sogar gemäß der Aufstellung des Verfassers — falsch verteilt.

Auch H. RODENBERG konnte achtjährige Landeskenntnis von Südwestafrika in seiner Dissertation über die Abhängigkeit der Wildbeuter und Hirten von der Landschaft [1931] verwerten. Sie stellt ein sehr gutes Beispiel für die fruchtbare Nutzanwendung der von PASSARGE erarbeiteten kulturgeographischen Methoden für die Völkerkunde dar. Gründlich und detailliert wird der Einfluß der geographischen Umwelt auf Physis, Wirtschaft, Ergologie, Religion, soziales und Geistesleben der Buschmänner, Bergdama, Hottentotten und Herero (übrigens auch der Einfluß des Menschen auf die Umwelt) dargestellt.

Die Dissertation von W. T. H. BEUKES über das Häuptlingtum der Süd-, Ost- und Zentralbantu [1931] leidet unter dem Mangel, daß für ein so umfassendes Thema eine zu geringe Zahl von Stämmen (sieben der Südostbantu — denen noch fälschlich die Bergdama zugeteilt sind —, sechs aus Ostafrika und vier aus dem Belgischen Kongo; die Bantu aus dem ehemaligen französischen Kolonialgebiet und aus Angola werden überhaupt nicht berücksichtigt) für eine vergleichende Untersuchung ausgewählt wurde. Wohl wegen der Herkunft des Verfassers aus Südafrika werden die Verhältnisse bei den Südostbantu unzulässig verallgemeinert. Sodann ist die Verschiedenartigkeit der Typen von Führungspositionen (deren Inhaber von den im Land lebenden Weißen meist unterschiedslos als „Häuptlinge" bezeichnet werden) nicht erkannt worden. So ist die wichtige Sonderstellung der sakralen Könige vom Verfasser nur zum Teil gesehen worden; demzufolge sind einwandfreie Quellen von Beukes nicht berücksichtigt oder gar als falsch erklärt worden, wenn ihre Schilderungen nicht mit den als Prototypen behandelten südafrikanischen Clanältesten und Kriegshäuptlingen übereinstimmten. Bei Berücksichtigung dieser Einseitigkeit lassen sich dieser Arbeit nützliche Informationen entnehmen. In ihrem I. Teil über die traditionellen Verhältnisse folgen einer Einleitung über die soziale Organisation Kapitel über Erb- und Nachfolge, „Innere Politik" des Häuptlings (seine Finanz- und Justizverwaltung und Ahnenkult) und seine „Außenpolitik" in Frieden und Krieg. Gut ist dabei Beukes' Ablehnung der evolutionistischen Theorien über die Entstehung des „Mutterrechtes". Ähnlich wie EILERS betont er die Rivalität von Vater- und Muttersippe bezüglich ihres Einflusses auf die verheiratete Tochter. Aus dem Überwiegen der Machtposition der einen oder anderen Linie seien Vater- oder Mutterrecht entstanden. (Mit dieser gut erfaßten „Sippenrivalität" sind allerdings noch nicht alle Faktoren erkannt.) Folgerichtig schlägt der Verfasser vor, statt der bisherigen die Begriffe „Muttersippen- bzw. Vatersippenrecht" zu verwenden. Im II. Teil über den Kulturwandel unter europäischem Einfluß untersucht er die Einwirkungen der Kolonialverwaltungen und der christlichen Mission auf die Stellung des Häuptlings, insbesondere auf seine Finanz- und Justizverwaltung. Er bedauert dabei das Unverständnis der Weißen für die andere Artung der afrikanischen Mentalität und Kultur.

Ebenfalls mit den Südostbantu beschäftigt sich die Dissertation von P.-L. BREUTZ über die politischen und gesellschaftlichen Verhältnisse der Sotho-Tswana [1941], für die wieder Feldforschungsergebnisse verwertet wurden. In ihrer Gründlichkeit und Vielseitigkeit ist sie vorbildlich. Im

Rahmen dieser Besprechung kann die Vielfalt der vom Verfasser erarbeiteten neuen Erkenntnisse, die eine wesentliche Bereicherung unseres Wissens ergaben, nicht annähernd gewürdigt werden. Es sei nur hervorgehoben, daß die Arbeit zwar eine vorwiegend funktional-soziologische Zielsetzung hat; aber auch die Faktoren Umwelt, Wirtschaft und sonstige materielle Kultur, Religion und Weltbild, Psychologie, Kulturwandel unter europäischem Einfluß werden eingehend berücksichtigt. Deren wechselseitige funktionale Beziehungen zum Gesellschaftsleben werden gut dargestellt. Der Bedeutung der Rangstellung von Einzelnen, Sippen und Stämmen ist ein eigenes Kapitel gewidmet. Darin wird auch das Häuptlingtum zutreffender und detaillierter erfaßt als bei der o. a. Arbeit von Beukes. Wie dieser verweist auch Breutz eindringlich auf die schädigende Auswirkung der Zerstörung der alten Sozialordnung der Bantu durch verständnislose Maßnahmen der europäischen Verwaltungen. Hellsichtig warnt er vor der sicheren Folge eines sozialen und wirtschaftlichen Chaos mit langdauernden heftigen Revolten, würde die damalige Kolonialpolitik beibehalten werden.

Als letzte Dissertation mit Behandlung von Themen der afrikanischen Völkerkunde wurde die von E. Kuhlbrodt über Wildbeutertänze [1959] eingereicht. Durch seine Ausbildung im Theatertanz und in Choreographie konnte der Verfasser die bisher vernachlässigte formale Gestaltung und die Stile von Eingeborenentänzen — im hier interessierenden Falle von Pygmäen, Buschmännern und Bergdama — fachmännisch untersuchen. Er weist sie aus als von der entsprechenden Kultur geprägt, mit dem religiösen und sozialen Leben funktional verflochten und aussagekräftig für Psyche und Geistigkeit der Teilnehmer an den nach Zweck und Funktion im Gesellungs- und Kultleben unterschiedlichen Tänzen.

2. Veröffentlichungen der Mitarbeiter des M. f. V.

Diese Veröffentlichungen befaßten sich zunächst nur spärlich mit der Völkerkunde Afrikas. Als erste erschien die Publikation von K. Hagen über die Benin-Sammlung des M. f. V. [1900]. Darin bringt der Verfasser die in älteren Reisebeschreibungen enthaltenen Nachrichten über die Geschichte Benins, seiner Hauptstadt, seines Königtums und über die Verwendung der Bronzen zur Kenntnis. Er datiert die Bronzen als Erzeugnisse der Eingeborenen selbst auch bereits richtig zur Hauptsache in das 16. bis 17. Jh. Sodann beschreibt er eine Auswahl der Altertümer (Reliefplatten und Gürtelanhänger aus Bronze). Dem II. Teil [1918] geht ein Vorwort mit der zusammenfassenden Wiedergabe der in den bis dahin erschienenen Veröffentlichungen zur Benin-Kunst geäußerten Meinungen voraus. Der Verfasser betrachtet dabei — mit Recht — das Problem der letzten Herkunft der Benin-Altertümer als noch ungelöst. Dann folgt eine ausführliche und genaue, illustrierte Beschreibung aller der inzwischen für das M. f. V. erworbenen Bronze- und Elfenbeinarbeiten. In sie hat Hagen alle bis dahin gewonnenen Kenntnisse eingearbeitet.

Eine weitere ethnographische Sammlung des M. f. V., von Obst aus Ostafrika mitgebracht (s. S. 123), veröffentlichte O. Reche. Mittels der von Obst gesammelten ethnographischen Notizen und Photos und eines eingehenden Literaturstudiums erweitert der Verfasser die Beschreibung der Sammlung zu einer kurzen Ethnographie des abflußlosen Gebietes Ostafrikas [1914]. Wirtschaft und Ergologie der einzelnen Stämme werden darin jeweils ausführlich, Anthropologie, Geschichte, Sprache, Gesellschaft, Religion, manchmal auch Musik, Tänze und Zeitrechnung naturgemäß nur kurz beschrieben. In einem abschließenden Vergleich versucht der Verfasser, das Material kulturgeschichtlich auszuwerten und bestimmte Kulturelemente den Autochthonen, bzw. den verschiedenen Einwanderungswellen zuzuschreiben. Die Arbeit ist eine gute Quelle für die vor der stärkeren europäischen Beeinflussung vorhandenen Kulturverhältnisse der Sandawe, Nyaturu, Isansu, Iramba, Irangi, Fiomi, Burungi und Kimbu geblieben. Besonders wertvoll ist die Monographie der bis dahin unerforschten wildbeuterischen Kindiga. Sodann nutzte Reche während des Krieges die Anwesenheit eines Jaunde-Sprachhelfers am Seminar für Kolonialsprachen, um sich von ihm Erläuterungen zum abia-Glückspiel und den Darstellungen auf den Spielmarken [1924] geben zu lassen.

Th.-W. Danzel hatte von seinen vielen Publikationen nur eine speziell der afrikanischen Völkerkunde gewidmet. In ihr sucht er, der ihn besonders interessierenden völkerpsychologischen Fragestellung bei der Behandlung der Probleme der afrikanischen Ethnographie [1928] stärkere Berücksichtigung zu verschaffen. Aus einer Vielzahl von Themen aus dem Bereich der Gesellschaft, der religiösen Vorstellungen und vor allem des Geistesschaffens teilt der Verfasser einige oder mehrere einer Auswahl von Stämmen (Buschmänner, Hottentotten, Bergdama, Herero, Sotho, Dschagga, Masai, Fioti, Fang, Ekoi-Keaka, Bali, Kpelle, Ewe) als Repräsentanten verschiedener Kulturstufen zu, um an ihnen seine völkerpsychologischen Untersuchungen durchzuführen und ihre Problematik zu erhellen. Danzel erkannte dabei bereits, daß die schöpferische Aktivität auf Anregungen seitens der Umwelt sehr verschieden reagiert und die vorhandenen Bewertungen und „Kulturtendenzen" (heute „patterns of culture" genannt) die Auswahl der zu entlehnenden Kulturgüter bestimmt. Der kulturhistorischen Forschung empfiehlt er, Übereinstimmungen und Verschiedenheiten von Umwelt, Rasse und Kulturstufe zu studieren, um sowohl die jeweilige Bedeutung dieser Faktoren für bestimmte Kulturelemente als auch rassische, umweltliche, kulturmorphologische Konstanz bzw. Inkonstanz einer ethnischen Einheit feststellen zu können.

Sein Nachfolger ab 1947 in der Leitung der Afrika-Abteilung, K. Dittmer, behandelte zunächst Faktoren und Probleme der Völkerkunde Afrikas in regional umfassenderen Arbeiten. In einem Beitrag zur Kunst der Naturvölker [1952] werden Stilmerkmale und die historische Entwicklung der afrikanischen Kunst behandelt und Stilprovinzen aufgestellt. In der „Allgemeinen Völkerkunde" [1954] wird versucht, auch die Kulturgeschichte Afrikas neu zu fassen. Dabei wird u. a. zwischen die Kulturstufe der Wildbeuter und der Ackerbauern die — weltweit vertretene — Übergangsstufe der Jäger-(Fischer-)Pflanzer eingeschoben, und es werden die agrikulturellen Kulturen unterteilt in die Kulturkreise a) der Bananen-

und Knollenfrucht-Pflanzer mit Kleinviehhaltung in Feuchtgebieten, b) der Regenzeitfeldbauern mit extensivem Getreideanbau und Großviehhaltung in den Savannen und c) der intensiven Terrassenfeldwirtschaft mit ursprünglich starken Beziehungen zum Megalithikum. Von den älteren Theorien werden insbesondere widerlegt: die angebliche Entstehung des Hirtennomadismus aus dem Jägertum; die Verbreitung der Großviehzucht in ganz Afrika durch „Osthamiten"; die Entstehung des gemischtwirtschaftlichen Bauerntums höherer Zivilisation und Staatenbildung durch „Überlagerung mutterrechtlicher Pflanzer durch Hirtennomaden". Im Kapitel „Wirtschaft der Naturvölker" im „Lehrbuch der Völkerkunde" [1958 a] sind Fragen der afrikanischen Wirtschaftsethnologie im größeren Rahmen behandelt.

Von 1958 ab veröffentlichte Dittmer auch Ergebnisse seiner Feldforschungen (s. S. 125 f.). Die Ablehnung der „Osthamitentheorie" konnte am Beispiel der Altnigritier und Fulbe des Obervolta-Gebietes [1958 b] belegt werden. Im gleichen Gebiet wurden die Methoden des Wahrsagens [1958 c] auch anhand eigener Séancen studiert und analysiert. Es ergab sich daraus eine telepathische Begabung guter Wahrsager als Erklärung ihrer über die wahrscheinliche Erwartung hinausgehenden richtigen Aussagen. Aus dem Berufungserlebnis des Wahrsagers und dem Erwerb von Buschgeistern bei unglücklichen Jagderlebnissen konnte auf das Vorhandensein des Wahrsagens schon im jägerischen Substrat der Altnigritier geschlossen werden.

In einer umfangreicheren Arbeit wurde das Häuptlingtum der Gurunsi im Obervolta-Gebiet [1961] ausführlich behandelt. Eine Einleitung bringt (als Vorläufer der z. Z. noch in Arbeit befindlichen Monographien) eine knappe Darstellung der Kultur und der älteren Quellen. Dann werden — für Kasena und Nuna getrennt — Funktionen, Attribute, Rechte und Nachfolge des Erdherren als des typisch altnigritischen Priesterhäuptlings detailliert geschildert. In einer folgenden Analyse wird versucht, das Wesen und die Entwicklung des Erdherrentums und des Erdkultes (wie auch des jägerischen Buschkultes und dessen Integration in den Erdkult) zu erfassen. Im nächsten Teil werden Funktionen, Gefolge, Hoheitszeichen etc., Riten bei Tod und Ernennung des Häuptlings untersucht. In einer eingehenden Analyse des Häuptlingsfetischs und seines Zusammenhangs mit der magischen Herrscherkraft werden beider Herkunft verfolgt. Als Ergebnis wird ein älteres sakrales Häuptlingtum, das bereits weitgehend in die gerontokratische Struktur der altnigritischen Sippenverfassung unter Führung des Erdherrn integriert ist, von Ausläufern des Gottkönigtums abgeleitet. Davon wird eine jüngere, weniger weit verbreitete und stellenweise noch im Spannungsverhältnis zu den Ältestenräten und Erdherren stehende Herrscherschicht von feudalem Gepräge abgehoben und auf die Eroberungszüge der mittelalterlichen Staatenbildner zurückgeführt. Im Anhang werden Regentenlisten und historische Traditionen gebracht.

Das gleiche Thema hatte Dittmer schon vorher in knapper Zusammenfassung behandelt. Dabei wurde auf den ereignisgeschichtlichen Hintergrund der Ausbreitung der feudalen Fürstentümer im Sudan [1960 a] hingewiesen: die Abdrängung sassanidisch-persischer Besatzungstruppen im Yemen und in Oberägypten-Nubien nach Westen infolge der Eroberung dieser Gebiete durch die islamischen Araber. Dadurch erklärt sich nach Ansicht des Verfassers die übereinstimmende Verbreitung von Waffen, Schmuck und anderen Kulturgütern und Zügen der Herrschaftsorganisation etc. von sassanidischem Typ im Sudan.

In den Beiträgen Dittmers zum Fischer-Lexikon „Völkerkunde" wird eine gedrängte Übersicht über Umwelt, Rassen, Sprachen, die verschiedenen Kulturzüge und die Geschichte Afrikas und Madagascars geboten. Zusätzlich zum oben erwähnten ereignisgeschichtlichen Faktor der arabischen Eroberungen wird auch auf die geschichtlichen Auswirkungen der Austrocknung Nord-Afrikas, der Ausbreitung des älteren sakralen Königtums in Afrika mit seinen Kettengründungen von großen und kleinen Reichen durch die Zerschlagung des nubischen Reiches von Meroë im 3.—5. Jh. n. Chr., sowie auf die Einflüsse des antiken und mittelalterlichen Welthandels auf die afrikanische Kulturgeschichte hingewiesen.

Das gleiche gilt auch für die in Fortsetzungen erscheinende Aufsatzreihe zur altafrikanischen Geschichte [1963, 1964 c]. Darin versucht der Verfasser, nicht nur Schriftquellen, sondern auch die mündlich überlieferten historischen Traditionen sowie die neueren Ergebnisse ethnologisch-kulturhistorischer, kunsthistorischer, prähistorischer und archäologischer Forschungen für die Gewinnung eines neuen Geschichtsbildes auszuwerten. An einem Einzelbeispiel — den altyorubischen Kronen und dem äthiopischen kalatscha-Kopfschmuck [1964 a] — wird der Ausbreitung meroïtischer Würdezeichen zusammen mit anderen Elementen der Kunst und des Kunstgewerbes wie auch des sakralen Königtums von „kuschitischem Typ" nach Westen und Süden im Gefolge der innerafrikanischen Reichsgründungen durch Eroberer von letztlich nubischer Herkunft nachgespürt. Dadurch wird auch eine genauere Datierung der mittelalterlichen Kunst Nigerias möglich.

Sodann verfaßte Dittmer noch zwei Aufsätze zu völkerkundlichen Problemen der Entwicklungshilfe in Afrika [1962 a, 1964 b]. Ergebnisse seiner Feldforschungen im Obervolta-Gebiet und des Literaturstudiums verwertete er ferner in einem Beitrag über die Obervolta-Kulturprovinz in der von H. Baumann herausgegebenen „Völkerkunde Afrikas", die sich z. Z. noch im Druck befindet. Darin bringt der Verfasser eine ausführliche neue Fassung der Geschichte dieses Gebietes; eine detaillierte Übersicht über die ethnischen Einheiten, in größere Gruppen unterteilt; eingehende Darstellungen der materiellen Kultur, Gesellschaft, Glaubenswelt und des Geistesschaffens. Dabei werden natürlich auch manche ethnologischen Probleme und Theorien überprüft und z. T. neu bearbeitet.

Als Forschungs- und Dokumentationsmaterial für Bewegungsvorgänge höchst wichtige Dokumentarfilme von Dittmer zur Ethnographie hauptsächlich des Obervolta-Gebietes wurden mit Begleittexten versehen [1958—1963]. In ihnen werden die Filmaufnahmen — zum Teil von selten zu beobachtenden Kulthandlungen — erläutert und dazu auch ethnologische Untersuchungen über die jeweils angeschnittenen Themen und Probleme gebracht.

Auch der Begleiter Dittmers während der 1. Westafrika-Expedition des M. f. V., J. ZWERNEMANN, publizierte einige Ergebnisse der Feldforschungen, vor allem zu religiösen Themen [1960—64]. Zumeist erweiterte er sie zu Abhandlungen, welche die bei den Gurunsi und Nachbarn studierten Fakten in Parallele zu gleichen eines größeren Gebietes setzen. Sehr wertvoll wird eine angekündigte kleine Monographie über die gemeinsam erforschten Sa'ama sein, die bisher nur in ihrem Vorhandensein unter der Ful-Bezeichnung „Wara" bekannt waren (vgl. S. 125). Da sie noch im Druck ist [ZWERNEMANN 1965], kann der Rezensent über ihren ihm noch unbekannten Inhalt nicht referieren.

Literatur

ADOLF FRIEDRICH HERZOG ZU MECKLENBURG [1912]: Vom Kongo zum Niger und Nil. Leipzig 1912.

BERGER, P. [1947]: Tanganjika. Innsbruck 1947. (in: BERNATZIK, H. A. [Hrsg.]: Afrika. Handbuch der angewandten Völkerkunde. Bd 2, S. 965—1035.)

BEUKES, W. T. H. [1931]: Der Häuptling in der Gesellschaft der Süd-, Ost- und Zentral-Bantuvölker. Hamburg 1931. [Hamburg Phil. Diss.]

BREUTZ, P.-L. [1941]: Die politischen und gesellschaftlichen Verhältnisse der Sotho-Tswana in Transvaal und Betschuanaland. Hamburg 1941. [Hamburg Phil. Diss.] (Schr. Kolon. Inst. Hans. Univ. Bd 3, Völkerkdl. Reihe, Nr 1.)

DAMMANN, E. [1940]: Dichtungen in der Lamu-Mundart der Suaheli. Hamburg 1940. (Abh. a. d. Gebiet d. Auslandskde. Bd 51.)

DAMMANN, E. [1944]: Zur Geschichte der Digo. Hamburg 1944. (Z. Eingeborenensprachen. Jg 34, S. 53—68.)

DAMMANN, E. [1953]: Sprichwörter aus Lamu. Berlin 1955. (in: LUKAS, J. [Hrsg.]: Afrikanistische Studien. S. 174—180.)

DAMMANN, E. [1956]: Die religiöse Stellung des Häuptlings in Ost- und Südafrikanischen Bantustämmen. Wiesbaden 1956. (Paideuma. Bd 6, H. 3, S. 110—117.)

DAMMANN, E. [1960]: Schwangerschaft, Geburt und Aufzucht der Kleinkinder bei den Digo. Hamburg 1960. (Afrika und Übersee. Bd 44, S. 93—110.)

DAMMANN, E. [1963]: Die Religionen Afrikas. Stuttgart 1963.

DANZEL, TH.-W. [1928]: Probleme der afrikanischen Ethnographie im Lichte völkerpsychologischer Fragestellung. Hamburg 1928. (Mitt. Mus. Völkkde Hamburg. Bd 13, S. 41—74.)

DEMPWOLFF, O. [1916]: Die Sandawe. Linguistisches und ethnographisches Material aus Deutsch-Ostafrika. Hamburg 1916. (Abh. Hamburgischen Kolon. Inst. R. 3; Bd 19.)

DITTMER, K. [1952]: Die Kunst der Naturvölker. Zürich 1952. (in: HÜRLIMANN, M. [Hrsg.]: Atlantisbuch der Kunst, S. 627—644.)

DITTMER, K. [1954]: Allgemeine Völkerkunde, Formen und Entwicklung der Kultur. Braunschweig 1954.

DITTMER, K. [1958 a]: Die Wirtschaft der Naturvölker. Stuttgart 1958. (in: ADAM, L., TRIMBORN [Hrsg.]: Lehrbuch der Völkerkunde. 3. Aufl., S. 208—231.)

DITTMER, K. [1958 b]: Ackerbau und Viehzucht bei Altnigritiern und Fulbe des Obervolta-Gebietes. Frankfurt 1958. (Paideuma. Jg 6, H. 7, S. 429—462.)

DITTMER, K. [1958 c]: Die Methoden des Wahrsagens im Obervolta-Gebiet und seine Beziehung zur Jägerkultur. Berlin 1958. (Baessler-Arch. N. F. 6., S. 1—60.)

DITTMER, K. [1959]: Völkerkunde Afrikas und Madagascars. Frankfurt 1959. (in: TISCHNER, H. [Hrsg.]: Das Fischerlexikon „Völkerkunde", S. 10—19; 84—88; 162—203; 314—331.) Italien. Übers. Milano 1963. Span. Übers. Buenos Aires 1964.

DITTMER, K. [1960 a]: Die sakralen Häuptlinge der Gurunsi im Obervolta-Gebiet und die feudalen Fürstentümer im Sudan. Stuttgart 1960. (Tribus. Jg 9, S. 68—80.)

DITTMER, K. [1960 b]: Religiöse Kunst in Afrika. Tübingen 1960. (in: Die Religion in Geschichte und Gegenwart. 3. Aufl. S. 131.)

DITTMER, K. [1960 c]: Ethnología general. Mexico, Buenos Aires 1960.

DITTMER, K. [1961]: Die sakralen Häuptlinge der Gurunsi im Obervolta-Gebiet. Hamburg 1961. (Mitt. Hamburgischen Mus. f. Völkkde. Bd 26.)

DITTMER, K. [1962 a]: Völkerkundliche Probleme bei der Intensivierung der afrikanischen Landwirtschaft. Frankfurt 1962. (Umschau in Wiss. und Technik. Jg 62, H. 12, S. 373—376.)

DITTMER, K. [1962 b]: Allgemene volkenkunden. Utrecht, Antwerpen 1962.

DITTMER, K. [1963]: Zur Geschichte Afrikas. 1. Die von Europäern miterlebte jüngere Geschichte. Freiburg/München 1963. (Saeculum. Jg 14, H. 2, S. 179—193.)

DITTMER, K. [1964 a]: Zur Herkunft und Bedeutung der altyorubischen Kronen und des äthiopischen kalatscha. München 1964. (in: Festschr. Ad. E. Jensen. Bd I, S. 63—90.)

DITTMER, K. [1964 b]: Völkerkunde und Entwicklungshilfe. Bonn 1964. (Afrika heute. H. 22, S. 289—290.)

DITTMER, K. [1964 c]: Zur Geschichte Afrikas. 2. Die ältere Geschichte Nordost- und Ostafrikas. Freiburg/München 1964. (Saeculum. Jg 15, H. 1, S. 1—17.) [Die Serie wird fortgesetzt]

DITTMER, K. [1965?]: Die Obervolta-Provinz. Frankfurt [im Druck]. (in: BAUMANN, H. [Hrsg.]: Völkerkunde Afrikas.)

DITTMER, K. [1958—1963]: Völkerkundliche Dokumentarfilme aus Obervolta mit Begleittexten. Göttingen 1958—1963. (Encyclopaedia Cinematographica des Inst. Wiss. Film):

E 159	Kassena	— Westafrika,	Totenfeier für verstorbene Gauhäuptlinge
E 174	—	—	Flechttechniken
E 175	—	—	Holzfällen u. Herstellen eines Hockers
E 214	—	—	Amulettherstellung mit Opfern
E 177	—	—	Herstellung eines Elfenbein-Armringes
E 215	—	—	Beim Wahrsager
E 216	—	—	Erdkult
E 217	—	—	Regenzeremonien
E 218	—	—	Vergiften von Pfeilen
E 219	—	—	Fest und Tanz bei einem Gauhäuptling
E 220	—	—	Kriegstänze und Scheinkämpfe
E 343	—	—	Zeremonieller Beginn einer Brandrodung
E 344	—	—	Grabstock- und Hackbau auf ständig kultivierten Hirsefeldern
E 176	Nuna	— Westafrika	Schnitzen und Bemalen von Tanzmasken

E 222	—	—	Morgendliche Kinderpflege mit Klistier
E 223	—	—	Maskentänze
E 224	—	—	Widderopfer am Grabe eines Gaugründers
E 345	—	—	Begrüßung eines Stadthäuptlings
E 160	Mossi	— Westfarika	Gelbguß in „verlorener Form"
E 173	Fulbe	— Westafrika	Weben am Trittwebstuhl
E 191	Senufo	— Westafrika	Schmieden von Eisen
E 197	—	—	Verhüttung von Raseneisenstein
E 221	—	—	Waschtag am Fluß
E 225	Dagari	— Westafrika	Begräbnis einer Häuptlingsfrau
E 342	Bassari	— Westafrika	Initiationstänze

Eilers, A. [1927]: Die sozialen Beziehungen des Kindes bei den Bantunegern. Hamburg 1927. [Hamburg, Phil. Diss.]

Elmenhorst, W. L. G. [1926]: Das Haus in Südwest-Afrika. Hamburg 1926. [Hamburg, Phil. Diss.]

Fischer, O. [1929]: Divinationsformen der Primitiven Afrikas. München 1929. [Hamburg, Phil. Diss.]

Fülleborn, F. [1906]: Das Deutsche Njassa- und Ruvuma-Gebiet, Land und Leute, nebst Bemerkungen über die Schire-Länder. Berlin 1906.

Hagen, K. [1900]: Altertümer von Benin im Museum für Völkerkunde zu Hamburg. T. 1. Hamburg 1900. (Jb. Hamburgischen Wiss. Anst. Bd 17, S. 1—26.)

Hagen, K. [1918]: Altertümer von Benin im Hamburgischen Museum für Völkerkunde, T. 2. Hamburg 1918. (Mitt. Mus. Völkkde. Hamburg. Bd 6.)

Kuhlbrodt, E. [1959]: Wildbeutertänze, ihre Formen und Funktionen. Hamburg 1959. [Hamburg, Phil. Diss.]

Madaus, L. [1929]: Die Holzfiguren des Kongo-Kassai-Gebietes. Bad Segeberg 1929. [Hamburg, Phil. Diss.]

Meinhof, C. [1911]: Die Dichtung der Afrikaner. Berlin 1911.

Meinhof, C. [1912]: Afrikanische Religionen. Berlin 1912.

Meinhof, C. [1913 a]: Religionen der schriftlosen Völker Afrikas. Tübingen 1913.

Meinhof, C. [1913 b]: Von der Fischerei in Kamerun. Hamburg 1913. (Der Fischerbote. Jg 5, H. 8, S. 313—315.)

Meinhof, C. [1914]: Afrikanische Rechtsbräuche. Berlin 1914.

Meinhof, C .[1916]: Eine Studienfahrt nach Kordofan. Hamburg 1916. (Abh. Hamburgischen Kolon. Inst. R. B, Bd 20.)

Meinhof, C. [1921]: Afrikanische Märchen. Jena 1921.

Meinhof, C. [1926]: Die Religionen der Afrikaner in ihrem Zusammenhang mit dem Wirtschaftsleben. Oslo 1926.

Meyer, E. [1940]: Kreditringe in Kamerun. Berlin 1940. (Koloniale Rdsch. Jg 31, S. 113—121.)

Meyer, E. [1947]: Kamerun. Innsbruck 1947. (in: Bernatzik, H. A. [Hrsg.]: Afrika, Handbuch der angewandten Völkerkunde. Bd 1, S. 623—703.)

Passarge, S. [1895]: Adamaua. Ein Bericht über die Expedition des Deutschen Kamerun-Komitees in den Jahren 1893/94. Berlin 1895.

Passarge, S. [1905 a]: Das Okavangosumpfland und seine Bewohner. Berlin 1905. (Z. E. Jg 37, S. 649—716.)

Passarge, S. [1905 b]: Die Grundlinien im ethnographischen Bilde der Kalahari-Region. Berlin 1905. (Z. Ges. Ekde Berlin. Jg 1905, S. 20—36; 68—88.)

Passarge, S. [1905 c]: Die Mambukuschu. Braunschweig 1905. (Globus. Jg 87, S. 229—234; 295—301.)

PASSARGE, S. [1907 a]: Die Buschmänner der Kalahari. Berlin 1907.

PASSARGE, S. [1907 b]: Ophir und die Simbabyekultur. Braunschweig 1907. (Globus. Jg 91, S. 229—232.)

PASSARGE, S. [1908]: Südafrika. Eine Landes-, Volks- und Wirtschaftskunde. Leipzig 1908.

PASSARGE, S. [1909]: Kamerun. Leipzig/Wien 1909. (in: MEYER, H. [Hrsg.]: Das Deutsche Kolonialreich. Bd 1, S. 417—635.)

PASSARGE, S. [1910]: Togo. Leipzig/Wien 1910. (in: MEYER, H. [Hrsg.]: Das Deutsche Kolonialreich. Bd 2, S. 1—128.)

PASSARGE, S. [1933]: Geographische Völkerkunde. Bd 2; Afrika. Frankfurt 1933.

PASSARGE, S. [1951]: Geographische Völkerkunde. Berlin 1951.

RATHJENS, C. [1921]: Die Juden in Abessinien. Hamburg 1921.

RECHE, O. [1914]: Zur Ethnographie des abflußlosen Gebietes Deutsch-Ostafrikas. Hamburg 1914. (Abh. Hamburgischen Kolon. Instituts. Bd 17.)

RECHE, O. [1924]: Das abia-Glücksspiel der Jaunde und die Darstellungen auf den Spielmarken. Hamburg 1924. (Mitt. Mus. Völkkde. Hamburg. Bd 9.)

RODENBERG, H. [1931]: Die Kulturen der Hirten, Jäger und Sammler Südwestafrikas in ihrer Abhängigkeit von der Landschaft. Hamburg 1931. [Hamburg, Math. nat. Diss.]

STUHLMANN, F. [1893]: Über die Zwergvölker am Ituri. Berlin 1893. (Verh. 10. dtsch. Geogr.-Tag, Stuttgart. S. 1—28.)

STUHLMANN, F. [1894]: Mit Emin Pascha ins Herz von Afrika. Berlin 1894.

STUHLMANN, F. [1909]: Beiträge zur Kulturgeschichte von Ostafrika. Berlin 1909.

STUHLMANN, F. [1910]: Handwerk und Industrie in Ost-Afrika. Hamburg 1910. (Abh. Hamburgischen Kolon. Inst. Bd 1.)

THILENIUS, G. [1916]: Das Hamburgische Museum für Völkerkunde. Berlin 1916. (Museumskde. Beih. Bd 12.)

THORBECKE, Fr. [1914, 1916, 1919]: Im Hochland von Mittelkamerun. Hamburg 1914—1919. (Abh. Hamburgischen Kolon. Institut. Bd 21, 26, 41.)

VEDDER, H. [1923]: Die Bergdama. Hamburg 1923. (Abh. a. d. Gebiet d. Auslandskde. Bd 11, 14.)

ZWERNEMANN, J. [1960]: Präexistenz und Prädestination im Volta-Gebiet und in Oberguinea. Braunschweig 1960. (Z. E. Jg 85, S. 187—196.)

ZWERNEMANN, J. [1961]: Les notions du dieu-ciel chez quelques tribus voltaïques. Dakar 1961. (Bull. I. F. A. N. Sér. B, T. 23, S. 243—272.)

ZWERNEMANN, J. [1962]: Zur figürlichen Plastik der Bwa. Stuttgart 1962. (Tribus. Jg 11, S. 149—152.)

ZWERNEMANN, J. [1964]: La querelle pour l'enfant pas encore né. Une légende historique des Gurunsi et ses parallèles. Paris 1964. (Notes Africaines. No. 101, S. 26—27.)

ZWERNEMANN, J. [1965]: Feldnotizen von den Wara (Haute-Volta). Braunschweig 1965. (Z. E. Jg 90. [im Druck])

Afrikanische Sprachen und Kulturen – der Hamburger Beitrag zu ihrer Erforschung

Von JOHANNES LUKAS und Mitarbeitern

Die Erwerbung von Kolonien in Afrika und Ozeanien durch das Deutsche Reich führte im Jahre 1908 zur Gründung des Kolonialinstituts in Hamburg. Eine Abteilung dieses Instituts, das Seminar für Kolonialsprachen, hatte sich mit den Sprachen in den neuen Kolonien zu befassen, um den nach Afrika und Ozeanien gehenden Beamten und Offizieren, Kaufleuten, Landwirten und Missionaren das Erlernen der dortigen Sprachen und damit den Kontakt zu den Eingeborenen zu ermöglichen. Der Unterricht am Kolonialinstitut wurde wie an deutschen Universitäten und Hochschulen gehandhabt. Es wurden Kollegien, Übungen und Praktika von Professoren und beauftragten Dozenten und öffentliche Vorlesungen im Auftrage der Oberschulbehörde und der Hamburgischen Wissenschaftlichen Stiftung gehalten. Das Unterrichtsjahr war dem an deutschen Universitäten und Hochschulen gleichgeschaltet.

Im Jahre 1909 wurde CARL MEINHOF an das Kolonialinstitut berufen und mit der Leitung des Seminars für Kolonialsprachen beauftragt. Meinhof hatte als Pastor in Pommern, angeregt durch die deutsche Mission, begonnen, sich für das Studium der Eingeborenensprachen zu interessieren; er hatte zu den verschiedenen Missionsgesellschaften Kontakt aufgenommen und sich besonders dem Studium der Sprachen in den afrikanischen Kolonien gewidmet. Nach der Veröffentlichung einiger Arbeiten über afrikanische Sprachen, die teils vor, teils nach seiner ersten Reise nach Ostafrika (1902/3) erfolgt waren, hatte das Orientalische Seminar in Berlin ihn als Lehrer für afrikanische Sprachen berufen und ihm 1905 den Titel Professor verliehen. 1906 hatte er die erste Auflage seiner „Grundzüge einer vergleichenden Grammatik der Bantusprachen" herausgebracht, ein Werk, mit dem er die methodischen Voraussetzungen für die Bearbeitung des großen Komplexes der Bantusprachen schuf und das auch heute noch als eine grundlegende Arbeit der Bantuistik gilt. Das Buch erschien 1910 in der 2. durchgesehenen und vermehrten Auflage und wurde 1932 revidiert und erweitert ins Englische übersetzt.

Die Lehre der in den Kolonien gesprochenen Sprachen setzte die Erforschung dieser Sprachen voraus, d. h. die Erforschung der Eingeborenensprachen wurde eine wesentliche Aufgabe des Seminars für Kolonialsprachen. Meinhof widmete sich hauptsächlich den Bantusprachen, und zahlreiche Veröffentlichungen aus diesem Gebiet weisen seine Methode der wissenschaftlichen Bantuistik aus. Veröffentlicht wurden ein großer Teil seiner sprachlichen Untersuchungen sowie die der übrigen Seminarmitglieder und anderer Mitarbeiter in der „Zeitschrift für Kolonialsprachen", die Meinhof im Jahre 1910 gründete und die noch heute unter dem Namen „Afrika und Übersee (Sprachen, Kulturen)" fortbesteht. Von 1919 bis 1945 erschien sie unter dem Namen „Zeitschrift für Eingeborenen-Sprachen".

Als Leiter des Seminars für Kolonialsprachen im Hamburgischen Kolonialinstitut gründete Meinhof im Jahre 1910 das Phonetische Laboratorium. Die Aufgaben des Phonetischen Laboratoriums bestanden darin, phonetische Untersuchungen an den verschiedenen Sprachen durchzuführen und Studierende dieser Sprachen phonetisch auszubilden, ferner Fragen der Atmungslehre und der Stimmpädagogik zu behandeln. Leiter des Phonetischen Laboratoriums wurde der 1910 als Assistent an das Seminar für Kolonialsprachen berufene Dr. GIULIO PANCONCELLI-CALZIA, ein gebürtiger Römer, der in Paris promoviert worden und vor Aufnahme seiner Arbeit in Hamburg an der Universität Marburg tätig gewesen war. Die ersten akustischen Apparate für ein phonetisches Kabinett wurden vom Physikalischen Staatslaboratorium in Hamburg zur Verfügung gestellt. Es wurde aber in den nächsten Jahren eine große Zahl neuer Instrumente und Apparate hinzugekauft, und im Jahre 1912 wurde die Einstellung einer Hilfsarbeiterin notwendig. Die Polizeibehörde Hamburg stellte anatomisches Material zur Verfügung, und vom Zoologischen Garten erhielt das Labor Kadaver von Affen für phonetische Präparierzwecke. — Das Phonetische Laboratorium hatte regen Kontakt zu anderen europäischen Instituten. Im Sommer 1913 reiste Meinhof nach Paris, um u. a. die Einrichtungen des dortigen phonetischen Laboratoriums zu besichtigen. Zu Beginn des Jahres 1914 fand in Hamburg ein Internationaler Kongreß für Experimentelle Phonetik statt; Professor Meinhof war erster Vorsitzender. Es fanden sich 300 Besucher aus verschiedenen Ländern Europas ein.

Das Publikationsorgan des Phonetischen Laboratoriums wurde die Zeitschrift „Vox — Internationales Zentralblatt für Experimentelle Phonetik", Fortsetzung der 1891 von Gutzmann gegründeten „Medizinisch-pädagogischen Monatsschrift für die gesamte Sprachheilkunde"; ihr erstes Heft erschien 1913. — Im Jahre 1919 wurde das Phonetische Laboratorium auf Meinhofs Veranlassung ein eigenes Universitätsinstitut unter der Leitung von Panconcelli-Calzia. 1922 wurde an der Hamburgischen Universität eine planmäßige außerordentliche Professur für Phonetik errichtet und Panconcelli-Calzia übertragen. Professor Panconcelli-Calzia, der heute noch in der Universitätsklinik und -Poliklinik für Hals-, Nasen- und Ohrenkrankheiten Eppendorf tätig ist, hat dem Phonetischen Laboratorium hohes Ansehen und weltweiten Ruf gesichert. Nach seiner Emeritierung im Jahre 1949 wurde OTTO VON ESSEN auf das Extraordinariat für Phonetik berufen und Direktor des Phonetischen Laboratoriums, das seit 1962 den Namen „Phonetisches Institut" führt. Mit von Essens Berufung wurde die traditionelle Verbundenheit der Hamburger Phonetik mit der

Afrikaforschung in besonderer Weise fortgesetzt: von Essen hatte während eines siebenjährigen Aufenthalts in Südwestafrika, wo er als Lehrer tätig war, die dortigen Sprachen kennengelernt. Er studierte bei Panconcelli-Calzia und Meinhof, wurde 1934 promoviert und habilitierte sich 1938. Verschiedene im Laufe der Zeit von ihm erschienene Veröffentlichungen behandeln phonetische Untersuchungen an afrikanischen Sprachen. Anläßlich seines 65. Geburtstages am 20. Mai 1963 widmeten ihm seine Kollegen, Freunde und Schüler als Ehrengabe ihre Beiträge in einer Sondernummer der Zeitschrift für Phonetik, Sprachwissenschaft und Kommunikationslehre [Heft 1/3 des 16. Bandes]. — Seit 1954 verfügt das Phonetische Institut über eine Assistentur, die damals mit Dr. Hans-Heinrich Wängler besetzt wurde, der sich 1958 mit einer Arbeit über die Tonologie des Hausa (Westafrika) habilitierte. Wängler veröffentlichte auch einige afrikanistische Beiträge in „Afrika und Übersee". Bis zu seiner Berufung an die University of Colorado in Boulda (U. S. A.) im September 1964 war er als Dozent am Phonetischen Institut Hamburg tätig.

Mit den ersten Jahren des Bestehens des Phonetischen Laboratoriums in Hamburg ist unlösbar der Name von Prof. Dr. Otto Dempwolff verbunden. Dempwolff war Arzt bei den deutschen Schutztruppen gewesen, war als solcher mit Eingeborenen in Afrika und Ozeanien in engen Kontakt gekommen und hatte sich auch mit dem Studium der Eingeborenensprachen befaßt. Nachdem er aus gesundheitlichen Gründen als Oberstabsarzt aus dem Dienst ausgeschieden war, ging er an das Seminar für Kolonialsprachen in Hamburg, wo u. a. seine physiologischen Kenntnisse, über die er als Arzt verfügte, für die phonetischen Untersuchungen an afrikanischen und Südseesprachen von großem Nutzen waren. Es gelang Dempwolff die Erfassung verschiedener schwieriger Laute in Eingeborenensprachen, besonders im Hottentottischen und im Sandawe. Eine Reise nach Ostafrika im Jahre 1906 hatte ihm vergleichende Untersuchungen in den dortigen Bantusprachen ermöglicht. Durch ein Verzeichnis der Ostbantu-Wortstämme konnte er die von Meinhof aufgestellten Urbantu-Wortstämme ergänzen. Ferner analysierte er das Namahottentottische (Südwestafrika). Dempwolff verlagerte seine Haupttätigkeit allmählich auf indonesische und Südseesprachen; aber er hielt weiterhin auch afrikanische Vorlesungen, vor allem: „Einführung in das Nama", „Induktiver Aufbau des Urbantu", „Die Sprachverhältnisse im abflußlosen Gebiet von Deutsch-Ostafrika". Er widmete ferner von Anfang an der „Zeitschrift für Kolonialsprachen" sein ganzes Interesse und viel Arbeitskraft. Zu seinem 60. Geburtstage 1931 wurde ihm das Heft 3 des 21. Bandes der „Zeitschrift für Eingeborenen-Sprachen" [1930/31] mit Beiträgen von seinen Kollegen und Schülern gewidmet. Die Universität Kiel verlieh ihm aus diesem Anlaß den Dr. phil. h. c. Im Winter desselben Jahres wurde die bisher zum Afrikanischen Seminar gehörige Abteilung für Südseesprachen selbständig unter dem Namen „Seminar für Indonesische und Südseesprachen", und Professor Dempwolff wurde mit der Leitung des Seminars beauftragt.

Für den Unterricht in afrikanischen Sprachen standen Meinhof von Anfang an afrikanische Sprachgehilfen zur Verfügung. Die Woermann-linie und die Exportfirma C. Woermann, mit deren Inhabern Meinhof beste Beziehungen verbanden, waren stets hilfreich in der Vermittlung von Afrikanern, und auch über den Zoologischen Garten und C. Hagenbeck wurden Eingeborene gefunden, mit denen linguistische und phonetische Untersuchungen durchgeführt werden konnten. Zwei Sprachgehilfen sind aus den ersten Jahren des Bestehens des Seminars für Kolonialsprachen besonders zu erwähnen: der Duala Peter Makembe und der Ewe Victor Toso, ein Lehrer aus Togo. Beide leisteten dem Seminar gute Dienste. Aus ihrer Feder stammen auch Texte in ihrer Muttersprache, die in der „Zeitschrift für Kolonialsprachen" veröffentlicht wurden [1916/17, 1920/21].

Die Entwicklung des Sprachunterrichts am Kolonialinstitut folgte besonders den praktischen Bedürfnissen der Kaufleute, Beamten, Ärzte und Missionare. An afrikanischen Sprachen wurden zunächst Swahili (Ostafrika) und Duala (Kamerun) gelehrt. Daneben hielt Meinhof im ersten Semester 1909/10 eine allgemeine Vorlesung über die moderne Sprachforschung in Afrika und im folgenden Jahr eine Ergänzungsvorlesung über die Dichtung der Afrikaner; ferner gab er eine Einführung in die allgemeine Phonetik und eine Vorlesung über die vergleichende Grammatik der Bantusprachen. Auch Dozenten anderer Seminare des Kolonialinstituts hielten gelegentlich afrikanische Vorlesungen, so der Orientalist Professor Becker mit islamkundlichen Vorlesungen, Afrika betreffend. Ab 1911 führte der Kaiserliche Regierungsrat Zache, wissenschaftlicher Mitarbeiter an der Zentralstelle des Kolonialinstituts, früher Bezirksamtmann in Deutsch-Ostafrika, Übungen im Swahili durch, und zwar über „Eingeborenenbehandlung und Eingeborenen-Rechtspflege"; in Gegenwart afrikanischer Sprachgehilfen als Beisitzer lasen die Teilnehmer der Übung z. B. Gerichtsverhandlungen mit verteilten Rollen.

Meinhofs Bestreben war es von Anfang an, tüchtige Mitarbeiter an das Seminar zu ziehen, um nicht nur die Lehraufgaben zu bewältigen, sondern auch die Basis für die Forschungen zu verbreitern, die besonders nach der Gründung der Hamburgischen Universität im Jahre 1919 in den Vordergrund traten. Sein erster Mitarbeiter (die damalige Bezeichnung war wissenschaftlicher Hilfsarbeiter) wurde 1911 August Klingenheben, von Hause aus Semitist. Klingenhebens Wirken war für die Entwicklung des Seminars schon insofern von Bedeutung, als er im Gegensatz zu dem Bantuisten Meinhof sein Interesse zur Hauptsache auf den nördlichen Teil Afrikas konzentrierte. Mit ihm haben das Studium und die Forschung auf dem Gebiete der äthiopischen Sprachen im Seminar seinen Einzug gehalten. Auch das Studium des Hausa, der weit verbreiteten Verkehrssprache in Westafrika, hat durch Klingenheben eine Förderung erfahren, ebenso wie die Sprache der Vai, jenes interessanten Mande-Volkes in Liberia, das zu den wenigen Völkern gehört, die eine eigene Schrift entwickelt haben. Von ungewöhnlicher Bedeutung wurden die Arbeiten Klingenhebens auf dem Gebiete der Erforschung der Fulanisprache, deren Wichtigkeit schon Meinhof erkannt und mit der er sich in einigen geistvollen Arbeiten auseinandergesetzt hatte.

Ebenfalls im Jahre 1911 trat MARTIN HEEPE als Mitarbeiter in das Seminar für Kolonialsprachen ein. Er übernahm den Swahili-Unterricht und hat sich auf dem Gebiet der Bantuistik Verdienste erworben. Das Vorlesungsprogramm wurde ständig erweitert, das Bedürfnis nach Unterricht in afrikanischen Sprachen von seiten der Regierung, der Kaufmannschaft und nicht zuletzt von seiten der Mission war groß. Bereits im Wintersemester 1912/13 nahm Meinhof den Unterricht im Herero, Nama (Südwestafrika) und Ewe (Togo) auf. Im darauffolgenden Sommersemester wurde auch Yaunde (Kamerun) und Ndonga (Südwestafrika) in den Unterrichtsplan eingegliedert. Für den Jaunde-Unterricht ist besonders der Gewährsmann Karl Atangana zu erwähnen, mit dem vor allem Heepe zusammenarbeitete [HEEPE, Jaunde-Texte 1919]. Im Winter 1913/14 wurde u. a. für den Ewe-Unterricht Dr. MARTIN QUISTORP als wiss. Hilfsarbeiter eingestellt. Von der Mission erfuhr das Seminar damals auch Unterstützung für seinen Lehrbetrieb: 1911/12 übernahmen der Missionar J. IRLE eine Übung in der Hererosprache und der Missionar CHR. BAUMANN eine Übung im Nama. Baumann war in Deutsch-Südwest geboren und aufgewachsen und beherrschte die dortigen Sprachen. Mit seiner Hilfe wurden im Phonetischen Laboratorium auch Tonhöhenuntersuchungen in der Sprache der Bergdama durchgeführt. Eine ganze Reihe evangelischer Missionare veröffentlichte im Laufe der Zeit Artikel in der Zeitschrift für Kolonialsprachen (später „Zeitschrift für Eingeborenensprachen", dann „Afrika und Übersee") und größere Arbeiten in den Beiheften zu dieser Zeitschrift sowie in den Abhandlungen des Hamburgischen Kolonialinstituts, deren Redaktor Meinhof von 1910 bis 1922 war (ab 1919 Abhandlungen der Hamburgischen Universität, 1936—1945 Abhandlungen der Hansischen Universität, heute Abhandlungen der Universität Hamburg); so K. ROEHL eine Grammatik der Schambala-Sprache = Abh. Bd 2 [1911], K. ENDEMANN ein Wörterbuch der Sotho-Sprache = Abh. Bd 7 [1911], E. DINKELACKER ein Wörterbuch der Duala-Sprache = Abh. Bd 16 [1914], E. DAHL ein Nyamwesi-Wörterbuch = Abh. Bd 25 [1915], J. IRLE ein Deutsch-Herero-Wörterbuch = Abh. Bd 32 [1917], FR. SPELLENBERG eine Arbeit über die Sprache der Bo oder Bankon in Kamerun = 3. Beih. [1920], H. VEDDER zwei Bände über die Bergdama = Abh. Bd 11 und 14 [1923], W. BOURQUIN das Werk: Neue Urbantu-Wortstämme = 5. Beih. [1923], E. KOOTZ-KRETSCHMER Texte in der Sprache der Safwa und Nyixa = 11. Beih. [1929]. C. Endemann wurde in Anerkennung seiner Verdienste um die afrikanische Sprachforschung, besonders wegen seines großen Sotho-Wörterbuchs, der Professorentitel verliehen. — Des öfteren kamen Missionare während ihres Heimaturlaubs nach Hamburg, um ihr linguistisches Material im Seminar für Kolonialsprachen und Phonetischen Laboratorium unter der beratenden Mithilfe von Meinhof auszuarbeiten. So arbeitete E. Dahl längere Zeit an seinem Nyamwesi-Wörterbuch im Seminar für Kolonialsprachen und später besonders JOHANNES ITTMANN an seiner Duala-Grammatik [20. Beih. zur „Zeitschrift für Eingeborenensprachen", 1939]. Ittmann wurde einer der treuesten Mitarbeiter der Zeitschrift. Als ihr 26. Beih. erschien seine Arbeit über volkskundliche und religiöse Begriffe im nördlichen Waldland von Kamerun [1953]. Die Herausgabe seines letzten großen Werkes, eines

Wörterbuches der Duala-Sprache, konnte er nicht mehr erleben; er starb 1963. Das Wörterbuch soll posthum als 29. Beiheft zu „Afrika und Übersee" erscheinen. — Eine weitere große Arbeit aus der Hand eines Missionars ist das Wörterbuch der Djaga-Sprache von E. MÜLLER [25. Beih. der „Zeitschrift für Eingeborenensprachen", 1947]. Ferner ist der Missionar J. BUSSE zu erwähnen, der im Zweiten Weltkrieg nach Hamburg kam und hier als Pastor wirkte. Er veröffentlichte mehrere Aufsätze in der „Zeitschrift für Eingeborenensprachen". BUSSE hatte vor dem Kriege bereits in Hamburg studiert und die Auslandsdiplomprüfung abgelegt. Durch diese Prüfungen nach spezialisiertem Studium, die im Rahmen der Universität stattfanden, wurde Praktikern die Möglichkeit gegeben, ihre in Hamburg erworbenen Kenntnisse für ihre spätere Arbeit im Ausland auszuweisen. 1943 wurde Busse mit einer Arbeit über das Nyiha (Ostafrika) promoviert.

Professor Meinhof stand stets in engem Kontakt mit den evangelischen Missionsgesellschaften. Er nahm häufig mit eigenen Beiträgen an Missionstagungen teil, so z. B. an der jährlichen Sächsischen Missionskonferenz in Halle/Saale. 1910 vertrat er das Hamburger Kolonialinstitut auf der Weltmissionskonferenz in Edinburgh; dort wurde ihm der höchste Grad, den die Universität Edinburgh zu vergeben hatte, der Ehrendoktor der Rechte, verliehen. 1911 verlieh ihm die Universität Greifswald den Doktor der Theologie. „In dem Bestreben, hinter der Sprache den Menschen als Träger einer Gesamtkultur zu sehen, ist Meinhof schon früh zur Behandlung religionswissenschaftlicher und rechtswissenschaftlicher Fragen in Afrika übergegangen. Seine Arbeiten über die afrikanischen Religionen und das afrikanische Recht haben internationale Beachtung gefunden. Noch bis in die letzten Jahre hinein war Meinhof in dieser Richtung tätig" [LUKAS 1943/44, S. 93].

Von Januar bis April 1914 unternahm Meinhof in Begleitung von A. Klingenheben eine Studienreise nach Kordofan im Anglo-Ägyptischen Sudan, um dort die Klassensprachen zu untersuchen und um nubische Studien zu treiben. „Die Beschäftigung mit Klassensprachen zieht sich wie ein roter Faden durch Meinhofs Leben ... Er, der stets nach einer Erweiterung des Horizontes drängte, sah in seiner Eigenschaft als hervorragendster Bantuist aller Zeiten in den Klassensprachen den Hintergrund zu dem einmaligen Phänomen, das die Bantusprachen heute bieten; er sah in dem ‚Urbantu' nur einen Splitter einer Gesamtheit ..." [LUKAS 1943/44, S. 90].

Der Ausbruch des Ersten Weltkrieges beeinträchtigte die Arbeit am Kolonialinstitut naturgemäß sehr. Dozenten und Hörer wurden zum Heeresdienst einberufen, so daß es schwierig wurde, den Unterrichtsbetrieb aufrechtzuerhalten und die wissenschaftliche Arbeit fortzuführen. Vom Seminar für Kolonialsprachen wurden A. Klingenheben und Dr. Quistorp eingezogen. Dr. Heepe, der im Juni 1914 eine Reise nach Ostafrika angetreten hatte, wurde an seiner Rückreise gehindert und verbrachte mehrere Kriegsjahre z. T. als Zivilgefangener in Ostafrika und im Kongo. Der Missionar Baumann blieb noch einige Zeit am Seminar, wurde dann aber auch eingezogen, so daß Meinhof schließlich nur die

Sprachgehilfen zur Unterstützung seiner Arbeit verblieben. Diese nahm auch trotz aller Schwierigkeiten ihren Fortgang. Meinhof unternahm auch weiterhin Reisen nach Rußland, Frankreich und in die Türkei, um dort Vorträge zu halten. Außerdem arbeitete er in Kriegsgefangenenlagern mit den dort vorhandenen Afrikanern.

Das Phonetische Laboratorium hatte gleich im ersten Semester nach Kriegsbeginn den Tod des wiss. Mitarbeiters Dr. Waiblinger zu beklagen, der an der Front fiel. An seine Stelle trat vorübergehend Peters, ein Fellow der Carnegie Stiftung, der sich gerade in Deutschland aufhielt und schon nach kurzer Zeit von Hamburg als Lektor nach Leipzig ging. Sein Nachfolger wurde stud. Wilhelm Heinitz, der spätere Musikwissenschaftler Prof. Dr. Heinitz. Er bearbeitete zunächst die von Meinhof während seines Kordofan-Aufenthaltes gemachten phonographischen Aufnahmen. In den folgenden Jahren erschienen von Heinitz verschiedene Artikel phonetischen Inhalts in der Zeitschrift „Vox".

Das Ende des Ersten Weltkrieges hatte durch die neue politische Lage auch für die hamburgischen wissenschaftlichen Anstalten Veränderungen zur Folge: Der Verlust der deutschen Kolonien führte zur Aufhebung des Kolonialinstituts. Seine Forschungs- und Lehraufgaben wurden in der Hamburgischen Universität weitergeführt, die im Jahre 1919 gegründet wurde und an deren Gründung Meinhof lebhaft interessiert und aktiv beteiligt war. Meinhof wurde zum ordentlichen Professor für afrikanische Sprachen ernannt. Das ehemalige Seminar für Kolonialsprachen führte nun als Universitätseinrichtung den Namen „Seminar für Afrikanische und Südseesprachen" (ab 1931 „Seminar für Afrikanische Sprachen"; damals wurde das „Seminar für Indonesische und Südseesprachen" von ihm getrennt). Am Seminar bestand jetzt die Möglichkeit zur Habilitation, wovon zunächst Dempwolff und Heepe (1920) Gebrauch machten. Klingenheben habilitierte sich 1924. — Im Winter 1917/18 war die Oberlehrerin Maria von Tiling, spätere Frau Dr. Klingenheben-v. Tiling, in das Seminar eingetreten. Sie übernahm Swahili-Kurse und bald auch den Unterricht in der Somali-Sprache sowie im Galla (Hauptverbreitungsgebiet Äthiopien). Der Gewährsmann für Somali war Muhammed Nur, dessen Tätigkeit am Seminar in guter Erinnerung geblieben ist. Als englischer Untertan war er in Gefangenschaft geraten, und Meinhof gelang es, ihn an das Seminar zu holen.

Der Mitgliederkreis am Afrikanischen Seminar erweiterte sich nach Kriegsende wieder. Dempwolff, der im Kriege als Arzt tätig gewesen war, kehrte zurück und nahm seine Vorlesungstätigkeit wieder auf. 1918 wurde ihm der Titel Professor verliehen. Auch Dr. Heepe kam nach Hamburg zurück und lehrte bis zu seinem Weggang nach Berlin 1924 vor allem Swahili und Yaunde. Desgleichen kehrte 1919 Klingenheben nach Hamburg zurück und übernahm wieder Vorlesungen und Übungen im Ful und Hausa, ferner im Äthiopischen und Amharischen (Abessinien) und bald auch im Tigré und Tigrinya (ebenfalls Abessinien) sowie im Vai (Liberia). Ab 1924 setzte Klingenheben seine Arbeit am Seminar als Dozent fort. Für die Übungen im Vai stellte sich der liberianische Generalkonsul

Massaquoi freundlicherweise zur Verfügung. Auf seine Anregung hin unternahm Klingenheben 1927 eine Forschungsreise nach Liberia und Sierra Leone, um dort Vaistudien durchzuführen. Ein Jahr vorher, im Frühjahr 1926, hatte er eine dreimonatige Forschungsreise nach Spanisch-Marokko gemacht. 1928 wurde Klingenheben zum nichtbeamteten außerordentlichen Professor ernannt.

Nach dem Krieg wurde aus der Not der Zeit heraus die Notgemeinschaft der Deutschen Wissenschaft gegründet (Berlin 1921), zu der Meinhof stets engen Kontakt hatte. Er wurde der erste Vorsitzende des Hauptausschusses Anthropologie. In Anerkennung seiner Verdienste wurde ihm die Medaille der Notgemeinschaft für die Förderung der deutschen Wissenschaft verliehen. — Am 23. Juli 1927 beging Meinhof seinen 70. Geburtstag. Anläßlich dieses Ehrentages wurde ihm eine umfangreiche Festschrift, die unter der Ägide von Dempwolff gestanden hatte, überreicht. Die Universität Leipzig verlieh ihm im gleichen Jahre den Dr. phil. h. c. — 1928 unternahm Meinhof seine dritte Afrikareise, diesmal in die Südafrikanische Union, wo er an verschiedenen Universitäten Vorlesungen hielt und auch Untersuchungen über den Koranadialekt des Hottentottischen durchführte. „Das Buch, das er darüber veröffentlicht hat, gehört zu den afrikanistischen Kostbarkeiten" [LUKAS 1943/44, S. 91]. — Meinhofs Tätigkeit als Vorsitzender der Religionswissenschaftlichen Gesellschaft in Hamburg, in deren Rahmen regelmäßig Vorträge gehalten wurden, zeigt den Umfang der Kontakte, die das Seminar pflegte. — Durch die im Rahmen des Seminars abgehaltenen Vorträge der „Afrikanischen Gruppe" im Ausschuß für Auslandskunde der Universität Hamburg, an der nicht nur Meinhof, sondern auch Dempwolff rege mitarbeitete, wurden hauptsächlich die Kaufmannschaft und andere Freunde des Seminars angesprochen.

1930 zog Frau Dr. Klingenheben-v. Tiling sich aus der Arbeit im Afrikanischen Seminar zurück. Ihr Nachfolger wurde Dr. ERNST DAMMANN, heute Ordinarius für Vergleichende Religionsgeschichte an der Universität Marburg und Lehrbeauftragter und Leiter der afrikanistischen Abteilung des dortigen Orientalischen Seminars. Dammann widmete sich vor allem den Bantusprachen, besonders dem Swahili, und übernahm nach Professor Klingenhebens Ausscheiden außerdem das Vai. 1939 habilitierte er sich für afrikanische Sprachen. Professor Klingenheben verließ im Oktober 1930 das Hamburger Seminar und folgte einem Ruf nach Leipzig auf ein Extraordinariat für das Neuarabische und die hamitischen Sprachen Afrikas. Meinhof zog nun Dr. ERNST ZYHLARZ nach Hamburg, der sich von Wien her umhabilitierte. Zyhlarz, von Hause aus Ägyptologe und ein Schüler Hermann Junkers, brachte grundlegende Voraussetzungen für eine erfolgreiche Betätigung auf dem Gebiete der Hamitensprachen Nord- und Nordostafrikas mit. Seine Arbeiten, die einen stark historischen Charakter tragen, haben besonders in der Frage der Beziehungen der nordafrikanischen Berbersprachen zum Altägyptischen, in der Erforschung des mittelalterlichen Nubischen und der nubischen Dialektologie sowie in der Frage der Beziehungen der Sprache der Blemyer zum modernen Bedawiye zu interessanten Ergebnissen geführt. Zyhlarz hielt Vorlesungen über das Berberische, das Alt- und Neuägyptische, das Koptische, das Nubische, das Kondjara (Kordofan); ferner eine Vorlesung über die Geschichte der Schrift. 1937 wurde er zum nichtbeamteten außerordentlichen Professor ernannt. Professor Zyhlarz schied nach dem Zweiten Weltkrieg aus dem Seminar für Afrikanische Sprachen aus und starb 1964.

1933 wurde Fräulein stud. Emmi Meyer, zunächst Mitarbeiterin von C. Meinhof, mit der Abhaltung von Kursen im Swahili und Duala beauftragt. Sie spezialisierte sich auf dem Gebiet der Bantusprachen. 1937/38 unternahm sie eine Forschungsreise in das Kameruner Grasland und habilitierte sich 1939 für afrikanische Sprachen. Durch Frau Professor Kähler-Meyer ist nicht nur die Tradition Meinhofs auf dem Gebiet der vergleichenden Bantuistik fortgesetzt worden, sondern dem Seminar auch eine seltene Spezialistin für die westkameruner Klassensprachen erwachsen.

1934 wurde Dr. Johannes Lukas als Lehrbeauftragter an das Afrikanische Seminar geholt und wirkte bis zu seiner Berufung als a.o. Professor nach Berlin 1941 besonders auf dem Gebiet der tschadohamitischen Sprachen und der Herausgabe der nachgelassenen Materialien von Gustav Nachtigal, dem großen Reisenden im Tschadsee-Gebiet. Lukas' Vorlesungen behandelten zunächst neben den Sprachen der Ful und Ewe vor allem Völker und Sprachen im zentralen und östlichen Sudan, insbesondere Kanuri und Hausa.

1935 wurde Meinhof emeritiert, 1936 trat er in den Ruhestand, und sein Nachfolger auf dem Hamburger Lehrstuhl für Afrikanistik und als Direktor des Seminars wurde A. Klingenheben, der sein Amt bis zu seiner Emeritierung im Jahre 1954 innehatte. Professor Klingenheben unternahm 1938 eine Forschungsreise nach Libyen (Tripolis), um mit dort im italienischen Heeresdienst befindlichen Abessiniern Sprachstudien durchzuführen. Professor Meinhof blieb weiterhin in enger Fühlung mit dem Seminar. Er blieb Herausgeber der Zeitschrift für Eingeborenen-Sprachen und brachte auch weiterhin laufend eigene Veröffentlichungen heraus. Die Universität Hamburg verlieh ihm im Oktober 1936 die goldene Ehrenmedaille. Anläßlich seines 80. Geburtstages am 23. Juli 1937 überreichten seine Freunde und Mitarbeiter ihm als Ehrengabe das „Brevier Meinhof", eine Schrift, die die Ergebnisse der wissenschaftlichen Forschungen Meinhofs, in der Hauptsache als Auszüge aus seinen Werken, zusammenfaßte. 1939 wurde Meinhof die große Ehre der Verleihung der Goethe-Medaille für Kunst und Wissenschaft zuteil.

Im November 1938 starb Professor Dempwolff im 68. Lebensjahr. Damit verlor das Seminar seinen nach Meinhof ältesten Mitarbeiter und einen verehrten Lehrer und erfolgreichen Forscher.

1938 wurde Martin Abel, der seit seiner Kindheit an afrikanischen Sprachen interessiert war und im Hauptfach Orientalistik, im Nebenfach Afrikanistik studierte, mit einer Arbeit über das Swahili-Epos Chuo cha Herkal promoviert. Dr. Abel ist heute in der Deutschen Presse-Agentur in Hamburg tätig. — Ab 1938 und während der Kriegsjahre erfuhr das Afrikanische Seminar in seinem Sprachunterricht Unterstützung durch Dr.

PAUL BERGER — heute Nervenarzt und Psychotherapeut in Hamburg —, der die Teilnahme an einer Forschungsreise Prof. Dr. Kohl-Larsens nach Ostafrika zu linguistischen Studien benutzt hatte. Dr. Berger hielt hauptsächlich Kurse ab für die Sprachen der Masai, der Iraqu, der Konde und der Wambulu (Ostafrika).

Der Ausbruch des Zweiten Weltkrieges hatte einige Änderungen für das Afrikanische Seminar zur Folge. Es wurden Sprachkurse für Soldaten eingerichtet, die auf ihren evtl. Einsatz in afrikanischen Ländern vorbereitet werden sollten. Im Sommer 1941 übernahm der hochbetagte Professor Meinhof (damals 84 Jahre alt) wieder eine Vorlesung (Herero, im folgenden Semester Duala). Im Mai 1943 hatte das Seminar den Tod von RICHARD HEYDORN zu beklagen, der an der Ostfront fiel. Heydorn hatte am Afrikanischen Seminar in Hamburg studiert und promoviert, war vor dem Kriege fünf Jahre hindurch an Eingeborenenschulen der Mission in Liberia als Lehrer tätig gewesen und hatte seinen Aufenthalt dort für sprachliche Forschungen genutzt. Ergebnisse seiner linguistischen Arbeiten waren die Veröffentlichungen in der „Zeitschrift für Eingeborenensprachen" über die liberianischen Sprachen Vai, Bandi und Manya.

Im Februar 1944 starb Professor Meinhof, der das Hamburger Seminar zu „einer einzigartigen Institution" gemacht hatte, „die jahrzehntelang bis zur Gründung der Afrika-Abteilung des Deutschen Auslandswissenschaftlichen Instituts in Berlin im Jahre 1942 vereinzelt geblieben ist" [LUKAS 1943/44, S. 86]. Professor Lukas faßte den Schmerz über Meinhofs Tod in folgende Worte: „Mit Carl Meinhof verlieren wir einen jener seltenen Menschen, die vom Schicksal berufen sind, der Welt des Geistes etwas Großes zu geben. Ihm war vergönnt, die Grundlagen für einen bedeutenden Teil der Sprachwissenschaft zu schaffen, eine Welt sprachlicher Zusammenhänge aufzubauen und mit den Erkenntnissen seines Suchens und Forschens die Sprachwissenschaft an sich zu einer neuen Höhe und in einem besonderen Abschnitt zu einer bewundernswerten Vollendung zu führen ..." [LUKAS 1943/44, S. 81].

Die Herausgabe der „Zeitschrift für Eingeborenensprachen" bzw. „Afrika und Übersee" und ihrer Beihefte, die Meinhof gegründet und deren Führung er als eine seiner wichtigsten Aufgaben betrachtet hatte, übernahmen ab 1953 E. Dammann, E. Kähler-Meyer, A. Klingenheben und J. Lukas gemeinsam. Die Schriftleitung lag und liegt noch heute in den Händen von Frau Professor Kähler-Meyer; sie war besonders in den ersten Nachkriegsjahren mit sehr großen Schwierigkeiten verbunden.

Die Räume des Seminars für Afrikanische Sprachen — und damit auch die wertvolle Bibliothek, die inzwischen über 10 000 Bände umfaßt — blieben von der Zerstörung durch Bombenangriffe verschont. So konnte der Vorlesungsbetrieb, der zeitweise nur von Frau Professor Kähler-Meyer aufrechterhalten worden war, bald nach Kriegsende wieder erweitert werden. 1946 wurde die Assistentenstelle am Afrikanischen Seminar mit Dr. OTTO FIRCHOW besetzt. Firchow war Ägyptologe und wurde mit der Abhaltung ägyptologischer, koptischer und äthiopischer Übungen beauftragt. Er ging 1949 nach Berlin. 1949 wurden Dr. E. Meyer und Dr.

E. Dammann zu apl. Professoren ernannt. 1953/54 unternahm Professor Dammann eine Forschungsreise nach Südwestafrika. 1957 verließ er Hamburg, um einem Ruf nach Berlin auf den durch D. Westermann freigewordenen afrikanistischen Lehrstuhl zu folgen. — Professor Lukas war 1945 nach Hamburg zurückgekehrt und wurde der Nachfolger Professor Klingenhebens nach dessen Emeritierung im Jahre 1954 als Ordinarius und Direktor des Seminars für Afrikanische Sprachen (seit 1956 Seminar für Afrikanische Sprachen und Kulturen).

Die Spezialisierung in der afrikanischen Sprachwissenschaft hat auch im Afrikanischen Seminar der Universität Hamburg dazu geführt, daß sich die einzelnen Mitarbeiter immer mehr auf bestimmte Sachgebiete der Afrikanistik konzentrierten, um mit der Forschung im Ausland, die besonders nach dem Zweiten Weltkrieg einen großen Aufschwung erlebte, Schritt halten zu können. So nahm A. Willms, von 1957 bis 1964 Assistent am Seminar, die Pflege der Berberologie, die seit A. Stumme in den Hintergrund getreten war, wieder auf und schaltete das Seminar durch Feldforschungen in Südmarokko (1962/63) auch auf diesem Gebiet in die internationale Forschung ein. Frau Professor Kähler-Meyer widmet sich vorzugsweise in Forschung und Lehre der Fülle der Bantuprobleme und unternahm Reisen nach Südafrika (1957), Tanganyika (1961) und Nigeria (1964). A. Klingenheben hielt den Kontakt mit Äthiopien und Liberia aufrecht und wurde in Adis Abeba (1958) und Monrovia (1962) als geschätzter deutscher Gelehrter von den Regierungen empfangen. J. Lukas hat seit 1953 drei Expeditionen nach Westafrika ausgerüstet. Seine Ziele, die ihn besonders nach Nordnigeria und Nordkamerun führten, bestanden in einer Fortsetzung des Studiums tschadohamitischer Probleme und im besonderen der Vertiefung unserer Kenntnisse der Hausasprache, die immer mehr zur großen Verkehrs- und Literatursprache Westafrikas geworden ist. Auf seiner letzten Reise im Jahre 1961/62 wurde er von seinem Schüler Herrmann Jungraithmayr, der zwei Jahre hindurch als wissenschaftlicher Mitarbeiter am Seminar tätig gewesen war, begleitet. Seit 1963 wirkt als Assistent am Seminar P. Dr. Anton Vorbichler. Durch ihn, der insgesamt fünf Jahre im Kongo, besonders unter den Pygmäen, tätig gewesen ist, wurden Lehre und Forschungstätigkeit des Seminars auch auf dieses Gebiet ausgedehnt.

Bis zum heutigen Tage ist, der ursprünglichen Zweckbestimmung des Seminars für Kolonialsprachen folgend, der wissenschaftliche Schwerpunkt die Pflege und Erforschung der afrikanischen Sprachen geblieben. Die moderne Zeit hat die Richtigkeit der früheren Erkenntnis in Deutschland, daß die Pflege afrikanischer Sprachen von besonderer Bedeutung bei der Herstellung eines engen Verhältnisses zum Afrikanertum ist, bestätigt. So hat sich der Direktor des Seminars entschlossen, eine neue linguistische Publikationsserie, die den Namen „Afrikanistische Forschungen" führt, zu begründen, und im Jahre 1963 ist der erste Band aus der Feder von A. Klingenheben erschienen. Weitere Bände sind in Vorbereitung. Längst aber hat sich im Seminar die Notwendigkeit ergeben, auch anderen Sachgebieten, wie voreuropäischer Geschichte, Religion, Kulturgeschichte, Erzählkunst und Dichtung u. a., gebührende Aufmerksamkeit zu schenken.

Ein Blick in die Vorlesungsverzeichnisse der letzten Jahre kann darüber im einzelnen Auskunft geben. Das Seminar hat stets versucht, Afrikaner als ständige Mitarbeiter zu gewinnen. Kriegs- und Nachkriegszeiten hatten dies verhindert. Seit einigen Jahren jedoch hat der Hamburger Staat vier ständige Lektorenstellen geschaffen, die von Afrikanern besetzt sind und den praktischen Unterricht im Amharischen, im Ewe, im Hausa und im Swahili durchführen. Es ist auf diese Weise auch für begabte und interessierte Afrikaner die Möglichkeit gegeben, sich in der Kenntnis der deutschen Sprache zu vervollkommnen und auf diese Weise Zugang zu finden zu den zahlreichen Schätzen afrikanistischer Literatur, die auf Deutsch verfaßt und für das Universitätsleben auf afrikanischen Universitäten von nicht zu unterschätzender Wichtigkeit sind. — Die Notwendigkeit der Pflege internationaler Beziehungen ist bei einem Seminar wie dem Afrikanischen der Universität Hamburg besonders gegeben. Sie haben sich nach dem Zweiten Weltkrieg dadurch verstärkt, daß der heutige Direktor des Seminars vorübergehend an der „School of Oriental and African Studies" der Universität London tätig war und im Council des „International African Institute" in London die deutsche Vertretung, die früher Diedrich Westermann, Berlin, innehatte, übernahm. Häufig fanden und finden Gegeneinladungen englischer Kollegen zu Gastvorträgen in Hamburg statt. Aufgaben wie die Bearbeitung des Handbook of African Languages werden gemeinsam durchgeführt, und Arbeiten ausländischer Kollegen finden gelegentlich in der Hamburger Zeitschrift „Afrika und Übersee" Aufnahme. Solche Kontakte, auch zu den afrikanischen Universitäten, auszubauen, muß in Zukunft ein ernstes Anliegen des hamburgischen Seminars für Afrikanische Sprachen und Kulturen bleiben.

Literatur

Verzeichnis der Abkürzungen

AMZ: Allgemeine Missions-Zeitschrift.
AuÜ: Afrika und Übersee; Sprachen, Kulturen.
MIO: Mitteilungen des Instituts für Orientforschung.
MSOS: Mitteilungen des Seminars für Orientalische Sprachen.
NAMZ: Neue Allgemeine Missionszeitschrift.
OLZ: Orientalistische Literaturzeitung.
WZKM: Wiener Zeitschrift für die Kunde des Morgenlandes.
ZDMG: Zeitschrift der Deutschen Morgenländischen Gesellschaft.
ZE: Zeitschrift für Ethnologie.
ZfE: Zeitschrift für Eingeborenensprachen.
ZfK: Zeitschrift für Kolonialsprachen.

1909

MEINHOF, C.: Masomo ya Kwanza ya Kiswahili. ‹Suahelifibel›. Zanzibar 1909. (Universities' Mission to Central Africa.)

MEINHOF, C.: Lehrbuch der Nama-Sprache. Mit Beiträgen von H. Hegner, D. Westermann und C. Wandres. Berlin 1909. (Lehrbücher des Seminars für Oriental. Sprachen zu Berlin. Bd 23.)

MEINHOF, C.: Die Sprache der Herero in Deutsch-Südwestafrika. Berlin 1909. (Deutsche Kolonialsprachen. Bd 1.) — Neue Ausg. Berlin 1937.

MEINHOF, C.: Die Sprachen des dunkeln Weltteils. Nachrichten über den Stand der linguistischen Forschungen in Afrika. Stuttgart 1909. (Gegenwartsfragen. H. 10.)

MEINHOF, C.: Versuch einer Lautlehre des Nama. (MSOS. Jg. 12. 1909, Abt. 3, S. 275—286.)

1910

MEINHOF, C.: Bemerkungen zu den Sprachproben von Claus. Die Wangómwia. (ZE. Jg. 42. 1910, S. 494—497.)

MEINHOF, C.: Ergebnisse der afrikanischen Sprachforschung. (Arch. Anthrop. N. F. Bd 9. 1910, S. 179—201.)

MEINHOF, C.: Grundriß einer Lautlehre der Bantusprachen nebst Anleitung zur Aufnahme von Bantusprachen. Anh.: Verzeichnis von Bantuwortstämmen. 2. Aufl. Berlin 1910.

MEINHOF, C.: Die moderne Sprachforschung in Afrika. Hamburger Vorträge. Berlin 1910. — [Übersetzung von A. Werner 1915 in England erschienen.]

MEINHOF, C.: Die Sprache der Suaheli in Deutsch-Ostafrika. Berlin 1910, 1928. (Deutsche Kolonialsprachen. Bd 2.) — 3. u. 4. durchgesehene Aufl. 1940, 1941.

MEINHOF, C.: Über den gegenwärtigen Stand der afrikanischen Sprachforschung. (Verh. d. Deutschen Kol. Kongr. 1910 zu Berlin. S. 93—106.)

1910—1911

MEINHOF, C.: Das Studium der Kolonialsprachen. (ZfK. Bd 1. 1910/11, S. 1—4.)

MEINHOF, C.: Sudansprachen und Hamitensprachen. (ZfK. Bd 1. 1910/11, S. 161—166.)

PANCONCELLI-CALZIA, G.: Über die aspirierten und nichtaspirierten Verschlußlaute sowie den Frageton im Suaheli. (ZfK. Bd 1. 1910/11, S. 305—315.)

1911

MEINHOF, C.: Die Dichtung der Afrikaner. Hamburgische Vorträge. Berlin 1911.

MEINHOF, C.: Das Ful in seiner Bedeutung für die Sprachen der Hamiten, Semiten und Bantu. (ZDMG. Bd 65. 1911, S. 177—220.)

MEINHOF, C.: Der Islam in Afrika. Vortrag v. d. Konf. in Lucknow, 23.—28. Jan. 1911. (Der Sudan-Pionier. 1911, S. 33—38.)

MEINHOF, C.: Phonetisches Laboratorium des Seminars für Kolonialsprachen zu Hamburg. 1. Jahresber. (Jahrbuch der Hamb. Wiss. Anst. Jg. 29. 1911, T. 3, S. 85—88.)

MEINHOF, C.: Die sprachliche Ausbildung des Missionars. (AMZ. Bd 38. 1911, S. 44—46.)

MEINHOF, C.: Der Wert des phonetischen Studiums für angehende Missionare. (AMZ. Bd 38. 1911, S. 372—375.)

MEINHOF, C.: Zur Entstehung der Schrift. (Z. Ägyptische Sprache u. Altertumskde. Bd 49. 1911, S. 1—14.)

1911—1912

DEMPWOLFF, O.: Beiträge zur Kenntnis der Sprachen in Deutsch-Ostafrika: 1. Das Verbum im Hehe. (ZfK. Bd 2. 1911/12, S. 81—107.)

Dempwolff, O.: Beiträge zur Kenntnis der Sprachen in D. O. A.: 2. Eine lautliche Sonderheit des Dzalamo. (ZfK. Bd 2. 1911/12, S. 257—260.)

Meinhof, C. [Hrsg.]: Chuo cha Herkal. Das Buch von Herkal. Transkr. u. übers. von C. G. Büttner. (ZfK. Bd 2. 1911/12, S. 1—36; 108—136; 194—232; 261—296.)

1912

Meinhof, C.: Afrikanische Religionen. Hamburgische Vorträge. Berlin 1912.

Meinhof, C.: Allgemeines über Aufnahmen primitiver Sprachen. (In: Vorschläge zur psychologischen Untersuchung primitiver Menschen = Beih. z. Z. f. angewandte Psychologie. 1912, S. 78—82.)

Meinhof, C.: Ergebnisse der afrikanischen Sprachforschung. (Arch. Anthrop. N. F. Bd 9. 1912, H. 3 u. 4, S. 179—201.)

Meinhof, C.: Die geistige Befähigung des Afrikaners. Vortrag a. d. 2. Deutschen Kolonial-Missionstag 1912 zu Kassel. (Der Afrikaner. H. 36. 1912.)

Meinhof, C.: Phonetisches Laboratorium des Seminars für Kolonialsprachen zu Hamburg. 2. Jahresbericht. (Jahrb. d. Hamb. Wiss. Anstalten. Jg. 30. 1912, T. 3, S. 295—300.)

Meinhof, C.: Recent German research in African languages. (Intern. Review of Missions. Vol. 1. 1912, S. 312—318.)

Meinhof, C.: Die Sprache der Duala in Kamerun. Berlin 1912. (Deutsche Kolonialsprachen. Bd IV.)

Meinhof, C.: Die Sprachen der Hamiten. Nebst einer Beigabe: Hamitische Typen v. F. von Luschan. Hamburg 1912. (Abh. d. Hamb. Kol. inst. Bd IX.)

Meinhof, C.: Die Urgeschichte im Lichte der afrikanischen Linguistik. (DLZ. Nr 37. 1912, Sp. 2309—2317; Nr 38, Sp. 2375—2381.)

1912—1913

Dempwolff, O.: Beiträge zur Kenntnis der Sprachen in D. O. A.: T. 3: Ein Märchen und 30 Lieder der Dzalamo. (ZfK. Bd 3. 1912/13, S. 161—181.)

Klingenheben, A.: Afrikanische Liebeslieder, a. Duala-Lieder. (ZfK. Bd 3. 1912/13, S. 244—247.)

Meinhof, C.: Dissimilation der Nasalverbindungen im Bantu. (ZfK. Bd 3. 1912/13, S. 272—278.)

Meinhof, C.: Die Bedeutung der experimentellen Phonetik für die Erforschung der afrikanischen Sprachen. (Vox. Jg. 23. 1912/13, S. 22—26.)

Meinhof, C.: Mission und Kultur. (Kol. Rdsch. Jg. 1913, S. 71—74.)

Meinhof, C.: Phonetisches Laboratorium des Seminars für Kolonialsprachen zu Hamburg. 3. Jahresbericht. (Jahrb. d. Hamb. Wiss. Anst. Jg. 31. 1913, T. 3, S. 305—307.)

Meinhof, C.: Religionen der schriftlosen Völker Afrikas. Tübingen 1913. (Religionsgeschichtl. Lesebuch. N. F., Einzelausgaben.)

1913—1914

Heepe, M.: Kontinuativ und Imperativ im Jaunde. (ZfK. Bd 4. 1913/14, S. 75—79.)

1914

Meinhof, C.: Afrikanische Rechtsbräuche. Hamburgische Vorträge. Berlin 1914.

Meinhof, C.: Die afrikanischen Sprachen und ihre Erforschung. (Die Geisteswissenschaften. Jg. 1. 1914, S. 373—378.)

Meinhof, C.: Mosaisches im afrikanischen Recht. (Jahrb. d. theolog. Lehrkonf. in Mölle. 1914, S. 200—210.)

Meinhof, C.: Phonetisches Laboratorium des Seminars für Kolonialsprachen zu Hamburg. 4. Jahresbericht. (Jahrb. d. Hamb. Wiss. Anst. Jg. 32. 1914, T. 4, S. 117.)

MEINHOF, C.: Seminar für Kolonialsprachen. (Jahresberichte im Jahrb. d. Hamb. Wiss. Anst. Jg. 32. 1914, T. 4, S. 218—219.)

1914—1915

DEMPWOLFF, O.: Beiträge zur Kenntnis der Sprachen in D. O. A.: 4. Kulia. (ZfK. Bd 5. 1914/15, S. 26—44, 113—136.)

DEMPWOLFF, O.: Beiträge zur Kenntnis der Sprachen in D. O. A.: 5. Ilamba. (ZfK. Bd 5. 1914/15, S. 227—253.)

DEMPWOLFF, O.: Beiträge zur Kenntnis der Sprachen in D. O. A.: 6. Limi. (ZfK. Bd 5. 1914/15, S. 270—298.)

DEMPWOLFF, O.: Die „etymologische Form" in Ostbantusprachen. (ZfK. Bd 5. 1914/15, S. 334—336.)

1915

MEINHOF, C.: Phonetisches Laboratorium des Seminars für Kolonialsprachen zu Hamburg. 5. Jahresbericht. (Jahrb. d. Hamb. Wiss. Anst. Jg. 33. 1915, T. 2, S. 45—46.)

MEINHOF, C.: Seminar für Kolonialsprachen. (Jahresberichte im Jahrb. d. Hamb. Wiss. Anst. Jg. 33. 1915, T. 2 B, S. 205—206.)

1915—1916

BAUMANN, CHR.: Nama-Texte. (ZfK. Bd 6. 1915/16, S. 55—78.)

DEMPWOLFF, O.: Beiträge zur Kenntnis der Sprachen in D. O. A.: 7. Buwe. (ZfK. Bd 6. 1915/16, S. 1—27.)

DEMPWOLFF, O.: Beiträge zur Kenntnis der Sprachen in D. O. A.: 8. Irangi. (ZfK. Bd 6. 1915/16, S. 102—123.)

MEINHOF, C.: Sprachstudien im egyptischen Sudan: Vorbemerkung, Tagoy, Tumale. (ZfK. Bd 6. 1915/16, S. 161—205.) Talodi. (ZfK. Bd 6. 1915/16, S. 264—284.)

PANCONCELLI-CALZIA, G.: Objektive Untersuchungen über die stimmlosen Nasale im Ndonga. (ZfK. Bd 6. 1915/16, S. 257—263.)

STUHLMANN, F.: Sammlung von Wörtern der Taturu-Sprache ‹Nördl. Irangi›. Bearbeitet von A. W. Schleicher. (ZfK. Bd 6. 1915/16, S. 154—160.)

1916

DEMPWOLFF, O.: Die Sandawe. Linguistisches und ethnographisches Material aus Deutsch-Ostafrika. (Abh. d. Hamb. Kol. Inst. Bd 34. 1916.)

HEINITZ, W.: Ein Beitrag zur Reproduktion des musikalischen Elements im Ewe. (Vox. Jg. 26. 1916, S. 83—90.)

MEINHOF, C.: Eine Studienfahrt nach Kordofan. (Abh. d. Hamb. Kol. Inst. Bd 35. 1916.)

MEINHOF, C.: Theoretische und empirische Tonhöhen im Ewe. (Vox. Jg. 26. 1916, S. 91—94.)

MEINHOF, C.: Die Trommelsprache in Afrika und in der Südsee (Thilenius, Meinhof und Heinitz). 5. Hamb. phonetischer Vortrag. (Vox. Jg 26. 1916, S. 182—184.)

MEINHOF, C.: Ursprüngliche und abgeleitete musikalische Töne in afrikanischen Sprachen. 3. Hamb. phonetischer Vortrag. (Vox. Jg. 26. 1916, S. 125—139.)

1916—1917

DEMPWOLFF, O.: Beiträge zur Kenntnis der Sprachen in D. O. A.: 9. Ostbantu-Wortstämme. (ZfK. Bd 7. 1916/17, S. 134—160, 167—192.)

DEMPWOLFF, O.: Beiträge zur Kenntnis der Sprachen in D. O. A.: 10. Wörter der Sprache von Iraku. 11. Wörter der Tatogasprache. 12. Wörter der Hatzasprache. (ZfK. Bd 7. 1916/17, S. 309—325.)

MEINHOF, C.: Sprachstudien im egyptischen Sudan: Eliri, Lafofa, Tumtum, Kanderma, Kawama. (ZfK. Bd 7. 1916/17, S. 36—80.) Lumun, Schabun, Tegele, Rashad, Koalib. (S. 105—133.) Katla, Tima, Miri. (S. 212—250.) Kudugli, Kurungu, Nyima. (S. 326—335.)

STUHLMANN, F.: Wortlisten zentralafrikanischer Stämme. (ZfK. Bd 7. 1916/17, S. 257—308.)

TOSO, V.: Ewe-Texte. A. Rechtsgebräuche. B. Märchen. (ZfK. Bd 7. 1916/17, S. 1—24.)

1917

HEINITZ, W.: Phonographische Sprachaufnahmen aus dem Egyptischen Sudan. (Abh. d. Hamb. Kol. Inst. Bd 38. 1917.)

HEINITZ, W.: Ein System für die erleichterte Notation von Sprechhöhenintervallen. (Vox. Jg. 27. 1917, S. 149—155.)

HEINITZ, W.: Eine Übungsmethode für das Studium der Sprechtonhöhen. (Vox. Jg. 27. 1917, S. 175—190.)

MEINHOF, C.: Afrikanische Märchen. Jena 1917. (Die Märchen der Weltliteratur.) — 2. Aufl. Jena 1920.

1917—1918

MEINHOF, C.: Afrikanische Rechtsgebräuche. (Hanseat. Rechtsztg. Jg. 1. 1917/18, Sp. 16—19.)

MEINHOF, C.: Sprachstudien im egyptischen Sudan: Dagig, Keiga, Moro, Tira, Saburi, Anywak, Djabalawi, Zande. (ZfK. Bd 8. 1917/18, S. 46—74.) Kredj, Kondjara. (S. 110—139.) Kondjara, Borgu. (S. 170—196.) Dair, Dilling. (S. 257—267.)

1918

MEINHOF, C.: Der Anteil der deutschen Mission an der Erforschung der afrikanischen Sprachen. (AMZ. Bd 45. 1918, S. 257—276.)

MEINHOF, C.: Der Wert der Phonetik für die allgemeine Sprachwissenschaft. (Vox. Jg. 28. 1918, S. 1—62.)

1918—1919

HEEPE, M.: Alte Verbalformen mit vollständiger Vokalassimilation im Suaheli. (ZfK. Bd 9. 1918/19, S. 118—125.)

MEINHOF, C.: Sprachstudien im egyptischen Sudan: Dulman, Garko, Gulfan. (ZfK. Bd 9. 1918/19, S. 43—64.) Kadero, Koldegi. Zur Formenlehre der nubischen Dialekte. (S. 89—117.) Vergleichendes Wörterverzeichnis Deutsch-Nubisch. (S. 167—204.) Kenuzi, Dongola, Fadidja, Mahas, Bedauye, Schlußwort. (S. 226—255.)

PANCONCELLI-CALZIA, G.: Untersuchungen über *ḷ*, *ṗ*, *ḃ*, *qϰ*, *t̩̂*, *t̂*, *ṭ̂*, *t̲̂* mit Röntgenstrahlen. (ZfK. Bd 9. 1918/19, S. 20—25.)

TILING, M. v.: Die Vokale des bestimmten Artikels im Somali. (ZfK. Bd 9. 1918/19, S. 132—166.)

1919

HEEPE, M.: Jaunde-Texte von Karl Atangana und Paul Messi nebst experimentalphonetischen Untersuchungen über die Tonhöhen im Jaunde und einer Einführung in die Jaunde-Sprache. (Abh. d. Hamb. Kol. Inst. Bd 24. 1919.)

MEINHOF, C.: Nubische Literatur in alter und neuer Zeit. (AMZ. Bd 46. 1919, S. 89—96.)

1919—1920

DEMPWOLFF, O.: Ein Sanskritwort im Hottentottischen. (ZfE. Bd 10. 1919/20, S. 61—63.)

HEEPE, M.: Die Trommelsprache der Jaunde in Kamerun. (ZfE. Bd 10. 1919/20, S. 43—60.)

HEEPE, M.: Weitere Jaunde-Texte von Paul Messi. (ZfE. Bd 10. 1919/20, S. 122—147.)

KLINGENHEBEN, A.: Eine amharische Form der Wiedererkennungsgeschichte der Placidas-Legende. (ZfE. Bd 10. 1919/20, S. 181—208.)

MEINHOF, C.: Afrikanische Worte in orientalischer Literatur. (Nach Mitteilungen von J. J. Hess.) (ZfE. Bd 10. 1919/20, S. 147—152.)

PANCONCELLI-CALZIA, G.: Über die Abhängigkeit bzw. Unabhängigkeit der Laute von der Atmung. (ZfE. Bd 10. 1919/20, S. 32—43.)

TILING, M. v.: Adjektiv-Endungen im Somali. (ZfE. Bd 10. 1919/20, S. 208—240.)

1920

HEEPE, M.: Die Komorendialekte Ngazidja, Nzwani und Mwali. (Abh. d. Hamb. Kol. Inst. Bd 23. 1920.)

HEEPE, M.: Probleme der Bantusprachforschung in geschichtlichem Überblick. (ZDMG. Bd 74. 1920, S. 1—60.)

MEINHOF, C.: Mitarbeit am Deutschen Kolonial-Lexikon, Hrsg. H. Schnee. Leipzig 1920.

MEINHOF, C.: Zu M. Heepe's Aufsatz über Probleme der Bantuforschung. (ZDMG. Bd 74. 1920, S. 296—297.)

1920—1921

KLINGENHEBEN, A.: Amharisch des täglichen Lebens. (ZfE. Bd 11. 1920/21, S. 296—305.)

MAKEMBE, P.: Duala-Texte. (ZfE. Bd 11. 1920/21, S. 161—181.)

MEINHOF, C.: Dzalamo-Texte. (ZfE. Bd 11. 1920/21, S. 278—295.)

MEINHOF, C.: Was sind emphatische Laute, und wie sind sie entstanden? (ZfE. Bd 11. 1920/21, S. 81—106.)

PANCONCELLI-CALZIA, G.: Experimentalphonetische Untersuchungen: 1. Sogenannte Kehlverschlußlaute im Ful. 2. Über die Artikulationstätigkeit bei *dh, dhw, dw, t, tw* und *k, q* im Arabischen und Somali. 3. Über zwei phonetische Erscheinungen im Guayaki (der Laut i. Die Tonhöhen.) 4. Verhauchte Nasalkonsonanzen im Dzalamo. (ZfE. Bd 11. 1920/21, S. 182—188.)

1921

MEINHOF, C.: Die Bedeutung der afrikanischen Religionsforschung für das Verständnis der Bibel. (Der Sudan-Pionier. 1921, S. 2—6; 15—20.)

1921—1922

MEINHOF, C.: Die Sprache von Meroe. (ZfE. Bd 12. 1921/22, S. 1—16.)

MEINHOF, C. [Hrsg.]: Sprachproben von der Sprache in Darfur, von Karl Tutschek. I. Märchen. (ZfE. Bd 12. 1921/22, S. 81—97.)

MEINHOF, C.: Was können uns die Hamitensprachen für den Bau des semitischen Verbum lehren? (ZfE. Bd 12. 1921/22, S. 241—275.)

MEINHOF, C.: 1. Emphatisches *r*. 2. Afrikanische Worte in orientalischer Literatur (s. auch 1920). 3. Zur Entstehung der Klassen beim Nomen. (ZfE. Bd 12. 1921/22,: S. 304—306.)

TILING, M. v.: Die Sprache der Jabárti, mit besonderer Berücksichtigung der Verwandtschaft von Jabárti und Somali. (ZfE. Bd 12. 1921/22, S. 17—52, 97—162.)

1922

MEINHOF, C.: Afrikanische Religionen. (Kol. Rdsch. Jg. 1922, S. 225—231.)

1922—1923

KLINGENHEBEN, A.: Über einige Fremdwörter in sudanischen Klassensprachen. (ZfE. Bd 13. 1922/23, S. 302—304.)

MEINHOF, C.: Voranzeige für ein Stammwörterverzeichnis der Bantusprachen von W. Bourquin. (ZfE. Bd 13. 1922/23, S. 305—307.)

1923

MEINHOF, C.: Die Gottesvorstellung bei den Bantu in Central- und Südafrika. (AMZ. Bd 50. 1923, S. 65—73; 97—105.)

1923—1924

KLINGENHEBEN, A.: Die Präfixklassen des Ful. (ZfE. Bd 14. 1923/24, S. 189—222; 290—315.)

MEINHOF, C.: Ein magisches Quadrat auf einem Hausa-Amulett. (ZfE. Bd 14. 1923/24, S. 224—226; 315.)

MEINHOF, C.: Zur Lautlehre des Zulu. (ZfE. Bd 14. 1923/24, S. 241—287.)

PANCONCELLI-CALZIA, G.: Objektive Untersuchungen über die Stimmhaftigkeit der Explosive im Zulu. (ZfE. Bd 14. 1923/24, S. 287—290.)

1924

MEINHOF, C.: Diskussionsbemerkungen zu dem Vortrag von Fr. Friederichsen: Über gemeinschaftliches Sprachgut in den Bantu- und indogermanischen Sprachen. (Verh. d. Deutschen Kol. Kongr. Berlin 1924.)

MEINHOF, C.: Der Fortschritt der afrikanischen Sprachforschung und die Mission. (Ev. Miss. Mag. N. F. Jg. 68. 1924, S. 228—235.)

MEINHOF, C.: Der Stand der afrikanischen Sprachforschung. (Verh. d. Deutschen Kol. Kongr. Berlin 1924.)

1924—1925

KLINGENHEBEN, A.: Die Permutation des Biafada und des Ful. (ZfE. Bd 15. 1924/25, S. 180—272.)

MEINHOF, C.: Das Lied des Liongo. (ZfE. Bd 15. 1924/25, S. 241—265.)

TILING, M. v.: Jabárti-Texte. (ZfE. Bd 15. 1924/25, S. 50—64, 139—158.)

1925

MEINHOF, C.: Ostafrikanische Mysterien. (Ev. Miss. Mag. N. F. Jg. 69. 1925, S. 238—242.)

TILING, M. v.: Somali-Texte und Untersuchungen zur Somali-Lautlehre. (ZfE. Beih. 8. 1925.)

1925—1926

KLINGENHEBEN, A.: Vai-Texte. (ZfE. Bd 16. 1925/26, S. 58—133.)

MEINHOF, C.: The Problems of comparative philology in Africa. Vortrag in der School of Oriental Studies, London, am 30. 6. 1926. (J. Afr. Soc. Vol. 25. 1925/26, S. 326—332.)

MEINHOF, C. [Hrsg.]: Sprachproben von der Sprache in Darfur, von Karl Tutschek. II. Erlebtes. (ZfE. Bd 16. 1925/26, S. 161—196.)

1926

HEEPE, M.: Jaunde-Wörterbuch. Unter Mitwirkung von P. H. Nekes. (Abh. a. d. Geb. d. Auslandskde. Bd 22. 1926.)

MEINHOF, C.: Afrikanische Bibelübersetzungen. Ein kurzer Bericht für Freunde der Bibel und der Mission. Stuttgart 1926. (Basler Missionsstudien. N. F. H. 1.)

MEINHOF, C.: The Contributions made by Missionaries to Philology. (Bible in the World. Sept. 1926, S. 152—154.)

MEINHOF, C.: Der libysche Text der Massinissa-Inschrift von Thugga. (OLZ. Jg. 29, 1926, Sp. 744—750.)

MEINHOF, C.: Die Religionen der Afrikaner in ihrem Zusammenhang mit dem Wirtschaftsleben. Oslo, Leipzig 1926. (Instituttet for Sammenlignende Kulturforskning. Ser. A, 7.)

MEINHOF, C.: Der Zeitpunkt einer ersten Bibelübersetzung. Leipzig. (Luth. Weltmissionsjb. Jg. 39, 1926, S. 29—37.)

ZYHLARZ, E.: Das Verbum im Kondjara. (Anthropos. Bd 21, S. 244—263.)

1926—1927

KLINGENHEBEN, A.: Zu den Zählmethoden in den Berbersprachen. (ZfE. Bd 17. 1926/27, S. 40—51.)

MEINHOF, C.: The Problems of comparative philology in Africa. Vortrag in der School of Oriental Studies, London, am 30. 6. 1926. (J. Afr. Soc. Vol. 26, 1926/27, S. 40—46.)

TILING, M. v.: Suaheli-Lieder. (ZfE. Bd 17. 1926/27, S. 295—304.)

1927

FESTSCHRIFT MEINHOF. Sprachwissenschaftliche und andere Studien. Hamburg 1927.

DEMPWOLFF, O.: Die Hervorhebung von Satzteilen als Anlaß zur Verwendung besonderer Wortformen. (Festschrift Meinhof. 1927, S. 73—80.)

HEINITZ, W.: Analyse eines abessinischen Harfenliedes. (Festschrift Meinhof. 1927, S. 263—274.)

HEINITZ, W.: Ein Beitrag zum Problem der Trommelsprache. (Vox. Jg. 1927, S. 29—30.)

KLINGENHEBEN, A.: Die Laute des Ful. (ZfE. Beih. 9. 1927.)

KLINGENHEBEN, A.: Die Pronomina *o* und *i* des Ful. (Folia Ethno-Glossica. Bd 3. 1927, S. 47—52.)

KLINGENHEBEN, A.: Stimmtonverlust bei Geminaten. (Festschrift Meinhof. 1927, S. 134—145.)

MEINHOF, C.: The Soul of an African Language. (The Intern. Rw. of Missions. Vol. 16, 1927, S. 76—84.)

PANCONCELLI-CALZIA, G., Über die Erweiterung des Relativitätsbegriffs der Stimmhaftigkeit. (Festschrift Meinhof. 1927, S. 440—443.)

TILING, M. v.: Frauen- und Kinderlieder der Suaheli. (Festschrift Meinhof. 1927, S. 288—300.)

1927—1928

KLINGENHEBEN, A.: Die Silbenauslautgesetze des Hausa. (ZfE. Bd 18. 1927/28, S. 272—297.)

KLINGENHEBEN — v. TILING, M.: Ein Somali-Text von Muhammed Nur. (ZfE. Bd 18. 1927/28, S. 230—233.)

MEINHOF, C.: 1. Nachtrag von R. Paret zu seinem Aufsatz: Die arabische Quelle der Suaheli-Dichtung Chuo cha Herkal. — 2. Deutung von Ruanda Riangombe durch Br. Gutmann. (ZfE. Bd 18, 1927/28, S. 152—154.)

1928

HEEPE, M.: Suaheli-Chronik von Pāte. (MSOS. Bd 31. 1928, S. 145—192.)

HEEPE, M.: Tutschekiana I. Aus dem im Besitze der Bayerischen Staatsbibliothek in München befindlichen Nachlasse. (MSOS. Bd 31. 1928, S. 193—222.)

HEINITZ, W.: Analyse eines Mende-Liedes. (Vox. Jg. 1928, S. 40—44.)

MEINHOF, C.: Afrikanische Volkskunde in ihrer Bedeutung für uns. (Niederdeutsche Volkskde. Jg. 6. 1928, S. 65—69.)

MEINHOF, C.: Die Erforschung schriftloser Sprachen. (Deutsche Forschung. Aus der Arbeit der Notgem. der Deutschen Wiss. H. 5, Völkerzusammenhänge und Ausgrabungen. Berlin 1928, S. 122—133.)

MEINHOF, C.: Ergebnisse einer Studienfahrt nach Südafrika. (Forschg. Fortschr. Jg. 4, 1928, Nr 33, S. 350 f.)

MEINHOF, C.: Evangelium und Sprachstudium im Sudan. (Der Sudan-Pionier. 1928, S. 2—5; 17—19.)

MEINHOF, C.: Principles of practical orthography for African languages. (Africa. Vol. 1. 1928, S. 23—29.)

MEINHOF, C.: Sprache und Mission in Südafrika. (Ev. Rdsch. Jg. 3, 1928, S. 251 bis 253.)

MEINHOF, C.: Die Sprachenfrage in Südafrika. (Kol. Rdsch. Jg. 1928, S. 358—363.)

MEINHOF, C.: Weiterentwicklung des Systems von Lepsius durch Endemann und Meinhof. (Lautzeichen und ihre Anwendung in verschiedenen Sprachgebieten, hrsg. v. M. Heepe. Berlin 1928, S. 3 ff.)

ZYHLARZ, E.: Das Verbum im Kondjara. (Anthropos. Bd 23. 1928, S. 590—595.)

1928—1929

KLINGENHEBEN, A.: Die Tempora Westafrikas und die semitischen Tempora. (ZfE. Bd 19. 1928/29, S. 241—268.)

KLINGENHEBEN — v. TILING, M.: Galla-Texte. (ZfE. Bd 19. 1928/29, S. 1—12.)

MEINHOF, C.: Afrikanische Märchen und Ähnliches. (Neue Christoterpe. Jg. 50, 1928/29, S. 211—222.)

MEINHOF, C. und LAMAN, K. E.: An Essay in Kongo Phonology. (ZfE. Bd 19. 1928/29, S. 12—40.)

MEINHOF, C.: Versuch einer grammatischen Skizze einer Buschmannsprache. (ZfE. Bd 19. 1928/29, S. 161—188.)

1929

DAMMANN, E.: Beiträge aus arabischen Quellen zur Kenntnis des negerischen Afrika. Bordesholm 1929.

HEEPE, M.: Hamitica I: Fiome-Texte. (MSOS. Bd 32. 1929, S. 158—202.)

HEEPE, M.: Tutschekiana II. Aus dem im Besitze der Bayerischen Staatsbibliothek in München befindlichen Nachlasse. (MSOS. Bd 32. 1929, S. 1—40.)

KLINGENHEBEN, A.: Mandara. Aufgezeichnet von C. Meinhof. (Lautbibliothek, Phonetische Platten und Umschriften hrsg. v. d. Lautabteilung der Preuß. Staatsbibliothek No. 48. Berlin 1929.)

KLINGENHEBEN, A.: Die nominalen Klassensysteme des Ful. Nijmegen-Utrecht. (Festschrift Schrijnen. 1929, S. 175—181.)

LUKAS, J.: Kanuri-Texte. (MSOS. Bd 32. 1929, S. 41—92.)

MEINHOF, C.: Mandara. s. KLINGENHEBEN, A.

MEINHOF, C.: The Basis of Bantu Philology. Vortrag in Kapstadt im Januar 1928. (Africa. Vol. 2. 1929, S. 39—56.)

MEINHOF, C.: Beziehungen der afrikanischen Sprachforschung zur Anthropologie und Völkerkunde. (Tagungsber. d. Deutschen Anthrop. Ges. ü. d. 50. Allg. Vers. in Hamburg v. 1.—13. 8. 1928. Hamburg 1929.)

MEINHOF, C.: Sprachvergleichung und Sprachverwandtschaft. Nijmegen-Utrecht. (Festschrift Schrijnen. 1929, S. 3—9.)

MEINHOF, C.: Die Wandlungen in den Rechtsanschauungen der Afrikaner unter dem Einfluß der Mission. (NAMZ. Jg. 6. 1929, S. 108—121.)

1929—1930

KLINGENHEBEN — v. TILING, M.: Lautliche Eigentümlichkeiten im gesprochenen Suaheli. (ZfE. Bd 20. 1929/30, S. 1—10.)

MEINHOF, C. [Hrsg.]: Sprachproben von der Sprache in Darfur, von Karl Tutschek. III. Hochzeitsgebräuche. (ZfE. Bd 20. 1929/30, S. 81—91.)

1930

MEINHOF, C.: Hamburgische Universität. Berlin 1930. (Das Akademische Deutschland I, S. 199—204.) — [Bis auf kleine Änderungen abgedruckt in der Hansischen Hochschulztg. Jg. 21. 1940, S. 83—88, u. d. T.: Die Vorgeschichte der Hansischen Universität.]

MEINHOF, C.: Der Koranadialekt des Hottentottischen. (ZfE. Beih. 12. 1930.)

MEINHOF, C.: Über südspanische Münzen mit unbekannter Schrift. Vortrag a. d. Orientalistenkongreß in Hamburg am 30. 9. 1926. (ZDMG. N. F. Bd 9 [Bd 84]. 1930, S. 239—250.)

MEINHOF, C.: Das Verhältnis der Buschmannsprachen zum Hottentottischen. (WZKM. Bd 37. 1930, S. 219—229.)

ZYHLARZ, E.: Das meroïtische Sprachproblem. (Anthropos. Bd 25. 1930, S. 409—463.)

1930—1931

KLINGENHEBEN, A.: Ablaut in Afrika. (ZfE. Bd 21. 1930/31, S. 81—98.)

1931

LUKAS, J.: Die Sprache der Káidi-Kanembú in Kanem. (ZfE. Beih. 13. 1931.)

MEINHOF, C.: Afrikanische Märchenmotive. München. (Zeitwende. Jg. 7. 1931, H. 8, S. 175—179.)

MEINHOF, C.: Die afrikanischen Klassensprachen in ihrer Bedeutung für die Geschichte der Sprache. Mailand. (Scientia. Bd 50. 1931, S. 165—173. Übers. in Vol. 50, Suppl. S. 69—77.)

MEINHOF, C.: Ergebnisse einer Forschungsreise nach Südafrika. Vortrag i. d. Berl. Ges. f. Anthr., Ethn. u. Urgesch. am 21. 3. 1931. (Bericht i. d. ZE. Jg. 63. 1931, S. 223—226: Reise nach Südafrika 1927/28.)

MEINHOF, C.: Die libyschen Inschriften. (Abh. f. d. Kde d. Morgenlandes, hrsg. v. d. DMG. Bd 19, Nr 1. 1931.)

MEINHOF, C.: Das Studium der Eingeborenensprachen. (Kol. Rdsch. Jg. 1931, S. 11—19.)

1931—1932

ZYHLARZ, E.: Ältere und jüngere Pluralbildung im Berberischen. (ZfE. Bd 22. 1931/32, S. 1—15.)

ZYHLARZ, E.: Die Sprache Numidiens. (ZfE. Bd 22. 1931/32, S. 275—280.)

1932

MEINHOF, C.: Introduction to the phonology of the Bantu languages being the English version of „Grundriß einer Lautlehre der Bantusprachen" by C. Meinhof. Transl., rev. and enlarged in collaboration with the author and A. Werner by N. J. v. Warmelo. Berlin 1932. — Neudr. Berlin 1962.

MEINHOF, C.: Lautverschiebung und andere Lautgesetze in Afrika. (Forsch. Fortschr. Jg. 8. 1932, S. 55—56.)

1932—1933

BERGER, P.: Konde-Texte. (ZfE. Bd 23. 1932/33, S. 110—154.)

DAMMANN, E.: Vai-Erzählungen. (ZfE. Bd 23. 1932/33, S. 254—278.)

ZYHLARZ, E.: Ursprung und Sprachcharakter des Altägyptischen. (ZfE. Bd 23. 1932/33, S. 25—45; 81—110; 161—194; 241—254.)

ZYHLARZ, E.: Das Wort für ‚Jahr' im Altlibyschen. (ZfE. Bd 23. 1932/33, S. 75—77.)

1933

KLINGENHEBEN, A.: Der Bau der Sprache der Vai in Westafrika. Berlin. (Nachr. v. d. Ges. der Wiss. zu Göttingen. Phil.-hist. Kl. 1933. III. Allg. Sprachwiss., Östl Kulturkreise. Nr 9. 1933, S. 373—404.)

KLINGENHEBEN, A.: The Vai Script. London. (Africa. Bd 6. 1933, S. 158—71.)

KLINGENHEBEN, A.: Zur psychologischen Struktur der Vai-Sprache. (Congrès de l'Institut international des langues et des civilisations africaines. Paris 1933, S. 89—99.)

MEINHOF, C.: Die Gliederung der Bantusprachen. (WZKM. Bd 40. 1933, S. 161—170.)

MEINHOF, C.: Musikalischer Ton und Stärkeakzent. (Indogerm. Forschg. Bd 51. 1933, S. 181—195.)

1933—1934

DAMMANN, E.: Vai-Sprichwörter. (ZfE. Bd 24. 1933/34, S. 76—79.)

ZYHLARZ, E.: Meroïtisches Sprachgut im heutigen Abessinien. (ZfE. Bd 24. 1933/34, S. 230—232.)

1934

KLINGENHEBEN, A.: The Vai Script [Nachtrag]. (Africa. Bd 7. 1934, S. 97—99.)

LUKAS, J.: Die Gliederung der Sprachenwelt des Tschadsee-Gebiets in Zentralafrika. (Forschg. Fortschr. Jg. 10. 1934, Nr 29, S. 356—357.)

1934—1935

BERGER, P.: Ndali-Texte. (ZfE. Bd 25. 1934/35, S. 229—239; 284—307.)

DAMMANN, E.: Zur Kenntnis der Zaramo. (ZfE. Bd 25. 1934/35, S. 135—147.)

DEMPWOLFF, O.: Einführung in die Sprache der Nama-Hottentotten. (ZfE. Bd 25. 1934/35, S. 30—66; 89—134; 188—229.)

LUKAS, J.: Lautlehre des Bádawi-Kanuri in Borno. (ZfE. Bd 25. 1934/35, S. 3—29.)

MEINHOF, C.: Das Seminar für Afrikanische Sprachen. (Hamburgische Univ. Ztg. Jg. 16. 1934/35, S. 176—177.)

ZYHLARZ, E.: Die Sprachreste der unteräthiopischen Nachbarn Altägyptens. (ZfE. Bd 25. 1934/35, S. 241—261.)

1935

DEMPWOLFF, O.: Die Bibelübersetzung in die Sprachen schriftloser Völker. (Student und Mission. Nr 53. Febr. 1935, S. 13—16.)

HEINITZ, W.: Musikwissenschaftliche Vergleiche an vier afrikanischen (Djarma-, Ewe- und Yefe-)Gesängen. (Vox. Jg. 1935, S. 23—32.)

LUKAS, J.: Über den Einfluß der hellhäutigen Hamiten auf die Sprachen des zentralen Sudan. (Forschg. Fortschr. Jg. 11. 1935, Nr 14, S. 180—181.)

MEINHOF, C.: Die Bedeutung der Sprache für die Umwelt des Menschen. (Mitt. d. Anthrop. Ges. in Wien. Bd 65. 1935, S. 58—63.)

MEINHOF, C.: Volk und Sprache in der afrikanischen Mission. (NAMZ. Jg. 12. 1935, S. 351—356.)

1935—1936

DAMMANN, E.: Digo-Märchen. (ZfE. Bd 26. 1935/36, S. 81—97; 202—231.)

ESSEN, O. v.: Stimmhafte Implosive im Vai. (ZfE. Bd 26. 1935/36, S. 150—158.)

LUKAS, J.: Aus der Literatur der Bádawi-Kanuri in Borno. (ZfE. Bd 26. 1935/36, S. 35—57; 133—150.)

MEINHOF, C.: Korana-Erzählungen. (ZfE. Bd 26. 1935/36, S. 161—174.)

MEINHOF, C.: Ziele und Ergebnisse der afrikanischen Sprachforschung. (Afrika-Rdsch. Jg. 1. 1935/36, S. 21—25.)

1936

DAMMANN, E.: Ein schafiitischer Traktat in Suaheli. (Der Islam. Jg. 23. 1936, S. 189—191.)

HEINITZ, W.: Zwei Phonogramme aus Rutenganyo. (Vox. Jg. 1936, S. 50—56.)

LUKAS, J.: Hamitisches Sprachgut im Sudan. (ZDMG. Bd 90. 1926, S. 579—588.)

LUKAS, J.: The linguistic situation in the Lake Chad Area in Central Africa. (Africa. Bd 9. 1936, S. 332—349.)

LUKAS, J.: Die Logone-Sprache im Zentralen Sudan. Mit Beiträgen aus dem Nachlaß von G. Nachtigal. (Abh. f. d. Kde. d. Morgenlandes. Bd 21. 1936, Nr 6.)

MEINHOF, C.: Der Ausdruck der Kasusbeziehungen in afrikanischen Sprachen. (Scritti in onore di Alfredo Trombetti. Milano. T. 14. 1936, S. 71—85.)

MEINHOF, C.: Die Entstehung flektierender Sprachen. Berlin 1936.

1936—1937

BUSSE, J.: Inamwanga-Texte. (ZfE. Bd 27. 1936/37, S. 241—261.)

BUSSE, J.: Kaguru-Texte. (ZfE. Bd 27. 1936/37, S. 61—75.)

DAMMANN, E.: Sprachproben aus dem Segedju. (ZfE. Bd 27. 1936/37, S. 223—233.)

MEINHOF, C.: Die Entstehung des grammatischen Geschlechts. Vortrag auf dem IV. Intern. Linguistenkongreß in Kopenhagen 1936. (ZfE. Bd 27. 1936/37, S. 81—90.)

MEYER, E.: Etymologische Lautlehre des Nyanja [Nyasaland]. (ZfE. Bd 27. 1936/37, S. 1—34; 129—155; 184—211.)

1937

DAMMANN, E.:Bemerkungen zur Suaheli-Dichtung. (Forschg. Fortschr. Jg. 13. 1937, S.208—209.)

KLINGENHEBEN, A.: Die Poesie der afrikanischen Völker. (Afrika-Rdsch. Jg. 3. 1937, Nr 7, S. 221—223.)

KLINGENHEBEN, A.: Die Schnalze in den afrikanischen Sprachen. (Schr. d. Deutschen Ges. f. Tier- und Ursprachenforschg. Nr 8, 1937.)

KLINGENHEBEN, A.: Überblick über das literarische Schaffen Meinhofs. Berlin. (Brevier Meinhof. 1937, S. 15—27.)

LUKAS, J.: Gibt es Klassensprachen im zentralen Sudan? (Forschg. Fortschr. Jg. 13. 1937, Nr 30, S. 353—354.)

LUKAS, J.: A study of the Kanuri language. Grammar and vocabulary. London 1937.

LUKAS, J.: Zentralsudanische Studien. Wörterverzeichnisse der Deutschen Zentral-Afrika-Expedition 1910/11, nachgelassene Aufnahmen von Gustav Nachtigal und eigene Sammlungen. (Abh. a. d. Geb. d. Auslandskde. Bd 45. 1937.)

BREVIER MEINHOF. Berlin 1937.

MEINHOF, C.: Christliche Gedanken in afrikanischer Sprache. (NAMZ. Jg. 14. 1937, S. 212—221; 244—253; 279—286.)

MEYER, E.: Register zu den Jahrgängen I—XXV 1910/11—1934/35 der ZfK und der ZfE. Berlin 1937. (ZfE. Beih. 16.)

1937—1938

BERGER, P.: Die mit B. -île gebildeten Perfektstämme in den Bantusprachen. (ZfE. Bd 28. 1937/38, S. 81—122; 199—230; 255—286.)

DAMMANN, E.: Bonde-Erzählungen. (ZfE. Bd 28. 1937/38, S. 299—318.)

DAMMANN, E.: Eine Suaheli-Dichtung über Moses, den Habicht und die Taube. (ZfE. Bd 28. 1937/38, S. 1—14.)

Dammann, E.: Zigula-Märchen. (ZfE. Bd 28. 1937/38, S. 139—157.)

Lukas, J.: Der hamitische Gehalt der Tschadohamitischen Sprachen. (ZfE. Bd 28. 1937/38, S. 286—299.)

Lukas, J.: Sprichwörter, Aussprüche und Rätsel der Kanuri. (ZfE. Bd 28. 1937/38, S. 161—174.)

Meinhof, C.: Ein Blick in das afrikanische Volkstum. (Afrika-Rdsch. Jg. 3. 1937/38, S. 62—66.)

Meinhof, C.: Die Sprachen Afrikas. (Hansische Hochschulztg. Jg. 19. 1937/38, H. 7, S. 11 ff.)

1938

Abel, M.: Die arabische Vorlage des Suaheli-Epos Chuo cha Herkal. Textkritische Edition und Übersetzung. Ein Beitrag zur Kenntnis der legendären Maġāzī-Literatur. Berlin 1938. (ZfE. Beih. 18.)

Dammann, E.: Bonde-Märchen. (Mitt. d. Auslandshochschule a. d. Univ. Berlin. Jg. 41. 1938, Abt. 3, S. 1—16.)

Klingenheben, A.: Die Poesie der afrikanischen Völker. Afrika. (Beiträge zur Völker- und Wirtschaftskunde. Hansische Univ. Hamburg. 1938, S. 71—91.)

Klingenheben, A.: Über die Dichtung afrikanischer Völker. (Deutscher Kolonial-Dienst. Jg. 3. 1938, Nr 11, S. 9—14.)

Lukas, J.: Are there class languages in the Central Sudan? (Research and Progress. Bd 4. 1938, Nr 4, S. 175—178.)

Lukas, J.: Die Bedeutung der Hamiten für die sprachliche Gestaltung Afrikas. (Forschg. Fortschr. Jg. 14. 1938, Nr 20—21, S. 233—234.)

Lukas, J.: Neue Aussichten zur sprachlichen Gliederung des Sudan. (Mitt. des Intern. Linguistenkongresses zu Kopenhagen. 1938, S. 186—191.)

Lukas, J.: Die Sprache der Sungor in Wadai. [Aus Nachtigals Nachlaß.] (Mitt. d. Ausland-Hochschule Berlin. Jg. 41. 1938, Abt. 3, Sp. 171—246.)

Lukas, J.: Der Ton in den Sprachen des zentralen Sudan und seiner Nachbargebiete. (Sprechkunst u. Sprechkunde. Bd 1. 1938, S. 96—105.)

Meinhof, C.: Die Entstehung der Bantusprachen. (ZE. Jg. 70. 1938, S. 144—152.)

1938—1939

Dammann, E.: Erzählungen eines Digo zur Geschichte seines Stammes. (ZfE. Bd 29. 1938/39, S. 293—311.)

Dammann, E.: Sprichwörter der Zigula. (ZfE. Bd 29. 1938/39, S. 71—76.)

Lukas, J.: Aus dem Leben der Kanuri, ihre großen Tage, ihre Wohnung. (ZfE. Bd 29. 1938/39, S. 161—188.)

Lukas, J. und O. Völckers: G. Nachtigals Aufzeichnungen über die Sprache der Mimi in Wadai. (ZfE. Bd 29. 1938/39, S. 145—154.)

Meinhof, C.: Die Sprache der Bira. (ZfE. Bd 29. 1938/39, S. 241—287.)

Meinhof, C.: Verkehrs-Sprachen, Pidgin-Sprachen, Sonder-Sprachen. (ZfE. Bd 29. 1938/39, S. 312—313.)

1939

Dammann, E.: Eine Suahelidichtung mit alphabetischer Akrostichis. (Mitt. d. Auslandshochschule a. d. Univ. Berlin. Jg. 42. 1939, S. 158—169.)

Dammann, E.: Verkehrssprachen in Zentral-Afrika. (Afrika-Rdsch. Jg. 5. 1939, S. 97—99.)

Klingenheben, A.: Züge der Religion der Vai in Liberia. Berlin 1939. (Kultur und Rasse. Otto Reche zum 60. Geb., S. 326—333.)

Lukas, J.: Die Ausbreitung der Bantu. (Forschg. Fortschr. Jg. 15. 1939, Nr 2, S. 19—20.)

LUKAS, J.: Linguistic research between Nile and Lake Chad. (Africa. Bd 12. 1939, S. 335—349.)

LUKAS, J.: Die Sprache der Buduma im Zentralen Sudan. Auf Grund eigener Studien und des Nachlasses von G. Nachtigal. (Abh. f. d. Kde des Morgenlandes. Bd 24. 1939, H. 2.)

LUKAS, J.: Die Verbreitung der Hamiten in Afrika. (Scientia. Jg. 35. 1939, Ser. 4, S. 108—118.)

MEINHOF, C.: Die deutsche Afrika-Sprachforschung in ihrer Bedeutung für die Kolonialpolitik. (Afrika-Rdsch. Jg. 5. 1939, S. 5—7.)

MEINHOF, C.: Mitarbeit an: J. ITTMANN, Grammatik des Duala [Kamerun]. (ZfE. Beih. 20. 1939.)

MEINHOF, C.: Sitten und Bräuche in unseren Kolonien. Ein Beitrag zum Rechtsdenken der Eingeborenen. Hamburg. (Niederdeutsche Warte. Jg. 7. 1939, Nr 8, S. 13—15.) = (Handel und Handwerk. Jg. 7. 1939, Nr 8, S. 13—15.)

MEINHOF, C.: Über die Gültigkeit der Sprachgesetze. (Mitt. d. Anthrop. Ges. in Wien. Bd 69. 1939, S. 1—10.)

1939—1940

BUSSE, J.: Lambya-Texte. (ZfE. Bd 30. 1939/40, S. 250—272.)

DAMMANN, E.: Eine Sprachprobe aus der Siu-Mundart des Suaheli. (ZfE. Bd 30. 1939/40, S. 72—77.)

LUKAS, J.: Fabeln der Kanuri. (ZfE. Bd 30. S. 161—181; 273—295.)

MEINHOF, C.: Die Paarung der Begriffe. (ZfE. Bd 30. 1939/40, S. 241—249.)

MEYER, E.: Mambila-Studie. (ZfE. Bd 30. 1939/40, S. 1—52; 117—148; 210—232.)

1940

DAMMANN, E.: Dichtungen in der Lamu-Mundart des Suaheli. (Abh. a. d. Geb. d. Auslandskde. Bd 51. 1940.)

MEINHOF, C.: Deutsche Sprachwissenschaft in Afrika. (Deutscher Wiss. Dienst. Nr 24. 1940, S. 2—3.)

MEYER, E.: Kreditringe in Kamerun. Ein Beitrag zum Eingeborenen-Bankwesen. (Kol. Rdsch. Bd 31. 1940, S. 113—121.)

1940—1941

BUSSE, J.: Lautlehre des Inamwanga. (ZfE. Bd 31. 1940/41, S. 21—50.)

DAMMANN, E.: Suaheli-Lieder aus Lamu. (ZfE. Bd 31. 1940/41, S. 161—188; 278—287.)

HEYDORN, R.: Die Sprache der Bandi im nordwestlichen Liberia. (ZfE. Bd 31. 1940/41, S. 81—114; 188—217.)

KLINGENHEBEN, A.: Zwei geschichtliche Hausatexte. (ZfE. Bd 31. 1940/41, S. 114—129.)

MEINHOF, C.: Die Anfänge der Eingeborenenwirtschaft. (Afrika-Rdsch. Jg. 6. 1940/41, S. 144—146.)

MEINHOF, C.: Deutsche Sprachwissenschaft in Afrika. Leistung deutscher Forschung und ihre Anwendung in der Kolonialarbeit. (Daheim. Jg. 77. 1940/41, Nr 18.) — S. a. (Deutsche Ztg. in den Niederlanden. Amsterdam, 16. 4. 1941.)

MEINHOF, C.: Die Kürzung des Mittelgliedes in Zusammensetzungen. (ZfE. Bd 31. 1940/41, S. 241—248.)

MEINHOF, C.: Sprachkenntnis — Sprachwissenschaft. (Afrika-Rdsch. Jg. 6. 1940/41, S. 10—12.)

ZYHLARZ, E.: Die Sprache der Blemmyer. (ZfE. Bd 31. 1940/41, S. 1—21.)

1941

HEINITZ, W.: Zum Problem der afrikanischen Trommelsprache. (Afrika-Rdsch. Jg. 6. 1941, Nr 10, S. 142—143.)

Klingenheben, A.: Die Suffixklassen des Ful. (ZfE. Beih. 23. 1941.)

Lukas, J.: Deutsche Quellen zur Sprache der Musgu in Kamerun. (ZfE. Beih. 24. 1941.)

Lukas, J.: Die Oase Kufra einst und jetzt. (Afrika-Rdsch. Jg. 6. 1941, Nr 11, S. 165—167.)

Meinhof, C.: Deutsche Erforscher afrikanischer Sprachen. Deutsche Kultur im Leben der Völker. (Mitt. d. Akad. z. wiss. Erforschung u. z. Pflege d. Deutschtums / Deutsche Akademie. Jg. 16. 1941, S. 135—150.) — s. a. (Sprachkunde, Z. z. Pflege u. Förderg. d. Sprachstud. 1942, H. 3/4, S. 1—6.)

1941—1942

Busse, J.: Konde-Texte. (ZfE. Bd 32. 1941/42, S. 201—224.)

Dammann, E.: Digo-Märchen. (ZfE. Bd 32. 1941/42, S. 31—58.)

Dammann, E.: Ein Fluchgedicht auf die Somali in der Siu-Mundart des Suaheli. (ZfE. Bd 32. 1941/42, S. 286—300.)

Meinhof, C.: Entstehung und Gebrauch der Lokativendung in Bantusprachen. (ZfE. Bd 32. 1941/42, S. 161—164.)

Meyer, E.: Märchen in der Balisprache aus dem Grasland von Kamerun. (ZfE. Bd 32. 1941/42, S. 135—160; 224—236.)

Meyer, E.: Stand und Aufgaben der Sprachforschung in Kamerun. (ZfE. Bd 32. 1941/42, S. 241—285.)

Zyhlarz, E.: Eine Auslese aus Max Müller's Kondjara-Werk. (ZfE. Bd 32. 1941/42, S. 164—182.)

Zyhlarz, E.: Das Land Punt. (ZfE. Bd 32. 1941/42, S. 302—311.)

Zyhlarz, E.: Sprachproben von der Sprache in Darfur. (ZfE. Bd 32. 1941/42, S. 81—89.)

1942

Dammann, E.: Die Dichtung des Suaheli. (Kol. Rdsch. Bd 32. 1942, S. 115—123.)

Dammann, E.: Die Quellen der Suaheli-Dichtung. (Der Islam. Bd 26. 1942, S. 250—268.)

Dammann, E.: Suaheli-Dichtungen des Scheichs Muhammed bin Abubekr bin Omar Kidjumwa Masihii aus Lamu. (Stud. z. Auslandskde. Afrika. Bd 1. 1942, S. 125—196.)

Lukas, J.: Das afrikanische Verkehrssprachenproblem. (Beitr. z. Kolonialforschg. Bd 2. 1942, S. 15—24.)

Meinhof, C.: Aus dem Rechtsleben der Afrikaner. (Der koloniale Kampf. Nr 7. 1942, S. 2—4.)

Meinhof, C.: Die Bedeutung der Religionsvorstellungen der Eingeborenen für das Wirtschaftsleben. (Afrika-Rdsch. Jg. 8. 1942, S. 55—56.)

Meinhof, C.: Die Sprachen Afrikas. (Deutscher Kolonial-Dienst. Jg. 7. 1942, S. 108—112.)

Meinhof, C.: Weltweite Aufgaben der deutschen Sprachforschung. (Europäischer Wissenschafts-Dienst. Jg. 2. 1942, Nr 10, S. 14—16.)

1942—1943

Dammann, E.: Kurzlieder der Suaheli. (ZfE. Bd 33. 1942/43, S. 24—37.)

Meyer, E.: Material zur Yogo-Sprache ‹Kongo›. Aufgenommen von J. Tercafs. (ZfE. Bd 33. 1942/43, S. 1—24.)

Zyhlarz, E.: Der Zenaga-Dialekt des Berberischen. (ZfE. Bd 33. 1942/43, S. 81—111.)

1943

Berger, P.: Überlieferungen der Kindiga. Mit einem Anhang: Ein Jagdbericht. Berlin. (Afrika. Bd 2. 1943, S. 97—122.)

Busse, J.: Lautlehre und Grammatik des Nyiha (Deutsch-Ostafrika). Hamburg 1943. [Maschinenschriftl.]

Heinitz, W.: Probleme der afrikanischen Trommelsprache. Berlin. (Beitr. z. Kolonialforschg. Bd 4. 1943, S. 69—100.)

Lukas, J.: Zur Entwicklung der afrikanischen Verkehrssprachen. (Beitr. z. Kolonialforschg. Tagungsbd 1. 1943, S. 118—127.)

Meinhof, C.: Die Bedeutung der Klassensprachen für das Studium der Genussprachen. (Sprachkunde. Z. z. Pflege u. Förderg. d. Sprachstud. H. 1—2. 1943, S. 3—5.)

Meinhof, C.: Methoden der Sprachvergleichung in Afrika. (Beitr. z. Kolonialforschg. Tagungsbd 1. 1943, S. 96—107.)

1943—1944

Dammann, E.: Zur Geschichte der Digo. (ZfE. Bd 34. 1943/44, S. 53—68.)

Heydorn, R.: Das Manya. (ZfE. Bd 34. 1943/44, S. 25—53.)

Klingenheben, A.: Die Mande-Völker und ihre Sprachen. (ZfE. Bd 34. 1943/44, S. 1—23.)

Lukas, J.: Carl Meinhof. (ZfE. Bd 34. 1943/44, S. 81—93.)

Meinhof, C.: Das Heiban in Kordofan. (ZfE. Bd 34. 1943/44, S. 94—130.)

Meyer, E.: Das Werk von Carl Meinhof dargestellt in seinen Schriften. (ZfE. Bd 34. 1943/44, S. 131—172.)

1944

Lukas, J.: Aufnahmen im Serer ‹Senegambien›. Zahlwörter, Substantive mit Pluralen. (Lautbibliothek. Nr 230. 1944, S. 3—6.)

Lukas, J.: Neue Beiträge zur Kolonialforschung. (Stud. z. Auslandskde. Afrika. Bd 3. 1944, Lfg 1, S. 9—18.)

Meyer, E.: Das Problem der Verkehrssprachen von Tropisch-Afrika, insbesondere von Kamerun. (Mitt. d. geograph. Ges. in Hamburg. Bd 48. 1944, S. 255—288.)

1949

Klingenheben, A.: Ist das Somali eine Tonsprache? (Z. f. Phonetik u. Allg. Sprachwiss. Jg. 3. 1949, S. 289—303.)

Klingenheben, A.: Die Klassenelemente der Zahlwörter des Ful. (ZDMG. Bd 99. 1949, S. 67—92.)

1949—1950

Dammann, E.: Einige Notizen über die Sprache der Sanye (Kenya). (ZfE. Bd 35. 1949/50, S. 227—234.)

Heydorn †, R.: Das Manya ‹Schluß›. (ZfE. Bd 35. 1949/50, S. 47—66.)

Klingenheben, A.: Zur Nominalbildung im Galla. (ZfE. Bd 35. 1949/50, S. 21—47; 107—127; 235—260.)

Meyer, E.: Bemerkungen zum Fök im Hochland von Mittel-Kamerun. (ZfE. Bd 35. 1949/50, S. 264—280.)

Meyer, E.: Das Fragewort in den Bantusprachen. (ZfE. Bd 35. 1949/50, S. 81—106.)

Zyhlarz, E.: Die Lautverschiebungen des Nubischen. (ZfE. Bd 35. 1949/50, S. 1—20; 128—146; 280—313.)

1950

Dammann, E.: Das Demonstrativ in Bantusprachen. (ZDMG. Bd 100. 1949/50, S. 638—645.)

Klingenheben, A.: Die Laryngalen im Amharischen. (ZDMG. Bd 100. 1949/50, S. 374—384.)

1951

KLINGENHEBEN, A.: Althamito-semitische nominale Genusexponenten in heutigen Hamitensprachen. (ZDMG. Bd 101. 1951, S. 78—88.)

1951—1952

DAMMANN, E.: Die Präformative der Demonstrativpronomina in den Bantusprachen. (AuÜ. Bd 36. 1951/52, S. 31—44.)

KLINGENHEBEN, A.: Zur Nominalbildung im Galla. (AuÜ. Bd 36. 1951/52, S. 45—66.)

LUKAS, J.: Umrisse einer ostsaharanischen Sprachgruppe. (AuÜ. Bd 36. 1951/52, S. 3—7.)

LUKAS, J.: Verbalwurzel und Verbalsuffixe im Maba ‹Waddai›. (AuÜ. Bd 36. 1951/52, S. 93—98.)

1952

DAMMANN, E.: Zur Bedeutung der Demonstrativa in Bantusprachen. (Z. f. Phonetik u. Allg. Sprachwiss. Jg. 6. 1952, S. 328—338.)

KLINGENHEBEN, A.: Gestaltwandel der Religionen. (ZDMG. Bd 102. 1952, S. 324—339.)

KLINGENHEBEN, A.: Zum Problem der Silbe in afrikanischen Sprachen. (AuÜ. Bd 37. 1952, S. 7—20.)

LUKAS, J.: Das Nomen im Tiv. (Anthropos. Bd 47. 1952, S. 147—176.)

1952—1953

BUSSE, J.: Kimbu-Sprachproben. (AuÜ. Bd 37. 1952/53, S. 183—186.)

DAMMANN, E.: Die Suffixe der Demonstrativa in Bantusprachen. (AuÜ. Bd 37. 1952/53, S. 21—33; 81—94.)

ESSEN, O. v.: Phonetik oder Phonologie? (AuÜ. Bd 37. 1952/53, S. 1—5.)

KÄHLER-MEYER, E., G. TISCHHAUSER u. A. VIELHAUER: Klassensysteme in afrikanischen Sprachen. (Tribus. N. F. Bd 2/3. 1952/53, S. 418—427.)

KÄHLER-MEYER, E.: Sprachproben aus der Landschaft Mbembe, Kamerun. (AuÜ. Bd 37. 1952/53, S. 109—118; 151—182.)

LUKAS, J.: Tonbezeichnete Mabatexte ‹Waddai›. (AuÜ. Bd 37. 1952/53, S. 51—60.)

1953

DAMMANN, E.: Das Gesicht des modernen Afrika. Portrait des ostafrikanischen Schriftstellers Shaaban Robert. (Übersee-Rdsch. Jg. 5. 1953, S. 341—342.)

DAMMANN, E.: Phasen in der Erforschung der Bantusprachen. (ZDMG. Bd 103. 1953, S. 193—201.)

LUKAS, J.: Die Sprache der Tubu in der Zentralen Sahara. (Deutsche Akademie der Wissenschaften zu Berlin, Institut für Orientforschung. Veröff. Nr 14. 1953.)

1953—1954

KÄHLER-MEYER, E.: Kurze Wortliste der Sprache von Bebedjato in der Landschaft Mbembe, Kamerun. Aufgenommen von G. TISCHHAUSER. (AuÜ. Bd 38. 1953/54, S. 69—71.)

LUKAS, J.: Tubu-Texte und Übungsstücke. (AuÜ. Bd 38. 1953/54, S. 1—16; 53—68; 121—134.)

1954

DAMMANN, E.: Reziprok und Assoziativ in Bantusprachen. (ZDMG. Bd 104. 1954, S. 163—174.)

DAMMANN, E.: The Translation of biblical and Christian personal names into Swahili. (The Bible Translator. Vol. 5. 1954, S. 80—84.)

KÄHLER-MEYER, E.: M. van de Kimmenades Grammatik und Vokabular der Sandawe-Sprache. (Anthropos. Bd 49. 1954, S. 290—294.)

1954—1955

DAMMANN, E.: Prosatexte in der Lamu-Mundart des Suaheli. (AuU. Bd 39. 1954/55, S. 65—82.)

DAMMANN, E.: Verwendung und Bedeutung von B. *γi*. (AuU. Bd 39. 1954/55, S. 31—39.)

KÄHLER-MEYER, E.: Beobachtungen am Konsonantenbestand der Graslandsprachen von Kamerun. (AuU. Bd 39. 1954/55, S. 7—18.)

KÄHLER-MEYER, E.: Spiele bei den Bali in Kamerun. (AuU. Bd 39. 1954/55, S. 179—190.)

LUKAS, J.: Der gegenwärtige Stand der Gliederung der westsudanischen Sprachen. (Tribus. N. F. Bd 4/5. 1954/55, S. 87—94.)

WÄNGLER, H.-H.: Über südwestafrikanische Bogenlieder. Drei Lieder der Bergdama. (AuU. Bd 39. 1954/55, S. 49—63.)

1955

KLINGENHEBEN, A.: Eine neue Nominalklasse des Ful. (ZDMG. Bd 105. 1955, S. 338—345.)

LUKAS, J. [Hrsg.]: Afrikanistische Studien. Diedrich Westermann zum 80. Geburtstag gewidmet. Berlin 1955. (Deutsche Akademie der Wissenschaften zu Berlin. Institut für Orientforschung. Veröff. Nr 26.) Beiträge s. u.:

DAMMANN, E.: Sprichwörter aus Lamu. (Afrikanist. Stud. 1955, S. 174—180.)

ESSEN, O. v.: Über wortdifferenzierende Tonhöhen der Namasprache. (Afrikanist. Stud. 1955, S. 350—354.)

KÄHLER-MEYER, E.: Zur Genealogie des Adjektivs im Bantu. (Afrikanist. Stud. 1955, S. 64—75.)

KLINGENHEBEN, A.: Die Diminutiv- und Augmentativklassen des Westful. (Afrikanist. Stud. 1955, S. 76—86.)

LUKAS, J.: Über die Verwendung der Partikel *sai* im Hausa. (Afrikanist. Stud. 1955, S. 108—117.)

1956

DAMMANN, E.: Die von der Ahmadiyya herausgegebene Übersetzung des Korans in das Suaheli. (ZDMG. Bd 106. 1956, S. 135—144.)

DAMMANN, E.: Die Dichtung der Afrikaner. (Universitas. Bd 12. 1956, S. 945—955.)

DAMMANN, E.: German contributions to Swahili studies in recent decades. (J. of the East African Swahili Committee. Nr 26. 1956, S. 9—17.)

DAMMANN, E.: Nachwort zu: Placide Tempels, Bantu-Philosophie. Heidelberg 1956, S. 121—132.

DAMMANN, E.: Die religiöse Stellung des Häuptlings in ost- und südafrikanischen Bantustämmen. (Paideuma. Bd 6. 1956, S. 110—117.)

DAMMANN, E.: Das situative Formans *ki* in einigen Bantusprachen. (Mitt. des Inst. f. Orientforschung. Berlin 1956, S. 424—434.)

KÄHLER-MEYER, E.: Konstanz und Variation in Klassensystemen afrikanischer Sprachen. (Actes du IVe Congrès International des Sciences Anthropol. et Ethnol. Wien 1952. T. 3. 1956, S. 251—257.)

KLINGENHEBEN, A.: Die Präfix- und die Suffixkonjugationen des Hamitosemitischen. (MIO. Bd 4. 1956, S. 211—277.)

KLINGENHEBEN, A.: Das „schiefe Verbum" des Amharischen. (Z. f. Phonetik und allg. Sprachwiss. Jg. 9. 1956, S. 150—155.)

WÄNGLER, H.-H.: Über südwestafrikanische Bogenlieder. Vier Lieder der Bergdama und Buschleute. (AuU. Bd 40. 1956, S. 163—174.)

1956—1957

DAMMANN, E.: Die Sprache als Ausdruck des Denkens. (J. of the South West African Scient. Soc. Vol. 12. 1956/57, S. 69—80.)

1957

BUSSE, J.: Nyakyusa-Rätsel. (Z. f. Phonetik. Bd 10. 1957, S. 108—119.)

DAMMANN, E.: Richter und Räuber (eine muslimische Suahelidichtung). (Mitt. des Inst. f. Orientforschung. Bd 5. 1957, S. 432—489.)

DAMMANN, E.: Stimmlose Nasale im Kwangali. (AuÜ. Bd 41. 1957, S. 165—170.)

DAMMANN, E.: Stimmlose Nasale im Ndonga. (Z. f. Phonetik und allg. Sprachwiss. Bd 10. 1957, S. 120—126.)

DAMMANN, E.: Studien zum Kwangali. Grammatik, Texte, Glossar. (Abh. a. d. Gebiet d. Auslandskde. Nr 63. 1957.)

ESSEN, O. v.: Das Phonemsystem des Nama-Hottentottischen. (Z. f. Phonetik. Bd 10. 1957, S. 127—143.)

1958

KLINGENHEBEN, A.: Die w- und y-haltigen Konsonanten abessinischer Semitensprachen mit besonderer Berücksichtigung des Amharischen. (Rass. di Studi Etiopici. Bd 14. 1958, S. 28—47.)

KLINGENHEBEN, A.: Zur Entstehung des Klassensprachentyps in Afrika. (MIO. Bd 6. 1958, S. 112—120.)

1959

ESSEN, O. v.: Zur Phonetik der vollstimmhaften und endstimmhaften Velarlabialen in der Ewesprache. (Z. f. Phonetik u. allg. Sprachwiss. Bd 12. 1959, S. 23—26.)

KLINGENHEBEN, A.: Zur amharischen Poesie. (Rass. di Studi Etiopici. Bd 15. 1959, S. 5—19.)

LUKAS, J.: Mitteilungen über die Stämme und Sprache der östlichen Kanembu ‹Tschadseegebiet›. (AuÜ. Bd 43. 1959, S. 106—115.)

LUKAS, J.: Das Reich Mali in Westafrika. (Übersee-Rdsch. Jg. 11. 1959, S. 7—8.)

LUKAS, J.: Die Sahara im Wandel der Jahrtausende. (Übersee-Rdsch. Jg. 11. 1959, H. 7, S. 9—11.)

WILLMS, A.: Kriterien für radikales oder akzessorisches *i* und *u* im Verb des Tuareg. (Akten des 24. Intern. Orientalistenkongresses, München 1957. Wiesbaden: Deutsche Morgenländ. Ges. 1959, S. 723—726.)

1961

ESSEN, O. v.: Implosive Verschlußlaute im Hausa. (AuÜ. Bd 45. 1961, S. 285—291.)

KLINGENHEBEN, A.: Die Inversion im Ful. (AuÜ. Bd 45. 1961, S. 161—169.)

LUKAS, J. und A. WILLMS: Outline of the language of the Jarawa in Northern Nigeria (Plateau Province). (AuÜ. Bd 45. 1961, S. 1—66.)

LUKAS, J.: Die Sprachgruppen Afrikas. (Babel. Bd 7. 1961, S. 160—163.)

WILLMS, A.: Der Akzent im Kabylischen. (ZDMG. Bd 111. 1961, S. 430.)

WILLMS, A.: s. LUKAS, J. und A. WILLMS.

1962

KÄHLER-MEYER, E.: Studien zur tonalen Struktur der Bantusprachen. I. Shambala (S. 1—42). II. Chasu (S. 250—295). (AuÜ. Bd 46. 1962.)

KLINGENHEBEN, A.: Influence of analogy in African languages. (J. of African Languages. Vol. 1. 1962, S. 30—42.)

WILLMS, A.: Zur Phonologie der langen Konsonanten im Kabylischen. (Z. f. Phonetik, Sprachwiss. u. Kommunikationsforschg. Bd 15. 1962, S. 103—109.)

1963

KÄHLER-MEYER, E.: Bantu-Tonsprachen und -Nichttonsprachen in Tanganyika. (Z. f. Phonetik, Sprachwiss. u. Kommunikationsforschg. Bd 16. 1963, S. 101—112.)

Kähler-Meyer, E.: Töne und Akzente in der Formenlehre des Chasu ‹Tanganyika›. (AuÜ. Bd 47. 1963, S. 89—133.)

Klingenheben, A.: Die Sprache der Ful ‹Dialekt von Adamaua›. Grammatik, Texte und Wörterverzeichnis. (Afrikanist. Forschungen. Bd 1. 1963.)

Lukas, J.: Der II. Stamm des Verbums im Hausa. (AuÜ. Bd 47. 1963, S. 162—186.)

Wängler, H.-H.: Zur Tonologie des Hausa. (Schr. z. Phonetik, Sprachwiss. u. Kommunikationsforschg. Nr 6. 1963.)

1964

Klingenheben, A.: Ful. (Z. f. fremde Sprachen in Wiss. und Praxis. Jg. 9. 1964, Nr 6, S. 181—183.)

Klingenheben, A.: Zum Problem der Verbalstämme des Amharischen. (J. of Semitic Studies. Vol. 9. 1964, S. 42—46.)

Lukas, J.: Hausa, eine umfassende Verkehrssprache für Westafrika. (Neues Afrika. Jg. 6. 1964, H. 8, S. 275—277.)

1965

Kähler-Meyer, E. [Hrsg.]: Wörterbuch der Duala-Sprache, von J. Ittmann. Berlin. (AuÜ. Beih. 29. 1965.) [Im Druck.]

Vorbichler, A.: Zur Tonologie und Morphologie des Balese ‹Ituri-Urwald, Kongo›. (Afrikanist. Forschungen. Bd 2. 1965.)

Hamburger Missionswissenschaft

Von Ernst Dammann

Die Missionswissenschaft ist eine Disziplin, die sich erst im 19. Jahrhundert innerhalb der Theologie gebildet hat. Zwar hat es eine Missionsbetätigung seit den Anfängen der christlichen Kirche gegeben. Es finden sich auch in manchen Schriften — beginnend im Neuen Testament — missionstheoretische Erwägungen. Diese sind aber noch weit von wissenschaftlichen Fragestellungen und deren methodischer Bearbeitung entfernt. In Deutschland war es vor allem Gustav Warneck (1834—1910), der zunächst als Geistlicher, später als Professor für Missionswissenschaft in Halle die Grundlage für dieses neue Gebiet der Theologie schuf und ihr wissenschaftliche Anerkennung verschaffte. Im Laufe der Zeit weitete sich das Fach aus, so daß der zweite Nachfolger Warnecks in Halle, Schomerus, 1935 den Umfang der Missionswissenschaft dahingehend umriß, daß er zu ihr Missionsapologetik, Missionstheorie, Missionspädagogik und Missionsgeschichte rechnete. Trotzdem war das Fach nur an wenigen deutschen Universitäten vertreten. Es gab um 1935 nur in Berlin, Halle und Tübingen Lehrstühle für Missionswissenschaft, an einigen anderen Universitäten wurde nebenamtlich über das Gebiet gelesen; an den meisten Universitäten bestand überhaupt keine Möglichkeit, sich mit diesem Teilgebiet der Theologie zu beschäftigen. Außerhalb der Hochschulen waren es auch nur wenige Geistliche, die Zeit und Muße fanden, sich wissenschaftlich in die Missionsfragen einzuarbeiten.

Da Hamburg nach der Aufhebung seines Akademischen Gymnasiums bis zur Gründung des Kolonialinstitutes im Jahre 1908 keine Hochschule besaß, ist hier von vornherein die Möglichkeit für missionswissenschaftliche Arbeit zunächst nur gering gewesen. In theologischer Beziehung hatten die Hauptpastoren u. a. die Aufgabe, sich wissenschaftlich zu betätigen. Unter ihnen ist ein Mann zu nennen, der in seinem Denken auch der Missionswissenschaft Raum gab, ohne daß ihm diese Bezeichnung geläufig war. Es war Philipp Nicolai (1556—1608), der von 1601 bis zu seinem Tode Hauptpastor von St. Katharinen in Hamburg war. Er hatte bereits 1597 ein Buch „De Regno Christi" (Das Reich Christi) veröffentlicht, in dem er seine missionswissenschaftlichen Gedanken niederlegte [Hess 1962, S. 226]. Dabei wurden diese in doppelter Weise auf Äthiopien gerichtet. Zunächst war es die seit der zweiten Hälfte des Mittelalters in Europa verbreitete Kunde von dem Reiche des Priesters Johannes, das sowohl in Ostasien als auch in Afrika gesucht wurde. Hinter beiden Traditionen dürfte eine geschichtliche Wahrheit stecken. Im Mittelalter war das Christentum über weite Strecken Zentralasiens bis nach China hinein verbreitet. Und in Äthiopien begann die Missionierung bereits im 4. Jahrhundert. Sodann stand Nicolai die Reisebeschreibung Äthiopiens des Franziskus Alvares, vielleicht auch noch anderes Material, zur Verfügung [Hess 1962, S. 104]. Ihm war auch bereits die Ursprungslegende des äthiopischen Kaiserhauses bekannt, die von einer Verbindung Salomos mit der Königin von Saba (1. Kön. 10) ausgeht. Auch die Heimat des Kämmerers aus dem Mohrenland (Apostelgesch. 8) lokalisiert Nicolai in Äthiopien. In Wirklichkeit ist sie jedoch in Nubien, im Bereich des Reiches Meroë zu suchen.

Der Verfasser hat nicht nur — wir würden heute sagen als Kirchenhistoriker — alles gesammelt, was ihm über die Christianisierung Äthiopiens zugänglich war, er hat sich auch über die Lehre der dortigen Kirche informiert und meinte, daß diese mit der deutschen reformatorischen Theologie übereinstimme. Dabei war ihm durchaus bewußt, daß in praktischer Beziehung manche Mängel vorhanden waren; gleichwohl war für ihn diese Kirche ein aktives Missionszentrum für Afrika und Persien. Hier sehen wir, wie er nicht nur Missionshistoriker war, sondern auch zum Missionstheoretiker wurde. Das zeigt sich besonders deutlich bei seinem Vorschlag für die Missionierung Zentralafrikas. Er lehnte die katholische Mission im Kongo nicht ab, sondern wollte sie zu einem Ausgangspunkt für die Arbeit in Zentralafrika machen. Der andere Ausgangspunkt sollte die äthiopische Kirche sein. In diesem Denken über das Reich Christi konnte Nicolai sogar von den engen Konfessionsgrenzen absehen, denen er in seiner sonstigen Amtstätigkeit verhaftet war [Hess, S. 103 ff.].

So kann man Nicolai als einen Vorläufer in der Missionswissenschaft bezeichnen. Und wenn er seine kühnen Gedanken auch bereits konzipiert hatte, bevor er nach Hamburg kam, so dürften sie ihn hier am Tor der Welt noch mehr bewegt haben als einst in Wildungen und Unna, wo er vorher wirkte.

Im 18. Jahrhundert war es der in der Geistesgeschichte bekannte Hauptpastor Johan Melchior Goeze von St. Katharinen, der sich über die Mission äußerte. Die Veranlassung dazu bildete eine Predigt des Hauptpastors Christoph Christian Sturm von St. Petri im Jahre 1782, in der dieser darlegte, daß die christliche Lehre weniger durch die Missionen als vielmehr durch die Verbindung der Christen mit den Nichtchristen und durch die dadurch entstehende Aufklärung durch Künste und Wissenschaften, durch Schiffahrt und Handel, Kriege und Empörungen verbreitet würde [Höck 1900, S. 231]. Darauf schrieb Goeze [1782] eine im Stile der damaligen Zeit langbetitelte Schrift, die eine gute Kenntnis der Missionsgeschichte verrät. Aus ihr führt er den Beweis, daß die Verbindung des Christen mit den Nichtchristen in Übersee keineswegs Übertritte zum Christentum bewirkt habe. Im Hinblick auf Afrika exemplifiziert er auf den Sklavenhandel und fragt: „Aber wer von diesen Elenden ist zu Christo geführt worden?" Als Beweis für die schlechte Behandlung, die man den Sklaven angedeihen ließ, zitiert er einen Bericht aus der „hiesigen neuen Zeitung" vom 6. April, wonach von dem Schiff Nelly, das von Afrika nach Jamaika 400 Sklaven bringen sollte, 110 Mann über Bord geworfen wurden, da das Schiff durch einen Sturm herumgetrieben wurde und die Nahrungsmittel auszugehen drohten.

Es ist anzunehmen, daß außer diesen beiden genannten Hauptpastoren auch andere Theologen in Hamburg gelegentliche Äußerungen getan haben, die man als zur Missionswissenschaft gehörig bezeichnen kann. Das gilt besonders für die Zeit nach der Gründung des evangelischen Missionsvereins 1822 und nach der Bildung der „Norddeutschen Missionsgesellschaft", die 1836 erfolgte (die „Norddeutsche Missionsgesellschaft" verlegte später ihren Sitz nach Bremen). Aber es waren bestenfalls sporadisch geäußerte Gedanken, die vielleicht für die Praxis, aber nicht für die Wissenschaft bedeutsam waren.

Hier trat erst im 20. Jahrhundert ein Wandel ein. Am 20. Oktober 1908 wurde in Hamburg das Kolonialinstitut eröffnet. Es sollte eine Stätte für die koloniale Forschung sein und gleichzeitig denen, die beruflich in die Kolonien gehen wollten, eine genügende Vorbildung geben. Hierin ähnelte es dem schon 1887 in Berlin gegründeten Seminar für Orientalische Sprachen. Zu den Interessenten gehörten auch Missionare. Waren es doch gerade die Kolonien, in die zahlreiche deutsche Missionare beider Konfessionen hinauszogen. Es war daher verständlich, daß bereits im 2. Semester, also im Sommersemester 1909, Missionskunde in den Vorlesungsplan aufgenommen wurde. In diesem Semester hielt der damalige Marburger Kirchenhistoriker Carl Mirbt eine Vortragsreihe über „Mission und Kolonialpolitik", die 1910 als Buch erschien. In den folgenden Semestern lasen am Kolonialinstitut Pastor D. Paul, Lorenzkirch (später Direktor der Leipziger Mission und Honorarprofessor für Missionswissenschaft in Leipzig), Missionsinspektor M. Wilde, Berlin, der durch sein inhaltsreiches Buch „Schwarz und Weiß in Südafrika" bekanntgeworden ist, und Gottlob Haussleiter, Halle, damals der einzige Ordinarius für Missionswissenschaft in Deutschland. Auch die katholische Missionskunde wurde nicht vergessen. Als ihre Vertreter wirkten als Vortragende in Hamburg Joseph Schmidlin, seit 1910 außerordentlicher Professor in Münster und Begründer der katholischen Missionswissenschaft in Deutschland, sowie Pfarrer Streit, Hünfeld, der spätere Direktor der Päpstlichen Missionsbibliothek. Fast alle von ihnen sind durch Publikationen bekannt geworden, die sich auf Afrika beziehen, wenn diese auch nicht gerade in den kurzen Monaten ihrer Tätigkeit in Hamburg erschienen sind. Man versuchte auch, J. B. Aufhauser, seit 1911 Privatdozent in München, zu Vorlesungen heranzuziehen, allerdings ohne Erfolg [von Melle 1923, passim].

Im Unterschied zu den Hauptfächern war die Mission am Kolonialinstitut nur nebenamtlich vertreten. Die von einem wechselnden Mitarbeiterstab gehaltenen Vorlesungen waren im Grunde mehr Vortragsreihen. Es war daher ein Fortschritt, als mit dem Wintersemester 1913/14 ein ständiger Lehrauftrag an Lic. Martin Schlunk erteilt wurde. Dieser war 1908 als Missionsinspektor der Norddeutschen Mission nach Bremen berufen worden. Um die Arbeit in Hamburg zu intensivieren, hatte er seinen

Wohnsitz 1910 nach Hamburg verlegt. Somit war ein Mann am Orte, der sich bereits fachwissenschaftlich ausgewiesen hatte. Er hielt in der Regel eine zweistündige Vorlesung, eine Übung und häufig eine einstündige öffentliche Vorlesung, die zu einer beliebten Hamburger Einrichtung gehörte. Im Sommersemester 1915 lauteten die Themen: Schulwesen der evangelischen Mission; universalgeschichtliche Bedeutung der Weltmission im 19. Jahrhundert; missionswissenschaftliche Übungen über Mission und Kolonialpolitik. Im Wintersemester 1916/17 zeigte Schlunk an: Mission in Westafrika; die wichtigsten Aufgaben der kolonialen Missionsarbeit, außerdem missionswissenschaftliche Übungen. Eine missionswissenschaftliche Bücherei wurde geschaffen und — aus formaljuristischen Gründen — dem Seminar für Kolonialsprachen unterstellt. Da die Norddeutsche Mission in Togo und an der damaligen Goldküste arbeitete, stand Schlunk mit Afrika in steter Verbindung, die noch durch eine Visitationsreise 1909/10 verstärkt wurde.

Von der Tradition des alten Akademischen Gymnasiums bestand in Hamburg das „Allgemeine Vorlesungswesen", durch das bisweilen ein großer Kreis von Interessenten erreicht wurde. Auch die Missionsvorlesungen wurden in diesen Rahmen hineingestellt und dadurch weiteren Kreisen zugänglich gemacht.

Nun waren es aber nicht nur die amtlich beauftragten Dozenten, die der Missionswissenschaft zur Geltung verhalfen, sondern auch andere Kreise des Kolonialinstituts. Hier ist vor allem Professor CARL MEINHOF zu nennen. Als 1909 das Seminar für Kolonialsprachen geschaffen wurde, fiel auf ihn der Blick als auf den damals bekanntesten Afrikanisten Deutschlands. Er hatte als langjähriger Pastor in Zizow (Hinterpommern) und als Lehrer afrikanischer Sprachen am Orientalischen Seminar in Berlin zeitlebens viel Verbindung mit der Mission gehabt. Er hatte sich auch missionstheoretischen Fragen zugewandt und sich darüber in Vorträgen und Publikationen geäußert. Hinzu kam, daß die meisten seiner sprachlichen Gewährsleute Missionare waren. Seine Mitarbeit und sein Rat wurden gern gesucht. Er versuchte auch, durch den von ihm nach angelsächsischem Vorbild gegründeten Laienmissionsbund der Mission in Deutschland eine breitere Grundlage zu verschaffen. Dieser ging 1913 in die anläßlich des 25jährigen Regierungsjubiläums Kaiser Wilhelms II. gegründete Deutsche Evangelische Missionshilfe auf. In Hamburg verband ihn auch mit dem damaligen leitenden Geistlichen Senior G. BEHRMANN [1916, S. 287] das gemeinsame starke Interesse an der Mission. Die staatlichen Behörden machten sich die engen Beziehungen Meinhofs zur Mission zunutze. So wurde er mehrfach beauftragt, das Kolonialinstitut auf auswärtigen Missionskongressen zu vertreten. Dies geschah auch auf der ersten Weltmissionskonferenz in Edinburgh 1910, wo er die hohe Auszeichnung des L. L. D. (Letter of Laws Doctor) erhielt. Dort referierte er über die sprachliche Ausbildung der Missionare [MEINHOF 1937, Brevier, S. 80—86].

So herrschte in den Jahren vor dem Ersten Weltkriege am Kolonialinstitut ein reges, die Missionskunde befruchtendes Leben. Afrikamissionare wurden für den sprachlichen Unterricht herangezogen, 1912 wurde eine Zusammenstellung der für die Missionare geeigneten Vorlesungen und Übungen herausgegeben.

In jene Zeit fällt die Gründung eines Missionarsheimes in Hamburg, woran Meinhof maßgeblich beteiligt war. Am 7. 12. 1911 wurde dieses im Gelände des Rauhen Hauses unter dem Namen „Grüne Tanne" eröffnet. Es sollte zunächst die Missionsaspiranten und -kandidaten der Norddeutschen Missionen aufnehmen, letztere, wenn sie sich am Kolonialinstitut vor allem mit dem Erlernen des Ewe beschäftigten [Schlunk 1913 a, S. 18 f.]. Es gewann aber bald auch eine Bedeutung für die Missionswissenschaft. Zu seinem Leiter wurde D. Jakob Spieth berufen, der als Missionar 1901 krankheitshalber Togo verlassen mußte und in Deutschland grundlegende Werke über die Religion und die Geschichte der Ewe veröffentlichte. Er ist auch der Schöpfer einer von Fachleuten als ausgezeichnet beurteilten Übersetzung der Bibel in das Ewe, an deren Drucklegung er auch in seiner Hamburger Zeit gearbeitet hat. Im Jahre seines Einzugs wurde er zum Ehrendoktor der Theologischen Fakultät Tübingen promoviert. Leider starb er schon 1914. Im Wintersemester 1913/14 weilte Missionar Bürgi aus Togo längere Zeit in der „Tanne" zur Erledigung literarischer Arbeiten, wobei ihm der Togoer Viktor Toso half, der als Sprachgehilfe für Ewe am Kolonialinstitut tätig war, in der „Tanne" wohnte und 1916 in Hamburg starb. Von Schlunk wurde wöchentlich ein missionstheologisches Hausseminar abgehalten. Wie so manches, fand auch die Arbeit in der „Tanne" mit dem Ersten Weltkrieg ihr Ende.

Nach der politischen Umwälzung beschloß die Hamburgische Bürgerschaft im Frühjahr 1919 die Errichtung einer Universität. Die Lehrkräfte und -einrichtungen des Kolonialinstituts wurden von der neuen Hochschule übernommen. Obwohl noch jahrzehntelang eine theologische Fakultät fehlte, behielt die Missionswissenschaft ihren Platz. Schlunk erhielt einen dahingehenden Lehrauftrag in der Philosophischen Fakultät. Das „Seminar für Kolonialsprachen" wurde in ein „Seminar für Afrikanische und Südsee-Sprachen" umgewandelt und durch seinen Direktor Professor Meinhof ausgebaut. Hier war auch jahrelang das Tätigkeitsfeld von Professor Otto Dempwolff, der — ursprünglich Arzt in den Schutzgebieten — sich jetzt ganz der Sprachforschung widmete. Im Jahre 1931 wurde ein eigenes „Seminar für Indonesische und Südsee-Sprachen" geschaffen, das Dempwolff bis zu seinem Tode 1938 leitete. Diese beiden Professoren haben neben ihrer hauptamtlichen Arbeit viel für die Pflege missionswissenschaftlicher Gedanken getan. Das geschah nicht nur durch Publikationen und Vorlesungen, sondern auch durch Vorträge, die in Hamburg und außerhalb gehalten wurden. Außerdem ließ Meinhof in der von ihm geleiteten „Religionswissenschaftlichen Gesellschaft" bisweilen Vertreter der Missionen über afrikanische Probleme berichten. Ein Erbteil aus der Tradition des Kolonialinstituts war der „Ausschuß für Auslands- und Kolonialkunde" an der Hamburger Universität, der in Regionalgruppen untergliedert war. Am regsten arbeitete die unter Meinhofs Vorsitz bestehende „Afrikanische Gruppe". Hier wurden von auswärtigen Sachverständigen manche missionswissenschaftliche Vorträge gehalten.

Schließlich fand im April 1933 ein großer missionswissenschaftlicher Lehrgang in Verbindung mit Instituten der Universität statt. Zwar war die Hanseatisch-Oldenburgische Missionskonferenz dabei federführend, die Konzeption zu dieser Veranstaltung dürfte aber weitgehend auf Meinhof und Dempwolff zurückgehen.

Im Jahre 1927 schied SCHLUNK aus seiner Stellung bei der Norddeutschen Mission aus und übernahm das neugeschaffene Amt eines Missionsdirektors der Hanseatischen Landeskirchen (Hamburg, Lübeck, Bremen). Es ist beachtlich, daß der Inhaber dieses Amtes laut Dienstvertrag verpflichtet ist, missionswissenschaftliche Arbeit zu übernehmen. Das entsprach durchaus den Gaben und Neigungen Schlunks. Um dieselbe Zeit wurde ihm auch ein Lehrauftrag für Missionswissenschaft in der Theologischen Fakultät der Universität Kiel zuteil. Aber schon nach einem Jahr verließ Schlunk Hamburg, um das neu gegründete Ordinariat für Missionswissenschaft in Tübingen zu übernehmen. Sein Nachfolger in allen Ämtern, also auch als beauftragter Dozent an der Universität, wurde 1929 Dr. WALTER FREYTAG. In das Seminar für afrikanische und Südsee-Sprachen trat 1930 E. DAMMANN ein, der als Theologe im Anschluß an Meinhof und Dempwolff Kontakt zur Missionswissenschaft pflegte, vorübergehend auch 1933—36 im Missions- und Kirchendienst in Tanga (Ostafrika) tätig war.

Die missionswissenschaftlichen Bestrebungen jener Zeit tragen ihr besonderes Gepräge. SCHLUNK kam aus der Tradition Gustav Warnecks. Ihm lag das Geschichtliche am Herzen, wobei die Fakten zu sprechen haben. Seine Arbeiten über das Schulwesen in den deutschen Kolonien sind ein gutes Beispiel für die Akribie, die ihn auszeichnete. Diese verließ ihn auch nicht, wenn er mit glücklicher Hand Probleme in verständlicher Weise vor weiteren Kreisen behandelte. Die Auseinandersetzung mit anderen Religionen lag ihm besonders am Herzen. Dabei mag die vergleichende Methode ihre Rolle gespielt haben. Bei seinen Arbeiten stand nicht selten Afrika im Vordergrund. Schließlich war er ja etwa zwei Jahrzehnte lang Inspektor, später Direktor einer Mission gewesen, die damals ausschließlich in Westafrika arbeitete. Dort hatte er auch Feldberührung gehabt. Anders war die Lage in dem von MEINHOF geleiteten Seminar. Die persönliche Verbindung mit der Mission war ein Erbteil seines Vaterhauses. Sein Vater war einst Hilfsprediger bei Goßner in Berlin gewesen und stand später in dem in Pommern regen Missionsleben. Diese Tradition pflegte Meinhof weiter bis in sein hohes Alter. Noch als Emeritus sammelte er Interessenten in einem — übrigens typisch hamburgischen — Hauskreis. Seine Bedeutung für die Missionswissenschaft liegt dagegen mehr in den Randgebieten. Unermüdlich wies er darauf hin, daß das erste Erfordernis einer erfolgreichen Missionstätigkeit die Beherrschung der Sprache sei. Er empfahl, mit der Erlernung in der Heimat zu beginnen. Seine wissenschaftlich fundierten Sprachkurse gaben auch und gerade dem Praktiker ein gutes Rüstzeug an die Hand. Die Sprache vermittelt einen Einblick in das Denken eines Volkes. Hinzu kommt die Beobachtung der Sitten und Gebräuche, die bei Naturvölkern sämtlich mit der Religion verbunden sind. Besonders wies er auch auf die Verbindung des Wirtschaftslebens mit der Religion hin. All dies muß ein Missionar wissen. Kenntnis der Religion, das bedeutet bei afrikanischen Naturvölkern Kenntnis der materiellen und geistigen Kultur. Sie gehört zu den Präliminarien der Missionswissenschaft. Übrigens erklärt es sich aus diesen Zusammenhängen, daß die betreffenden Lehrstühle in manchen Fakultäten sowohl die Religions- als auch die Missionswissenschaft umfassen. Sodann äußerte sich Meinhof häufig zu den Fragen der Bibelübersetzung in afrikanische Sprachen. Wo überall sich die Mission niederließ, trat die Notwendigkeit an sie heran, den biblischen Inhalt in der fremden Sprache wiederzugeben. Dazu bedarf es aber eingehender wissenschaftlicher Überlegungen. Hier hat Meinhof manches grundsätzliche Wort gesprochen. Ausgangspunkt war für ihn der hebräische bzw. der griechische Urtext. Für Gegenstände, Tiere und Pflanzen, die dem Afrikaner unbekannt sind, gilt es, die richtigen Entsprechungen zu finden. Es bedarf sogar eingehender Nachforschungen, um den rechten Gottesnamen zu erhalten. Besonders schwierig ist die Frage der Wiedergabe der Abstrakta. Auch die Eigennamen müssen in das der jeweiligen Sprache gemäße Lautschema gebracht werden. Meinhof hielt über dieses ihm am Herzen liegende Thema Vorlesungen und behandelte es auch sonst in Wort und Schrift. Er wurde auch bisweilen um Rat oder um Gutachten gebeten. So setzte er sich tatkräftig dafür ein, daß Röhls Übersetzung der Bibel in das Suaheli, die er für einen großen Fortschritt gegenüber bisherigen Übersetzungen ansah, gedruckt wurde. Dempwolff hatte die Mission in seiner Arbeit als Arzt in den Kolonien kennen- und schätzen gelernt. Seine Beiträge zur Missionswissenschaft liegen auf demselben Gebiet wie die Meinhofs. Wenn er sich auch mehr den austronesischen und den Papuasprachen zuwandte, so zog er doch immer wieder die Sprachen Ostafrikas und Südwestafrikas, die er an Ort und Stelle kennengelernt hatte, in den Kreis seiner Untersuchungen.

Es wurde schon gesagt, daß 1929 Freytag an Stelle von Schlunk den Lehrauftrag für Missionswissenschaft erhielt. Zunächst schien äußerlich alles in den bisherigen Bahnen weiter zu laufen. Schon 1929/30 wurde aus dem Vorlesungsverzeichnis ein Auszug für studierende Missionare veröffentlicht. Den seit 1922 bestehenden Auslandsdiplomprüfungen wurde 1931 sogar die Diplomprüfung für den Auslandsmissionsdienst hinzugefügt, die auch von mehreren Kandidaten bzw. Missionaren abgelegt wurde. Später kam noch die Möglichkeit einer Diplomprüfung für den Auslandskirchendienst hinzu. Aber bald kam die Zeit, in der die damalige Regierung die Mission als etwas Unerwünschtes ansah. Die Folge schließlich war, daß Freytag der Lehrauftrag 1943 entzogen wurde. Um die Missionswissenschaft wurde es stiller. Dempwolff war schon 1938 gestorben, Meinhof starb 1944. Dammann wurde 1943 in den Verwaltungsrat der Deutschen Evangelischen Missionshilfe, die von dem früheren Kolonialstaatssekretär v. Lindequist geleitet wurde, gewählt.

Als der Krieg 1945 beendet war, stand man vor einem Neuanfang. Natürlich wurde Freytag sofort rehabilitiert und 1947 zum Honorarprofessor in Hamburg und Kiel ernannt. In dieser Zeit veranstaltete die Hamburgische Kirche Vorlesungen für Studenten, aus denen 1948 die Kirchliche Hochschule hervorging. Hier vertrat Freytag die Religions- und Missionswissenschaft. So besaß Hamburg eine kirchliche Ausbildungsanstalt. Gleichwohl gab man den Plan, eine theologische Fakultät zu errichten, nicht auf. Meinhof hatte sich verschiedentlich schon in den 20er Jahren für dieses Ziel eingesetzt, wovon eine umfangreiche Akte zeugt. Dabei war auch bereits die Vertretung der Missionswissenschaft vorgesehen. Aber die Zeit war dazu noch nicht reif. Erst 1952 wurde das „Gesetz über die Errichtung einer Evangelisch-Theologischen Fakultät an der Universität Hamburg" erlassen. Darin waren zunächst nur vier Lehrstühle vorgesehen. Es fehlte sogar ein Lehrstuhl für Praktische Theologie und ebenfalls für Missionswissenschaft. Erst nachträglich wurde auf Antrag des damaligen Alterspräsidenten der Bürgerschaft und Vorkämpfers der Theologischen Fakultät Pastor Lic. Dr. J. REINHARD beschlossen, einen Lehrstuhl für „Missionswissenschaft und ökumenische Beziehungen" zu schaffen. Schon diese Bezeichnung ist ein Programm. An die Stelle der Religionswissenschaft oder der Religionsgeschichte sind die ökumenischen Beziehungen getreten. Dieser Lehrstuhl war so recht auf Person und Arbeit Freytags zugeschnitten. Ohne daß überhaupt ein Gegenkandidat ernsthaft ins Auge gefaßt wurde, wurde FREYTAG zum Ordinarius ernannt. Im November 1954 nahm die Theologische Fakultät die Vorlesungen auf.

In der Missionswissenschaft Hamburgs hatte um 1950 die Ära Freytag begonnen. Sie ist nicht besonders auf Afrika ausgerichtet; aber alles, was in diesen Jahren gedacht und gelehrt wurde, schloß Afrika ein. Man kann im wesentlichen drei Kreise zeichnen, in denen sich Freytags wissenschaftliche Arbeit vollzog.

Da war zunächst sein Lehramt an der Universität. Mit Errichtung der Theologischen Fakultät konnte endlich die Missionswissenschaftliche Bücherei zu einem selbständigen Seminar erhoben werden. Als erster Assistent trat J. MARGULL in die Arbeit. Von Göttingen habilitierte sich H.-W. GENSICHEN für Missionskunde um. Dies hatte zwar keine praktische Bedeutung, da Gensichen als Gast-Dozent für mehrere Jahre an eine theologische Hochschule in Südindien beurlaubt war und nach seiner Rückkehr sofort den missionswissenschaftlichen Lehrstuhl in Heidelberg übernahm. Die Umhabilitierung zeigte aber, daß die Missionswissenschaft in der neuen theologischen Fakultät ihren festen Platz gewonnen hatte. Gleichzeitig mit ihrer Errichtung wurde auch der neue Hanseatische Missionsdirektor H. MEYER zum außerplanmäßigen Professor ernannt. Dieser hatte nach jahrzehntelanger praktischer Missionstätigkeit in Indien kurze Zeit in Heidelberg doziert und 1953 Freytags kirchliches Amt übernommen. Durch seine ökumenischen Beziehungen und seine führende Mitarbeit im Lutherischen Weltbund trat er in manche Beziehungen zu Afrika ein. So nahm er auch 1955 an der ersten Konferenz der Lutheraner in Marangu (im heutigen Tanzania) teil. Er setzt auch, nachdem er 1956 Bischof von Lübeck geworden ist, als Honorarprofessor seine Hamburger Tätigkeit fort.

Der zweite Kreis, in dem Freytags Arbeit stattfand, ist die Missionsakademie an der Universität Hamburg. In ihr sind Gedanken verwirklicht, die vor dem Ersten Weltkrieg zur Eröffnung der „Grünen Tanne" geführt hatten. Freytag sah die Notwendigkeit, daß der künftige Missionar die bestmögliche Ausbildung haben müsse. Die veränderten Verhältnisse in Übersee forderten, daß zu den theologischen Voraussetzungen Kenntnisse der jeweiligen Verhältnisse des Missionsgebietes hinzukommen müssen. Dafür bot Hamburg mit seinen vielen Seminaren und Instituten der Philosophischen Fakultät, seiner Theologischen Fakultät und dem Bernhard-Nocht-Institut für Schiffs- und Tropenkrankheiten die besten Voraussetzungen. Vorbereitende missionsakademische Kurse hatten bereits seit 1952 stattgefunden. Aber erst 1955 war der organisatorische Aufbau, an dem Universität, Kirche und Mission beteiligt sind, beendet. Vom Wintersemester 1957/58 an hatte die Akademie ihren Wohnsitz in dem vom Hamburger Staat zur Verfügung gestellten Gästehaus des ehemaligen Phrix-Konzerns in Hamburg-Nienstedten. Von Jahr zu Jahr ist die Zahl der Teilnehmer gestiegen, so daß die Akademie schon erweitert werden mußte. Neben den Kandidaten, die ihre Zurüstung für den überseeischen Dienst erhalten, entsenden deutsche Landeskirchen Vikare, die sich wissenschaftlichen Missionsfragen zuwenden und in ihren Landeskirchen Sachverständige für Mission werden sollen. Sodann finden wir dort Urlaubermissionare, die ihre Erfahrungen in den Arbeitsgemeinschaften zur Verfügung stellen und häufig eine Frage, die ihnen in der Praxis begegnete, wissenschaftlich bearbeiten. Von besonderer Bedeutung ist es schließlich, daß Vertreter fremder Kirchen zur Ergänzung ihrer Ausbildung bisweilen semesterlang an der Akademie weilen. Unter ihnen befinden sich stets auch Afrikaner von den verschiedensten Teilen des Kontinents. Ihre Anschauungen und ihre Sicht der Probleme, die meistens eine starke Verbindung zur Praxis haben, stellen oft ein gutes Korrektiv zu dem den Abendländern eignenden Hang zum Theoretisieren und Problematisieren dar. Von der Missionsakademie gilt, was Freytag [1958, S. 138] bei der Eröffnung sagte: Sie ist zunächst eine Stätte der Wissenschaft. Von ihr sind manche Gedanken auch nach Afrika gedrungen. Wieweit sie anregend wirkten oder wieweit sie bei den anderen Verhältnissen in Afrika nicht durchzuführen sind, wird die Zukunft zeigen.

Der dritte Kreis, in dem sich Freytag bewegte, war der Deutsche Evangelische Missionstag, dessen langjähriger Vorsitzender er war. Dieser bildet die organisatorische Zusammenfassung sämtlicher deutschen Missionsgesellschaften und -vereinigungen. Er wählt den Deutschen Evangelischen Missionsrat, die organisatorische Spitze aller deutschen Missionsorganisationen, der seinen Sitz in Hamburg erhielt und ebenfalls von Freytag geleitet wurde. Zwar stehen hier organisatorische und praktische Fragen im Vordergrund, aber Freytag bediente sich dabei der Hilfe theologischer Referenten mit wissenschaftlichen Qualitäten. Zu ihnen gehörten der erwähnte Gensichen sowie Peter Beyerhaus, Jan Hermelink, der 1961 tödlich verunglückte, und Erich Viering. Letzterer ist durch die Herausgabe der bebilderten Zeitschrift „Das Wort in der Welt" bekannt geworden. In ihr wurden u. a. auch instruktive Aufsätze über Afrika und gutes Bildmaterial veröffentlicht. Er ging später in den Missionsdienst nach Togo und hat dort eine eigengeprägte Arbeit geleistet, die von einem selbständigen Durchdenken der praktischen Arbeit zeugt. Beyerhaus wurde Dozent an einer afrikanischen Pastorenausbildungsstätte in Natal und wird ab 1966 den missionswissenschaftlichen Lehrstuhl in Tübingen übernehmen. Hermelink, der bereits 1952 nach Hamburg kam, zeitweilig auch die Missionsakademie leitete, machte 1957/58 eine große Studienreise durch Afrika. Nach seiner Rückkehr erhielt er einen Lehrauftrag für Missionswissenschaft in Kiel. Diese Angaben mögen genügen, um zu zeigen, wie der Sitz des Missionsrates in Hamburg missionswissenschaftliche Impulse ausübte, an denen Afrika z. T. in besonderer Weise beteiligt war.

Am 29. 10. 1959 starb Freytag plötzlich auf einer Dienstreise. Er war nicht eigentlich das, was man den Begründer einer wissenschaftlichen Schule nennt. Es gibt aber manche Wissenschaftler und Praktiker, die viele seiner Gedanken aufnahmen und weitergeben. Wenn man rückschauend sein Werk betrachtet, spürt man das Neue, das er der Missionswissenschaft gebracht hat. Schlunk und seine Mitarbeiter waren theologisch geprägt von der Greifswalder Schule, wie sie in Cremer und Schlatter ihre Vertreter hatte. Hinzu kam der nicht zu unterschätzende Einfluß von Martin Kähler in Halle. Sie hatten alle noch die Zeit miterlebt, in welcher der Neupietismus seine Kraft in der Missionsbewegung entfaltete. Sie waren stark an der Geschichte interessiert, durchweg auch von konservativem nationalem Geist erfüllt. Sie haten eine positive Einstellung zu den kulturellen Werten, ohne indes dem sog. Kulturprotestantismus zu verfallen. Sie wollten den Heilsinhalt des Christentums ohne Abstriche weitervermitteln, konnten sich aber doch auch das Wort des letzten kaiserlichen Staatssekretärs des Reichskolonialamtes, Wilhelm Solf, zu eigen machen: Kolonisieren heißt Missionieren.

Demgegenüber stammte Freytag aus der Brüdergemeine. Er hat sich viel mit Psychologie beschäftigt. In seine Studienjahre fallen die Neuansätze evangelischer Theologie. Die Anfechtungen des Kirchenkampfes und der Zweite Weltkrieg führten tiefer in die Grundfragen christlichen Glaubens und christlicher Existenz hinein. Das fand auch seinen Niederschlag in Freytags Vorlesungen. Er las keine Routinekollegs, was man in der Missionswissenschaft durchaus könnte, er hat vielmehr, wie sein kirchengeschichtlicher Kollege Schmidt [1959] in der Festschrift „Basileia" zu Freytags 60. Geburtstag sagte, „in immer erneutem Einsatz neue Vorlesungen und Übungen geboten". So las er z. B. einmal über „Selbstzeugnisse afrikanischer und asiatischer Christen". Hinzu kommt seine enge Verbindung mit der ökumenischen Bewegung. Ihr Ertrag fand auch seinen Niederschlag in der akademischen Lehre. Seine vielen Reisen hatten ihn sehen lassen, wie sich die Welt gewandelt hatte. Während den alten Missionswissenschaftlern die selbständige Kirche in Übersee als ein Fernziel vor Augen stand, erlebte Freytag das Werden der sog. jungen Kirchen. Daß in ihnen missionarische Kräfte aus verschiedenen Kirchen der alten Christenheit in die Arbeit traten, entsprach dem ökumenischen Sinn Freytags. Auch hier ergab die neue Lage theoretische Überlagerungen, die wissenschaftlich verarbeitet werden mußten und müssen. So hat er in verschiedenen Richtungen zu neuen Überlegungen und entsprechendem Handeln aufgerufen. Das einstige Fernziel war — das gilt auch für viele

Kirchen Afrikas — in die Nähe gerückt, oft schon erreicht. Bisweilen möchte man allerdings wünschen, daß das Tempo nicht allzu stark forciert wird. Auch für die Entwicklung und Bildung einer selbständigen Kirche gelten Wachstumsgesetze.

Wenn oben von einer Ära Freytag im missionswissenschaftlichen Leben Hamburgs gesprochen wurde, so bedeutet dies keine Abwertung seiner Vorgänger. Sie haben wissenschaftlich das geleistet, was in den Jahrzehnten um den Ersten Weltkrieg möglich war. Auf ihrem Grunde haben die Nachfolger weitergebaut. Daß der Bau andere Formen angenommen hat, liegt daran, daß jede Zeit in der ihr gemäßen Form an die Probleme und ihre Bewältigung herangeht.

Freytags Tod riß in allen seinen Wirkungskreisen Lücken, die z. T. bis heute noch nicht geschlossen sind. Das gilt vor allem für sein Wirken in der Universität. Im Wintersemester 1959/60 erhielt Hermelink einen Lehrauftrag, später wurde der anglikanische Bischof STEPHAN CHARLES NEILL, früher Missionsbischof in Indien, mit der Vertretung beauftragt und 1962 zum Honorarprofessor für Missionswissenschaft und ökumenische Beziehungen der Kirchen ernannt. Für das gleiche Fach habilitierten sich in den letzten Jahren H.-J. MARGULL, der in seinem Buch „Aufbruch zur Zukunft" [1962] sich auch mit dem Problem der sog. nachchristlichen Bewegungen in Afrika befaßt hat, und HORST BÜRKLE, der jahrelang Leiter der Missionsakademie war. Er kennt Afrika aus eigener Anschauung und ist z. Z. beurlaubt, um an dem Makerere University College in Uganda, das zur University of East Africa gehört, als Gastdozent zu wirken. Außerdem liest Senior Hauptpastor H. H. HARMS als Lehrbeauftragter über ökumenische Probleme.

In der Missionsakademie, deren geistiger Vater Freytag war, ging die Arbeit in gewohnter Weise weiter, zumal sein Nachfolger im Amt des Hanseatischen Missionsdirektors M. PÖRKSEN in die Mitarbeit eintrat. Es war von besonderer Wichtigkeit, daß die Möglichkeit geschaffen wurde, die Grade eines B. D. (Baccalaureus Divinitatis, Bachelor of Divinity) und eines M. D. (Magister Divinitatis, Master of Divinity) zu erwerben. Es hatte sich herausgestellt, daß vor allem Ausländer auch ein äußeres Zeichen benötigten, um den erfolgreichen Besuch der Missionsakademie zu dokumentieren. Zwar konnte man eine Diplomprüfung ablegen und dadurch ein Diplom erwerben, das die Missionsakademie in Gemeinschaft mit der Universität ausstellte, aber dieses berechtigte nicht zur Führung eines akademischen Titels. Dieser ist nun aber einmal besonders im Hinblick auf angelsächsische akademische Gepflogenheiten von Bedeutung. Mehrfach wurden bereits afrikakundliche Arbeiten für Examina an der Missionsakademie geschrieben, wobei auch Afrikaner als Verfasser auftraten.

Am schwersten wurde der Deutsche Evangelische Missionsrat durch Freytags Tod betroffen. Für kurze Zeit wirkte hier nach interimistischer Verwaltung der frühere Inspektor der Bethel-Mission C. RONICKE. Er ist durch die jahrzehntelange Arbeit seiner Mission, die ausschließlich in Tanzania arbeitet, mit diesem Lande vertraut und hat in früheren Jahren manche literarische Beiträge für die Praxis geliefert. Als sich Ronicke aus

Krankheits- und Altersgründen von der Arbeit zurückziehen mußte, trat der damalige Hauptpastor Harms an seine Stelle. Da der Aufgabenbereich des Missionsrates wächst, mußte die Zahl seiner Mitarbeiter, die auch für missionswissenschaftliche Fragen zuständig sind, vermehrt werden. Unter ihnen ist Dr. N.-P. Moritzen zu nennen, der für die afrikanischen Probleme zuständig ist.

Schließlich sei noch auf zwei Institutionen hingewiesen, die zwar keine unmittelbaren Beziehungen zur Missionswissenschaft haben, aber doch erwähnt werden sollen, um die Breite der hamburgischen Missionsbestrebungen deutlich zu machen. Die eine ist die „Wirtschaftsstelle Evangelischer Missionsgesellschaften, Übersee-Warenversorgung und Passagen G. m. b. H.", die seit 1952 besteht und deren Geschäftsführer der Afrika-Kaufmann H. Aselmann ist. Die andere Institution ist die Geschäftsstelle der „Evangelischen Arbeitsgemeinschaft für Weltmission", deren Generalsekretär Oberkirchenrat H. Lohmann ist. Diese 1963 gegründete Arbeitsgemeinschaft ist ein Verbindungsausschuß der Evangelischen Kirche in Deutschland und des Deutschen Evangelischen Missionstages und ist im Zeichen der Integration von Kirche und Mission entstanden. Im Grunde ist diese Verbindung das praktische Ergebnis der gerade von der Missionswissenschaft erarbeiteten Erkenntnis, daß Kirche und Mission nicht zwei nebeneinander bestehende Größen sein dürfen, daß vielmehr die Mission eine Lebensfunktion der Kirche ist.

Aus dem Vorstehenden mag deutlich geworden sein, daß Hamburg in den letzten Jahrzehnten zum Mittelpunkt der Missionsbestrebungen Deutschlands geworden ist. Dabei hat die Missionswissenschaft ihren festen Platz, auf den auch die Blicke des Auslandes gerichtet sind. Manche Spezialstudien sind über afrikanische Missionsprobleme verfaßt worden. Man sollte aber auch nicht vergessen, daß viele allgemeine Arbeiten zur Missionswissenschaft auch für Afrika ihre Bedeutung haben. Zu diesen literarischen Beiträgen, die Hamburg und Afrika verbinden, kommt der persönliche Kontakt. Seit dem Bestehen der Missionsakademie sind Afrikaner nach Hamburg gekommen, um hier Missionskunde zu studieren. Einige von ihnen haben bereits abschließende Examina gemacht. Sie alle haben etwas von wissenschaftlicher Methode gelernt, wie sie auch den theologischen Disziplinen eigen ist. Wenn man bedenkt, daß einige der Hamburger Absolventen in ihrer Heimat an theologischen Ausbildungsstätten lehren sollen, ist es wichtig, daß sie dazu durch eine wissenschaftliche Ausbildung befähigt werden. Darüber hinaus ist zu hoffen, daß sie auch ein vertieftes Verständnis ihrer alten Religionen erhalten haben, mit denen sie sich in ihrer Heimat auseinandersetzen müssen. Auch der Austausch von Dozenten und Professoren, die sich mit Missionsfragen befassen, ist schon in Gang gekommen. Professor D. C. Baëta, ein Theologe der Universität Accra, ist seit langem in Hamburg kein Unbekannter; im vergangenen Jahr weilte Professor N. King aus Makerere in Hamburg. Und wenn in diesem Jahr Dr. Bürkle nach Makerere als Gastdozent ging, möge dies kein Einzelfall sein; es ist vielmehr zu wünschen, daß ihm weitere Missionswissenschaftler dorthin oder nach anderen theologischen oder religionswissenschaftlichen Ausbildungsstätten in Afrika folgen.

Vielleicht haben sich 1908/09 einige Hamburger gefragt, warum die Missionswissenschaft am Kolonialinstitut vertreten sein sollte. Wahrscheinlich hat es auch Mitbürger gegeben, die kopfschüttelnd das Kuriosum konstatierten, daß an der Universität, die von 1919—1952 keine theologische Fakultät besaß, in der Philosophischen Fakultät Missionsvorlesungen gehalten wurden. Am Ende hat es sich nun gezeigt, daß diejenigen, welche der Missionswissenschaft damals ihren Platz in Hamburg anwiesen, richtig gehandelt haben. Aus der zarten Pflanze von 1909 ist ein stattlicher Baum geworden. Und Afrika ist bei allen missionswissenschaftlichen Bestrebungen in Hamburg nicht zu kurz gekommen, vielleicht eher bisweilen bevorzugt worden.

Bibliographie

Es ist nicht beabsichtigt, die Arbeiten der Verfasser vollständig aufzuführen. Es wird vielmehr nur die Zeit ihrer Wirksamkeit in Hamburg berücksichtigt. Dabei war der Bezug auf Afrika maßgebend. Wenn sich darüber hinaus Titel finden, die Afrika anscheinend nicht zum Thema haben, so sei darauf hingewiesen, daß manches, was in der Missionswissenschaft an allgemeinen Gedanken geäußert wird, auch für afrikanische Verhältnisse Gültigkeit hat. Schrifttum, das aus praktischen Gründen der Information und Werbung verfaßt wurde oder das vorwiegend der Erbauung dient, ist nicht aufgenommen worden.

Abkürzungen:

AMZ = Allgemeine Missions-Zeitschrift. Gütersloh.
NAMZ = Neue Allgemeine Missions-Zeitschrift. Gütersloh.
EMM = Evangelisches Missions-Magazin. Basel.

BÜRKLE, H. [1962]: Das Studium asiatischer und afrikanischer Theologen in Deutschland. Stuttgart 1962. (Ev. Miss. Z. Jg. 1962, S. 133—141.)

— [1916]: Senior D. Georg Behrmann, seine Persönlichkeit und sein Wirken. Hamburg 1916.

DAMMANN, E. [1932]: Was kann ein Missionar an der Hamburgischen Universität lernen? Wismar 1932. (Niederd. Kirchenztg. Jg. 2, S. 75—77.)

DAMMANN, E. [1935]: Muhamadi au Kristo? Lwandai 1935.

DAMMANN, E. [1937]: Ahmadistische Propaganda in Ostafrika. Gütersloh 1937. (NAMZ. Jg. 14, S. 91—96.)

DAMMANN, E. [1938 a]: Die neue Suaheli-Bibel-Übersetzung. Hamburg 1938/39. (Afrika-Rdsch. Jg. 4, S. 276.)

DAMMANN, E. [1938 b]: Religionsverhältnisse im Lamuarchipel. Basel 1938. (EMM. Jg. 82, S. 23—28.)

DAMMANN, E. [1954]: The Translation of Biblical and Christian personal names into Swahili. London 1954. (The Bible Translator. Vol. 5, S. 80—84.)

DAMMANN, E. [1955]: Christliches Schrifttum in Südwestafrika. Stuttgart 1955. (Ev. Miss. Z. Jg. 12, S. 181—186.)

DEMPWOLFF, O. [1914]: Notwendigkeit der christlichen Mission für die Kolonisation. Basel 1914. (EMM. Jg. 58, S. 49—61.)

DEMPWOLFF, O. [1933]: Die Übersetzung der Bibel in Sprachen Afrikas und der Südsee. Basel 1933. (EMM. Jg. 77, S. 322—335.)

Dempwolff, O. [1935]: Die Bibelübersetzung in die Sprachen schriftloser Völker. Kassel 1935. (Student und Mission. Jg. 53, S. 13—16.)

Dempwolff, O. [1939]: Sprachforschung und Mission. Nürnberg 1939. (In: Richter, J., Die deutsche evangelische Weltmission in Wort und Bild, S. 163—167.)

Freytag, W. [1929]: Das Missionsamt der Landeskirche. Hamburg 1929. (Hamburgische Kirchenztg. Jg. 4, S. 129—130.)

Freytag, W. [1930]: Die deutsche Sprache im deutschen evangelischen Missionsschulwesen. Gütersloh 1930. (NAMZ. Jg. 7, S. 332—335.)

Freytag, W. [1931]: Säkularismus und Mission. Hamburg 1931. (Das ev. Hamburg. Bd 25, S. 50—52.)

Freytag, W. [1932]: L'effort positif. Les Missions protestantes allemandes à l'heure actuelle. Paris 1932. (Le Monde Non Chrétien. Jg. 2, H. 4, S. 50—69.)

Freytag, W. [1935]: Das Missionsschulwesen. Gotha 1935. (In: Richter, J. [Hrsg.], Das Buch der deutschen Weltmission. S. 129—134.)

Freytag, W. [1936]: Die kulturpolitische Bedeutung der Mission. Wien 1936. (Die Furche. Jg. 22, S. 87—92.)

Freytag, W. [1937]: Evangeliet och religionerna. Stockholm 1937. (Svensk Missionstidskr. Jg. 25, S. 9—21.)

Freytag, W. [1938]: Das Werden einer bodenständigen Kirche auf dem Missionsfelde. Hamburg 1938. (Die deutsche ev. Heidenmission. Jb. 1938 der Verein. Dt. Miss.-Konf., S. 3—18.)

Freytag, W. [1939]: Vom Geheimnis der Kirche. Stuttgart-Basel 1939. (In: M. Schlunk [Hrsg.], Das Wunder der Kirche unter den Völkern der Erde, Bericht über die Weltmissions-Konferenz in Tambaram, Südindien. 1938, S. 46—57.)

Freytag, W. [1940 a]: The critical period in the development of an indigenous church. London 1940. (Internat. Rw of Missions. Bd XXIX, S. 204—215.)

Freytag, W. [1940 b]: Menschenführung in Afrika. Eine Aufgabe der Mission. Hamburg 1940/41. (Afrika-Rdsch. Jg. 6, S. 24—26.)

Freytag, W. [1941]: Tatsachen zur Frage: Mission. Hamburg 1941. (Hamburgische Kirchenztg. Jg. 17, H. 1, S. 4—6.)

Freytag, W. [1942 a]: Die Gemeinde und ihre Ämter in der missionarischen Erfahrung. Stuttgart 1942. (Ev. Miss. Z. Jg. 3, H. 3, S. 264—275.)

Freytag, W. [1942 b]: Mission im Blick aufs Ende. Stuttgart 1942. (Ev. Miss. Z. Jg. 3, H. 3, S. 321—333.)

Freytag, W. [1946]: Missionary Thinking in Germany in Recent Years. London 1946. (Internat. Rw of Missions, Bd XXXV, S. 391—397.)

Freytag, W. [1949]: Die deutsche evangelische Mission heute. Stuttgart 1949. (Ev. Miss. Z. Jg. 10, H. 6, S. 12—21.)

Freytag, W. und Hartenstein, K. [1952]: Die neue Stunde der Weltmission. Stuttgart 1952. (Weltmission heute. H. 2.)

Freytag, W. [1956]: Das Rätsel der Religionen und die biblische Antwort. Wuppertal-Barmen 1956. — 3. Aufl. 1958. (Das Gespräch. H. 1.)

Freytag, W. [1958 a]: Mission in der gegenwärtigen Weltstunde. Stuttgart 1958. (Weltmission heute. H. 9/10.)

Freytag, W. [1958 b]: Die Missionsakademie an der Universität Hamburg. Stuttgart 1958. (Ev. Miss. Z. Jg. 15, S. 138—139.)

Freytag, W. [1958 c]: Weltweite Mission. Stuttgart 1958. (In: Jacob, G., H. Kunst, W. Stählin [Hrsg.], Die evangelische Christenheit in Deutschland. S. 425—432.)

Freytag, W. [1961]: Reden und Aufsätze. Hrsg. von J. Hermelink u. H.-J. Margull. Bd 1. 2. München 1961.

Freytag, W. (Hrsg.): Allgemeine Missions-Nachrichten. Berlin-Steglitz 1926 ff. [unterbrochen 1942—47]; seit 1958 unter dem Titel „Das Wort in der Welt", hrsg. von W. Freytag und J. Hermelink.

Die deutsche evangelische Heidenmission. Jahrbuch der Vereinigten Deutschen Missionskonferenzen. Hamburg 1928—1941.
Deutsche Evangelische Weltmission. Jahrbuch. Hamburg 1951—1956.
Evangelische Missions-Zeitschrift. Stuttgart 1940 ff. [unterbrochen 1944—1948].
Oekumenische Rundschau. Stuttgart 1952 ff.
Weltmission heute. Stuttgart 1951 ff.
Beiträge zur Missionswissenschaft und evangelischen Religionskunde. Hrsg. von W. Freytag und E. Rosenkranz. Gütersloh 1951 ff.

Mitherausgeber von: Neue Allgemeine Missionszeitschrift. Gütersloh 1929—1939.
International Review of Missions. London, New York 1947 ff.

GENSICHEN, H.-W. [1951]: Grundfragen der Kirchwerdung in der Mission. Stuttgart 1951. (Ev. Miss. Z. Jg. 8, S. 33—46.)

GENSICHEN, H.-W. [1959]: Was bleibt von Ghana? Stuttgart 1959. (Ev. Miss. Z. Jg. 16, S. 9—17.)

GOEZE, J. M. [1782]: Beweis, daß nicht die Verbindung der Juden, Türken und Heiden mit den Christen, nicht die daher entstehende Aufklärung durch Künste und Wissenschaften, nicht die Schiffahrt und Handlung, noch weniger Kriege und Empörungen, sondern allein die Missionen die Mittel gewesen sind und noch sind, die Erkaentnis (sic!) der christlichen Lehre auf dem Erdboden auszubreiten. Hamburg 1782.

HERMELINK, J. [1954]: Ein Schritt vorwärts in Südafrika. Stuttgart 1954. (Ev. Miss. Z. Jg. 1954, S. 48—50.)

HERMELINK, J. [1962]: Christ im Welthorizont. Stuttgart 1962.

HERMELINK, J. und MARGULL, H. J. (Hrsg.) [1959]: Basileia. Walter Freytag zum 60. Geburstag. Stuttgart 1959.

HESS, W. [1962]: Das Missionsdenken bei Philipp Nicolai. Hamburg 1962.

HÖCK, J. H. [1900]: Bilder aus der Geschichte der Hamburgischen Kirche seit der Reformation. Hamburg 1900.

LINNENBRINK, G. [1962]: Der afrikanische Nationalismus und seine theologische Problematik. Stuttgart 1962. (Ev. Miss. Z. Jg. 1962, S. 69—90.)

MARGULL, H.-J. [1962]: Aufbruch zur Zukunft. Gütersloh 1962.

MEINHOF, C. [1909 a]: Der deutsch-evangelische Laien-Missionsbund. Gütersloh 1909. (Die Ev. Mission. Jg. 15, S. 66—68, 159—160.)

MEINHOF, C. [1909 b]: Die Laien und ihre Heranziehung zur Mitarbeit an der Mission. Leipzig 1909. (Jb. der sächs. Missionskonferenz. Jg. 22, S. 91—98.)

MEINHOF, C. [1909 c]: Masomo ya Kwanza ya Kiswahili. ‹Suahelifibel›. Zanzibar 1909.

MEINHOF, C. [1909 d]: Die sprachliche Ausbildung des Missionars. Basel 1909. (Baseler Missionsstudien. H. 34. 35.)

MEINHOF, C. [1910 a]: Die afrikanischen Völker und die Mission. Berlin 1910. (Mission und Pfarramt. Jg. 3, S. 83—95.)

MEINHOF, C. [1910 b]: Dernburg und die Mission. Berlin 1910. (Kol. Rdsch. Jg. 1910, S. 411—416.)

MEINHOF, C. [1910 c]: Die Bedeutung der Völkerkunde für die Mission. Hamburg 1909/10. (Der alte Glaube. Jg. 11, S. 982—992.)

MEINHOF, C. [1910 d]: Die 5. Kommission des Edinburger Kongresses. (Ausbildung der Missionare.) Berlin 1910. (Mission und Pfarramt. Jg. 3, S. 133—138.)

MEINHOF, C. [1910 e]: Die Mitarbeit der Laien am Missionswerk. 2. Aufl., Herrnhut 1910. (Hefte zur Missionskde. H. 6.)

MEINHOF, C. [1910 f]: The Training of Missionaries in Regard to Language. Edinburgh-London 1910. (World Miss. Conf. 1910. Report of Commissions. Vol. 5, S. 263—269; 332 f.)

MEINHOF, C. [1910 g]: Warum darf die christliche Mission vor dem Islam nicht haltmachen? Wiesbaden 1910. (Der Sudan-Pionier. Jg. 10, S. 25—27; 33—35.)

Meinhof, C. [1910 h]: Zur Belebung des Missionsinteresses in der Laienwelt. Gütersloh 1910. (Die Ev. Miss. Jg. 16, S. 56—59.)

Meinhof, C. [1911 a]: Die sprachliche Ausbildung des Missionars. Gütersloh 1911. (AMZ. Bd 38, S. 44—46.)

Meinhof, C. [1911 b]: Warum haben unsere Gebildeten so wenig Verständnis für die Mission. Leipzig 1911. (Jb. der sächs. Missionskonferenz f. 1911. Jg. 24, S. 30—42.)

Meinhof, C. [1911 c]: Der Wert des phonetischen Studiums für angehende Missionare. Gütersloh 1911. (AMZ. Bd 38, S. 372—375.)

Meinhof, C. [1912 a]: Die Bibel in Afrika. Stuttgart 1912.

Meinhof, C. [1912 b]: Christentum und Naturreligion. Leipzig 1911. (Jb. der sächs. Missionskonf. f. 1912. Jg. 25, S. 95—103.)

Meinhof, C. [1912 c]: Gedanken über die Vertiefung unseres Missionsinteresses. Basel 1912. (EMM. N. F. Jg. 56, S. 164—170.)

Meinhof, C. [1912 d]: Die geistige Befähigung des Afrikaners. Bremen 1912. (Bremer Missionsschriften. H. 36.)

Meinhof, C. [1913 a]: Das Evangelium und die primitiven Rassen. Lichterfelde 1913. (Biblische Zeit- und Streitfragen. Jg. 8, H. 9, S. 327—342.)

Meinhof, C. [1913 b]: Mission und Kultur. Berlin 1913. (Kol. Rdsch. Jg. 1913, S. 71—74.)

Meinhof, C. [1913 c]: Mission und Religionswissenschaft. Berlin 1913. (Z. f. d. ev. Religionsunterr. Jg. 24, S. 173—176.)

Meinhof, C. [1913 d]: Should Languages be taught at home or in the Mission Field? Edinburgh 1913. (Intern. Rw of Missions. Vol. 2, S. 255—268.)

Meinhof, C. [1913 e]: Wie wächst der Missionar in Sprache, Sitte und Vorstellungswelt seines Volkes hinein? (Aus der Werkstatt des Missionars. 1913, S. 77—84.)

Meinhof, C. [1913 f]: Die Zukunft der deutschen evangelischen Mission. Magdeburg 1913. S. 16—23. [Nicht im Buchhandel]

Meinhof, C. [1914]: Vorbereitung von Bibelübersetzungen für das Missionswerk. Amsterdam 1914.

Meinhof, C. [1917]: Die Mission und die Erforschung Afrikas. Berlin 1917. (Des Königs Fahne weht! Studentenbund für Mission. S. 22—30.)

Meinhof, C. [1918]: Der Anteil der deutschen Mission an der Erforschung der afrikanischen Sprachen. Gütersloh 1918. (AMZ. Bd 45, S. 257—276.)

Meinhof, C. [1919]: Eingeborenenschutz, Kongo-Liga und Missionswesen. Berlin 1919. (Kol. Rdsch. Jg. 1919, S. 109—112.)

Meinhof, C. [1921]: Die Bedeutung der afrikanischen Religionsforschung für das Verständnis der Bibel. Wiesbaden 1921. (Der Sudan-Pionier. Jg. 21, S. 2—6; 15—20.)

Meinhof, C. [1924]: Der Fortschritt der afrikanischen Sprachforschung und die Mission. Basel 1924. (EMM. N. F. Jg. 68, S. 228—235.)

Meinhof, C. [1926]: Afrikanische Bibelübersetzungen. Stuttgart, Basel 1926. (Baseler Missionsstudien. N. F., H. 1.)

Meinhof, C. [1928 a]: Evangelium und Sprachstudium im Sudan. Wiesbaden 1928. (Der Sudan-Pionier. Jg. 28, S. 2—5; 17—19.)

Meinhof, C. [1928 b]: Sprache und Mission in Südafrika. Hamburg 1928. (Ev. Rdsch. Jg. 3, S. 251—253.)

Meinhof, C. [1929 a]: Fibel und Lesebuch in afrikanischen Missionsschulen. Berlin 1929. (Mission u. Unterricht. Jg. 17, S. 33—40.)

Meinhof, C. [1929 b]: Die Wandlungen in den Rechtsanschauungen der Afrikaner unter dem Einfluß der Mission. Gütersloh 1929. (NAMZ. Jg. 6, S. 108—121.)

MEINHOF, C. [1930]: Bibelrevision in Ostafrika. Hamburg 1930. (Das ev. Hamburg. Jg. 24, S. 193—195.)

MEINHOF, C. [1935]: Volk und Sprache in der afrikanischen Mission. Gütersloh 1935. (NAMZ. Jg. 12, S. 351—356.)

MEINHOF, C. [1936]: Die sprachliche Arbeit des Missionars. Dresden 1936. (Missionare — Neger — Christen in Afrika, ed. A. Lehmann.)

MEINHOF, C. [1937 a]: Christliche Gedanken in afrikanischer Sprache. Gütersloh 1937. (NAMZ. Jg. 14, S. 212—221; 244—253; 279—286.)

MEINHOF, C. [1937 b]: Mission und Bibel. Hamburg 1937. Hamburgische Kirchenztg. Jg. 13, S. 149—151.)

MEINHOF, C. [1937 c]: Die Württembergische Bibelanstalt und die Mission. Dieskau 1937. (Deutsches Pfarrerblatt. Jg. 41, S. 572.)

MEINHOF, C. [1938]: Die rechtbildende Kraft der Mission. Gütersloh 1938. (NAMZ. Jg. 15, S. 20—25; 38—43.)

MEINHOF, C. [1937] zum 80. Geburtstag: Brevier Meinhof. (Beiträge von: Dempwolff, Klingenheben, Zyhlarz, Panconcelli-Calzia, Lukas, Freytag.) Berlin 1937.

MELLE, W. VON [1923]: 30 Jahre Hamburger Wissenschaften 1891—1921. Hamburg 1923.

MIRBT, C. [1910]: Mission und Kolonialpolitik in den deutschen Schutzgebieten. Tübingen 1910.

MORITZEN, N.-P. [1963]: Einige Probleme afrikanischer Kirchen. Gedanken zur Kirchenkonferenz in Kampala 1963. Stuttgart 1963. (Ev. Miss. Z. Jg. 1962, S. 170—177.)

SCHLUNK, M. [1910]: Die Norddeutsche Mission in Togo (I). Meine Reisen durchs Eweland. Bremen 1910.

SCHLUNK, M. [1912 a]: Die evangelische Ewekirche in Südtogo. Basel 1912. (EMM. Jg. 56, S. 185—199.)

SCHLUNK, M. [1912 b]: Die Norddeutsche Mission in Togo (II). Probleme und Aufgaben. Bremen 1912.

SCHLUNK, M. [1913 a]: Geschichte und Eigenart der Norddeutschen Missions-Gesellschaft. Bremen 1913.

SCHLUNK, M. [1913 b]: Missionspolitik und Verkehrssprachen. Basel 1913. (EMM. Jg. 57, S. 104—116.)

SCHLUNK, M. [1914 a]: Die Schulen für Eingeborene in den deutschen Schutzgebieten. Hamburg 1914.

SCHLUNK, M. [1914 b]: Das Schulwesen in den deutschen Schutzgebieten. Hamburg 1914.

SCHLUNK, M. [1916]: Die Norddeutsche Mission im Weltkriege. Gütersloh 1916. (AMZ. Jg. 43, S. 241—254.)

SCHLUNK, M. [1918]: Gesetz und Evangelium in der Praxis der Heidenmission. Gütersloh 1918. (AMZ. Jg. 45, S. 153—174.)

SCHLUNK, M. [1919 a]: Die Massenbewegungen in Nigeria. Gütersloh 1919. (AMZ. Jg. 46, S. 254—258; 288—293.)

SCHLUNK, M. [1919 b]: Die Rassenfrage in Südafrika. Gütersloh 1919. (AMZ. Jg. 46, S. 305—319.)

SCHLUNK, M. [1920 a]: Mission und Toleranz. Gütersloh 1920. (AMZ. Jg. 47, S. 90—104.)

SCHLUNK, M. [1920 b]: Die Rassenfrage in Südafrika II. Gütersloh 1920. (AMZ. Jg. 47, S. 9—24.)

SCHLUNK, M. [1921 a]: Die Auseinandersetzung der Mission mit den nichtchristlichen Religionen. Gütersloh 1921. (AMZ. Jg. 48, S. 73—80.)

SCHLUNK, M. [1921 b]: Die Lage der deutschen Mission. Gütersloh 1921. (AMZ. Jg. 48, S. 151—160.)

SCHLUNK, M. [1922]: Methodische Aufgaben der Missionsschule. Gütersloh 1922. (AMZ. Jg. 49, S. 204—208; 240—245.)

SCHLUNK, M. [1923]: Die Weltreligionen und das Christentum. Hamburg 1923.

SCHLUNK, M. [1924 a]: Das Christentum und die Rassenfrage. Gütersloh 1924. (NAMZ. Jg. 1, S. 291—305.)

SCHLUNK, M. [1924 b]: Erziehungsgrundsätze für das tropische Afrika. Gütersloh 1924. (NAMZ. Jg. 1, S. 353—355.)

SCHLUNK, M. [1925 a]: Die Weltmission des Christentums. Hamburg 1925. — 2. Aufl. Stuttgart 1951.

SCHLUNK, M. [1925 b]: Die werdenden Nationalkirchen. Gütersloh 1925. (AMZ. Jg. 52, S. 3—6; 46—53.)

SCHLUNK, M. [1926]: Afrika-Rundschau. Gütersloh 1926. (NAMZ. Jg. 3, S. 151—160; 183—192; 215—224; 281—288; 343—350.)

SCHLUNK, M. [1927 a]: Afrika im Lichte der Weltpolitik und der Weltmission. Berlin 1927.

SCHLUNK, M. [1927 b]: Das Problem der religiösen Erziehung in der Mission. Gütersloh 1927. (NAMZ. Jg. 4, S. 353—365.)

SCHLUNK, M.: Schriftleitung:
Missionsbücherwart. Stuttgart 1925 ff.
Missions-Kinderfreund. 1909—22.
Monatsblatt der Norddeutschen Missionsgesellschaft. Bremen 1914—29.
Phöbe. Bremen 1911—21.

SCHLUNK, M.: Mitherausgeber:
Allgemeine Missions-Studien. Gütersloh 1924 ff.
NAMZ. Gütersloh 1924 ff.

SCHOMERUS, H. W. [1935]: Missionswissenschaft. Leipzig 1935.

VIERING, E. [1961]: ... und alle, die auf Erden wohnen ... Breklum 1961.

VIERING, E.: Schriftleitung:
Das Wort in der Welt. Hamburg 1958—60.

VOLZ, G. [1961]: Missionsakademie an der Universität Hamburg. Die Geschichte ihrer Entstehung. 1961. [Ms.]

Hamburger Beiträge zur Erforschung der Afrikanischen Rechtsordnung

Von DIETER SCHRÖDER

Ein Versuch, die Hamburger Beiträge zur Erforschung der afrikanischen Rechtsordnung darzustellen, kann sich nicht auf die Aneinanderreihung der literarischen Zeugnisse solcher Beiträge beschränken, zumal diese aufgrund einer heute völlig veränderten Betrachtung der afrikanischen Angelegenheiten oft nur noch geringes rechtswissenschaftliches Interesse finden können. Die Arbeiten sind häufig kaum mehr als Zeugnisse eines Zeitgeistes und Illustrationen der jeweiligen Beziehung zu Afrika. Die Untersuchung muß daher gelegentlich den Rahmen der Rechtswissenschaft verlassen und deren Bemühungen in einen größeren zeitgeschichtlichen Zusammenhang stellen, sie muß in weiten Teilen zu einer anhand der Abhandlungen Hamburger Rechtswissenschaftler entwickelten Darstellung der Kolonialidee in Deutschland werden.

A. Beiträge der vorkolonialen Epoche

Als früher Hamburger Beitrag zur Erforschung von Rechtsordnungen in Afrika kann der Bericht gelten, den HEINRICH BARTH [1857 f.] von seiner Reise durch Nord- und Zentralafrika gibt. Die Fülle der Beobachtungen, die sich verstreut zwischen geographischen, botanischen und anderen Mitteilungen findet, ist erstaunlich, insbesondere wenn man bedenkt, daß Barths Reise wohl am allerwenigsten der Erforschung der Rechtsordnung in diesen Gebieten galt. Barth schildert unter anderem Hahnenkampfordale bei den um Mora im Norden Kameruns und Nigerias lebenden Marghi [II, S. 647] und die Religionspolizei in Timbuktu in der heutigen Republik Mali [V, S. 83]. Sein besonderes Augenmerk gilt jedoch den Verfassungen der islamischen Reiche, die er besucht. Er bedauert es ausdrücklich, daß man anhand von deren Chroniken „während — wie das in historischen Urkunden gewöhnlich der Fall ist — über die kriegerischen Unternehmungen ... leidlich genau berichtet ist, nur aus gelegentlich zum Vorschein kommenden und blos leicht berührten Um- und Zuständen einen Schluß auf den inneren Zustand [s]eines Reiches zu ziehen" vermag [IV, S. 424]. Barth versucht, die Verfassungen, insbesondere die Verwaltungsorganisation der islamischen Reiche von Bornu, im Norden des heutigen

Nigeria [II, S. 294 f.], Bagirmi, im Süden der heutigen Tschad-Republik [II, S. 402 ff.], Wadai, in deren Westteil [III, S. 510 ff.], Songhai, im Süden der heutigen Republik Mali [IV, S. 424 ff.] und der Hausa-Herrschaft Kano, im Norden des heutigen Nigeria [II, S. 162 ff.] zu schildern. Er berichtet über die besondere Erbfolge in den mittel- und westafrikanischen Reichen, nach der stets der Sohn einer Schwester des Herrschers Erbe wird, da von den Söhnen des Herrschers selbst nicht sicher ist, ob sie von diesem gezeugt worden sind und das Charisma des Blutes empfangen haben [I, S. 374 f.]. Barth gibt sogar einen ausführlichen Bericht über das naturalwirtschaftliche Abgabewesen im Wadai-Reich [III, S. 513 ff.] sowie über das Abgaben- und Geldstrafensystem in der Hausa-Herrschaft Tessana [II, S. 18 f.]. Es entsteht im ganzen das Bild einer Beherrschung der schwarzen Bevölkerung um den Tschad-See durch islamische Despoten, aus dem Norden des afrikanischen Kontinents eingewanderte arabische Beduinen und Tuaregs, die das Gebiet für ihren Handel, in erster Linie Sklavenhandel, ausbeuten. Es drängt sich dabei der Gedanke an eine ältere, voreuropäische Fremdherrschaft, eine erste Kolonisationsepoche, auf. Von da aus ergibt sich dann die Frage, ob jetzt nach dem Ende der europäischen Herrschaft über Afrika die Nachfolger der früheren Machthaber in die alten Positionen zurückkehren und mit modernen politischen Mitteln versuchen werden, die Mitte des afrikanischen Kontinents zu beherrschen.

B. Beiträge der kolonialen Epoche

I. Das Seminar für öffentliches Recht und Kolonialrecht

Ein halbes Jahrhundert nach Barths Reisebericht wurde in Hamburg die wissenschaftliche Beschäftigung mit Afrika und seinem Recht institutionalisiert. Im Jahre 1908 wurde das Kolonialinstitut gegründet. Im „BERICHT über das erste Studienjahr" wird seine Aufgabe mit den Worten umrissen: „Überall ..., wohin der Europäer sich wendet, sind Kulturen vorhanden, ... Hier erschien es selbstverständlich, daß das Studium der Kultur vor der Ausreise ... ein richtigeres Urteil und besseres Abwägen gestattet" [1909, S. 22 f.]. Das Institut sollte also die Kulturen der Weltteile erforschen, in denen die europäischen Staaten ihre Kolonien eingerichtet hatten.

Bei der Gründung des Kolonialinstituts wurden zunächst neben den vom „Vorlesungswesen der Oberschulbehörde der Freien und Hansestadt Hamburg" übernommenen Professuren (übernommen wurden zwei Professuren für Geschichte und eine Professur für Nationalökonomie) neu geschaffen eine Professur für Geographie und eine Professur für öffentliches Recht [BERICHT 1919, S. 6 f.]. Das öffentliche Recht war also das erste Teilgebiet der Rechtswissenschaft, das in Hamburg akademisch betrieben wurde. Der erste Inhaber der Hamburger Professur für öffentliches Recht war Richard Thoma, der hier im Wintersemester 1908/09 Kolonialrecht las und mit einer Rezension kolonialrechtlicher Schriften hervortrat [FESTSCHRIFT 1950, S. 274]. Unter Kolonialrecht verstand man damals die Gesamtheit der Rechtssätze, die mit Bezug auf die Kolonien galten. Zum Kolonialrecht gehörte sowohl das Recht, das die jeweilige Schutzmacht für ihre Schutzgebiete gesetzt hatte, als auch das Recht, das die Einwohner der Schutzgebiete sich selbst gegeben hatten (vgl. SCHACK [1923, S. XII und 389 ff.]). Das letztere sogenannte Eingeborenenrecht wurde jedoch in dieser Zeit vor allen Dingen aus „praktischen Gründen" [SCHACK 1923, S. 392] nicht systematisch wissenschaftlich bearbeitet und dargestellt. Wie SCHACK [1923, S. XII] ausführt, war es „auf der einen Seite ... noch zu wenig erforscht" und hätte „auf der anderen Seite, da jeder Stamm oder ein noch kleinerer Bezirk" sein eigenes Eingeborenenrecht hatte, Bände gefüllt.

Vom Sommersemester 1909 bis zum Sommersemester 1933 war Kurt Perels Inhaber der Professur für öffentliches Recht. Das Recht der eingeborenen afrikanischen Bevölkerung fand sein besonderes Interesse. Er richtete im „Seminar für öffentliches Recht und Kolonialrecht" eine Schausammlung ein, die afrikanische Urkunden, Hoheitszeichen, Strafwerkzeuge, Zahlungsmittel u. ä. enthielt. Die unter der Leitung von Obst durchgeführte Ostafrika-Expedition der Hamburger Geographischen Gesellschaft ermöglichte eine Vergrößerung der Sammlung.

Außerdem trat das Seminar unter Perels mit zahlreichen Publikationen hervor. Fortlaufend sollten nach Sachgebieten geordnete Quellenhinweise zum deutschen Kolonialrecht veröffentlicht werden [QUELLEN 1913 a und b]. Größere wissenschaftliche Arbeiten über die Rechtsordnung in Afrika erschienen als „Abhandlungen des Hamburgischen Kolonialinstituts" [LÜCKE 1913; LÜDERS 1913] oder als „Abhandlungen und Mitteilungen des Seminars für öffentliches Recht und Kolonialrecht" [LÜDERS 1914]. Die Arbeiten hatten vorwiegend die Rechtsordnung zum Gegenstand, der die Kolonialmächte ihre Schutzgebiete unterstellt hatten. Die Erforschung des ursprünglichen Rechts der Bevölkerung Afrikas wurde damals noch in erster Linie von Forschungsreisenden und Kolonialbeamten bei Gelegenheit ihres Afrika-Aufenthaltes betrieben. Neben der Sammlung von Hamburger Vorträgen über „Afrikanische Rechtsgebräuche" des Theologen MEINHOF [1914] sind in diesem Zusammenhang die Aufsätze des Mediziners DEMPWOLFF [1909 und 1913] zu erwähnen. Alsbald nach dem Ausbruch des Ersten Weltkrieges wurde die Arbeit des Seminars eingeschränkt.

Im Jahre 1919 wurde das Kolonialinstitut zur Universität erweitert. Um eine Rechtswissenschaftliche Fakultät zu erhalten, wurden neue Professuren für bürgerliches Recht und Strafrecht geschaffen. Das Seminar für öffentliches Recht und Kolonialrecht bestand mindestens bis zum Ende des Sommersemesters 1919 fort[1]). Das Vorlesungsverzeichnis für das Sommersemester 1920 nennt dann nur noch ein Seminar für öffentliches Recht mit den Professoren Kurt Perels und Rudolf Laun als Direktoren. Kolonialrecht war im Jahre 1918 zuletzt gelesen worden. Lediglich MEINHOF [1929] befaßte sich in einem Aufsatz einmal mit Wandlungen in den Rechts-

1) Für das Wintersemester 1919/20 fehlen Unterlagen.

anschauungen der Afrikaner unter dem Einfluß der Mission. Die Hamburger Juristen und Staatswissenschaftler beschränkten sich darauf, die Rechtmäßigkeit der Abtretung der deutschen Kolonien aufgrund des Versailler Vertrages zu erörtern [Nitschmann 1925; Rein 1933]. Aus der heutigen Sicht betrachtet, scheint es ein zusammenfassender Abschluß dieser Epoche Hamburger Bemühungen um die Rechtsordnung Afrikas gewesen zu sein, als 1923 unter den Abhandlungen der Hamburgischen Universität „Das deutsche Kolonialrecht in seiner Entwicklung bis zum Weltkriege" von Friedrich Schack erschien. Der bibliographische Teil des Werkes [S. 403—431] ist nach wie vor bedeutsam. In ihm ist die bis zum Jahre 1914 erschienene rechtswissenschaftliche Literatur, die sich auf das ehemals deutsche Kolonialgebiet bezieht, zusammengestellt, einschließlich des Eingeborenenrechts und der Rechtsquellensammlungen.

Die Beschäftigung mit Afrika und insbesondere mit seiner Rechtsordnung erfolgte, wie die Hamburger Verhältnisse pars pro toto zeigen, in Deutschland und überhaupt in Europa seit dem Ende des 19. Jahrhunderts in erster Linie aufgrund kolonialer und imperialer Interessen. Nun hat der Idee eines Kolonialimperiums in Deutschland seit jeher eine Massenbasis gefehlt (vgl. Schmokel [1964, S. 1 ff.]). Es ist daher nicht weiter erstaunlich, daß sich die deutschen und auch die Hamburger Juristen nach Verlust der deutschen Kolonien kaum noch mit der Erforschung der Rechtsordnung Afrikas beschäftigten, sondern sich ganz den staats- und völkerrechtlichen Problemen der jungen Weimarer Republik zuwandten. Die Skepsis gegenüber der Kolonialfrage in Deutschland tritt sehr deutlich in den Antworten auf eine Umfrage [1927] zutage, mit der sich das Hamburger Institut für Auswärtige Politik im Jahre 1927 an „zweihundert Persönlichkeiten der deutschen Öffentlichkeit" gewandt hatte. Fünfzig Antworten, die man wohl für repräsentativ hielt, wurden veröffentlicht, u. a. von Konrad Adenauer, Albert Einstein, Emil Ludwig und Thomas Mann. Beispielsweise meinte Einstein: „... Ich halte ... innere Kolonisierung für nützlicher, sicherer und sympathischer als die in Ihrer Anfrage ins Auge gefaßte Kolonisierung von Staats wegen auf überseeischem Boden" [Umfrage 1927, S. 626]. Emil Ludwig antwortete mit der Frage: „Kauft man um 10 Uhr abends ein Billett, um eben noch zum 5. Akt zurechtzukommen? Denn seit der Neger in Kapstadt wählt, in New York als Boxer die Meisterschaft hält und als Student an fast allen Hochschulen Europas zugelassen wird; seit er am Kampf zwischen Weißen teilgenommen und dabei den Rest von Respekt vor ihnen eingebüßt hat; seit Wilson sein Programm in die Welt hinausrief, geht die Zeit der Kolonialmächte ihrem Ende entgegen" [Umfrage 1927, S. 651]. Und Thomas Mann bemerkte: „Soviel ich sehe, sind die Zeiten imperialistischer Kolonialausbreitung endgültig vorüber. Die Idee der Freiheit und Selbstbestimmung ist überall erwacht und wird sich nicht wieder zur Ruhe legen. Ich glaube, daß die Ereignisse viele Deutsche gelehrt haben, unsere Freiheit von kolonialem Gepäck als einen Vorteil zu empfinden. Der ruhmlose und innerlich behinderte Verlauf jüngster Kolonialkriege war nicht neiderregend, das englische Weltherrntum atmet schwer, und die Sympathien der Geister sind auf Seiten Gandhis. Im ganzen hat man den

Eindruck, daß Europa, dessen aristokratische Naivität gebrochen ist, die Rolle des Heilbringers, der sich bereichert, nicht mehr mit natürlichem Anstande zu spielen vermag" [UMFRAGE 1927, S. 652].

Hamburg hatte in dieser Zeit als Handels- und Hafenstadt nach wie vor enge Beziehungen zu Afrika. Als großer Überseehafen war Hamburg ein bevorzugter Verbindungsplatz für die Angehörigen afrikanischer Befreiungsbewegungen und dürfte daher mit einer Episode aus dieser Zeit in die Rechtsgeschichte Afrikas eingehen.

Vom Jahre 1930 bis zum Jahre 1933 lebte in Hamburg George Padmore, damals überzeugter Kommunist, und gab hier als Sekretär des internationalen Gewerkschaftsausschusses für Negerarbeiter die Zeitung „The Negro Worker" heraus (vgl. ITALIAANDER [1962, S. 53 ff.]), die von Hamburg nach Afrika geschafft wurde. Nach dem Bruch mit dem Kommunismus entwickelte Padmore die Idee des Panafrikanismus, wie sie besonders von Ghana vertreten wird. Man rechnet ihn daher zu den geistigen Vätern der Organisation der afrikanischen Einheit (vgl. STRAUCH [1964, S. 57]).

Eines der besonderen Probleme, mit dem sich diese Organisation der afrikanischen Einheit heute zu befassen hat, die Überwindung der oft in vielen Beziehungen unsinnigen Grenzen, die die Kolonialmächte in Afrika aufgerichtet haben, beschäftigte schon im Jahre 1931 den Hamburger Völkerrechtler und Begründer des Instituts für Auswärtige Politik MENDELSSOHN BARTHOLDY. Er leitete seine Ausführungen dazu mit den Worten ein: „Ich möchte, daß wir ... gar nicht an Europa oder irgendein einzelnes Land in Europa zuerst dächten, sondern an dieses Afrika, das noch immer, ohne jede Schuld, nur um seiner Hilflosigkeit willen, zerstückelt und zerhackt ist, ..." [1931, S. 155] und forderte die Beseitigung der Kolonialherrschaft und eine große Union für Schwarzafrika als gesamteuropäisches Mandatsgebiet, in dem auf dem schnellsten Wege die Forderung „Afrika den Afrikanern" durchgesetzt werden könnte [1931, S. 155 ff. und S. 205 ff.]. England hat mit dem Plan einer „Closer Union" für seine Besitzungen und Mandate in Ostafrika einen Vorstoß in dieser Richtung unternommen. Aber im großen haben die Rivalitäten der europäischen Mächte eine Lösung des Problems der afrikanischen Grenzen verhindert, so daß — wie es die Grenzkonflikte der letzten Zeit zeigen — die jungen afrikanischen Staaten ein in dieser Beziehung unheilvolles Erbe angetreten haben.

II. Das Kolonialrechtliche Institut

Unter der Herrschaft des Nationalsozialismus beginnt in Hamburg eine neue, der Vollständigkeit halber zu erwähnende Epoche rechtswissenschaftlicher Bemühungen um Afrika, die einer Würdigung im zeitgeschichtlichen Rahmen bedürfen. Die Nationalsozialisten gingen davon aus, daß Deutschland den Krieg gewinnen und dann seine Kolonien zurückerhalten würde. Hitler hatte zwar dargelegt, daß Deutschland in erster Linie nach Osten ausgedehnt werden müßte, und davon gesprochen, daß die „Kolonial- und Handelspolitik der Vorkriegszeit" zu Ende sei [1933, S. 741 f.]; aber damit war nicht jedes Interesse Deutschlands an zusätzlichen überseeischen Besitzungen aufgegeben worden (vgl. Braune [1941, S. 12]; Schmokel [1964, S. 17 ff.]). Die Kolonialpolitik der Nationalsozialisten rangierte zwar hinter ihrer Ostpolitik, aber sie war dennoch nicht belanglos (vgl. Schmokel [1964, S. 1 und S. 182 f.]). Im Jahre 1934 hatte die NSDAP eigens zur Propagierung der Kolonialpolitik aus ihrem Wehrpolitischen Amt ein besonderes Kolonialpolitisches Amt herausgelöst. Im Jahre 1936 war der Reichskolonialbund gegründet worden (vgl. Timm [1941, S. 30]). Der gemeinsame Leiter beider Organisationen, von Epp, umschrieb im Jahre 1938 die erste Aufgabe und das erste Ziel der nationalsozialistischen Kolonialpolitik mit den Worten: „Wenn die Führung des neuen Reiches uns wieder kolonialen Lebensraum verschafft haben wird, dann muß auch ein kolonialbegeistertes Volk dastehen, das diesen Besitz als sein Eigentum festhält, ... die Männer und Frauen aus allen Berufsschichten müssen bereitstehen, die großen Aufgaben zu meistern, die die wiederzugewinnenden Kolonien an uns stellen werden" (nach Timm [1941, S. 29]). Dieser Aufgabe dienten u. a. die Deutsche Kolonialschule in Witzenhausen und die Koloniale Frauenschule in Rendsburg. Im Jahre 1938 hegten die Nationalsozialisten die Hoffnung, daß sie die ehemals deutschen Kolonien zurückbekommen könnten, und entwickelten eine entsprechende Aktivität. So wurde bereits im Juni 1938 ein Reichskolonialbeamtengesetz von der Akademie für Deutsches Recht — Ausschuß für Kolonialrecht — als Entwurf fertiggestellt[2]). Man traf sogar schon Vorbereitungen, um das Kolonialpolitische Amt der NSDAP in ein Reichskolonialministerium umwandeln zu können (vgl. über die Einzelheiten der Vorbereitungen Schmokel [1964, S. 142 ff.]). Wie fest die Nationalsozialisten davon überzeugt waren, bald Kolonien zurückzugewinnen, wird beispielsweise daraus deutlich, daß bei Kriegsausbruch die Kurse für die kolonialpolitische Schulung von Beamten in Berlin gestrafft und verkürzt wurden, um möglichst schnell über geeignetes Verwaltungspersonal in ausreichender Zahl verfügen zu können (vgl. Timm [1941, S. 32]).

In diesem Jahre erinnerte man sich auch daran, daß die Hamburgische Universität aus dem Kolonialinstitut hervorgegangen war. Es wurde daher ein neues Kolonialinstitut als Teil der Universität geschaffen, das alle Institute und Seminare der Universität, die mit kolonialen Fragen in Berührung kamen, koordinieren sollte. Das neue Institut sollte insbesondere nationalsozialistische Kolonialpolitik propagieren und Führungskräfte für die Kolonien heranbilden. In Hamburg wurde seit dem Sommersemester 1939 wieder Kolonialrecht gelesen. Jedoch erst nach dem erfolgreichen Abschluß der deutschen militärischen Operationen in Westeuropa im Sommer 1940 wurden die Bemühungen um das Kolonialrecht intensiver. Die Hoffnung auf Rückgabe der Kolonien schien berechtigt. Am Ende des Jahres wurde ein „Institut für Kolonialrecht der Hansischen Universität" gegründet. In dem Institut wurde eine Bibliographie des deutschen Kolonialrechts bis zum Jahre 1940 vorbereitet. Außerdem wurde die Verwaltungsorganisation fremder Kolonien, vorwiegend der

---

2) Eine Fotokopie des „vertraulich" behandelten Entwurfs befindet sich unter den Archivakten des ehemaligen Instituts für Kolonialrecht der Universität Hamburg.

belgischen Kongo-Kolonie, untersucht[3]) und eine vergleichende Darstellung des Kolonialbeamtenrechts der Welt vorbereitet. Auch die Erforschung ursprünglicher afrikanischer Rechtsordnungen wurde betrieben. So finden sich im Archiv des Instituts unveröffentlichte Arbeiten über Sklavenhandel und Haussklaverei in Kamerun und Togo[4]), über die „bodenrechtlichen Anschauungen der Eingeborenen im Belgischen Kongo"[5]) und über „die Staatsorganisation in Ruanda"[6]), dem zentralafrikanischen Lehnsreich der Batutsi. Über Ansätze gelangten die Arbeiten jedoch nicht hinaus. Außerhalb des Instituts befaßte sich in Hamburg Carl Meinhof [1942] nach wie vor mit dem afrikanischen Recht. Das Kolonialrechtsinstitut wurde nach dem Kriege aufgelöst, der größte Teil seiner Bibliothek, der nur noch geschichtlichen Wert haben konnte, wurde der Staats- und Universitätsbibliothek übergeben.

C. Die Gegenwart

Das Bild in den einstigen kolonialen Gebieten Afrikas hat sich sehr schnell gewandelt. Während es im Jahre 1945 in Afrika erst die drei selbständigen Staaten Äthiopien, Liberia und die Südafrikanische Union gab, sind es inzwischen bald vierzig Gemeinwesen geworden, die in diesem Gebiet mehr oder weniger glücklich eine eigene Existenz führen. Afrika ist nicht mehr der Kontinent der Kolonien, sondern auf ihm bestehen unabhängige Staaten wie auf den anderen Kontinenten der Erde. Damit beginnt eine neue Phase in der politischen Entwicklung Afrikas, deren Beobachtung auch für die Rechtswissenschaft von großem Interesse werden kann. Allenthalben werden Verfassungen gegeben und Gesetze erlassen.

Die im Jahre 1946 von Rudolf Laun und Friedrich Schack gegründete Forschungsstelle für Völkerrecht und ausländisches öffentliches Recht der Universität Hamburg hat gemeinsam mit dem Institut für Internationales Recht an der Universität Kiel und dem Institut für Völkerrecht der Universität Göttingen einen umfangreichen Nachweis von Dokumenten zur politischen und staatsrechtlichen Geschichte der Entwicklungsländer herausgegeben [Hecker 1963]. Das Register enthält die Fundstellen der Dokumente über die politische Ordnung aller Gebiete Afrikas vor ihrem Eintritt in die neuere Geschichte im 19. Jahrhundert und früher bis zur Gegenwart. Für jedes Gebiet wird ein kurzer Aufriß seiner kolonialen Geschichte gegeben, abschließend werden Kolonialgeschichte und Kolonialgesetzgebung aller europäischen Staaten behandelt. Außer dieser umfassenden Zusammenstellung werden von der Forschungsstelle in der Reihe „Staatsverfassungen der Welt in Einzelausgaben" auch die Texte der neuen afrikanischen Verfassungen mit kurzen Erläuterungen veröffentlicht

3) BRAUNE [1941]; POUCKE [1943]; FERDINAND BLOETZ [1942]. Das Polizeirecht von Belgisch-Kongo. — Unveröffentlicht —.

4) Verfasser ist WALTER RUTHMANN.

5) ohne Verfasserangabe.

6) Verfasser ist ROGER VAN POUCKE.

[Ansari 1960]. Weiter hat die Forschungsstelle im Rahmen ihres Programms, die geltenden Staatsangehörigkeitsgesetze der Welt zu veröffentlichen, auch Untersuchungen über dieses Teilgebiet der neuen Rechtsordnung Afrikas durchgeführt [Kruse 1955; Steinberg 1955; Oppermann-Yousri 1964; Tomson 1965]. Daneben sind Dokumentensammlungen und Untersuchungen zu Einzelfragen veranstaltet worden, und zwar über die Bandung-Konferenz von 1955 [Sasse 1958], über die Auseinandersetzung um den Suezkanal [Rauschning 1956] und über die Praxis und Technik der Verwirklichung des Selbstbestimmungsrechts [Blittersdorff 1965]. Weiterhin ist auf die in dem mit der Forschungsstelle eng verbundenen Institut für Auswärtige Politik entstandene Untersuchung von Oppermann über die „Algerische Frage" hinzuweisen, eine rechtlich-politische Studie, die mit aller Gründlichkeit und Nüchternheit die Situation Frankreichs in Algerien untersucht. Sie beginnt mit der Geschichte der französischen Algerien-Politik von 1830 bis zur Gegenwart, behandelt die völkerrechtlichen und internationalen Aspekte des algerischen Aufstandes und endet mit der bis heute unbeantworteten Frage, ob eine dauerhafte „Symbiose" zwischen Algeriern und Franzosen möglich sei. Im Jahre 1961 wurde in Paris eine französische Übersetzung der Arbeit mit einem Vorwort von Alfred Grosser vorgelegt; ein Umstand, der den großen Wert dieses Hamburger Beitrags zur Erforschung der rechtlichen Probleme Afrikas besonders hervorhebt.

Außer in der Forschungsstelle werden im Deutschen Institut für Afrikaforschung in Hamburg Fragen des neuen afrikanischen Rechts behandelt. Entsprechend der Aufgabe dieses Instituts, in erster Linie den Bedürfnissen des Praktikers, des Kaufmanns und des Wirtschaftsunternehmers zu dienen, sind von ihm bisher Darstellungen des Niederlassungsrechts der afrikanischen Staaten veröffentlicht worden [Heidelberg 1965]. Schließlich ist noch auf die Veröffentlichung der Verträge [1963] der Volksrepublik China mit den afrikanischen Staaten hinzuweisen, die das Institut für Asienkunde in Hamburg bearbeitet hat. Ein gewisser Mangel, der aller rechtswissenschaftlichen und politischen Afrika-Forschung in Hamburg wie überhaupt in Deutschland anhaftet, ist das Fehlen von Selbstdarstellungen der Afrikaner, die die Afrikaforschung um einen fruchtbaren Gedankenaustausch bereichern könnten. Die Hamburger Gesellschaft für Völkerrecht und Auswärtige Politik hat daher das Buch des ghanesischen Außenministers und Präsidenten der XIX. Generalversammlung der Vereinten Nationen Quaison-Sackey [1965] „Africa Unbound" als deutsche Übersetzung herausgegeben. Quaison-Sackey stellt die Geschichte Afrikas und dessen Beitrag zur kulturellen Entwicklung Europas dar. Bemerkenswert ist dabei, in welchem Maße die von Quaison-Sackey herangezogenen Beispiele aus den von Heinrich Barth besuchten Reichen Zentralafrikas stammen, so daß zu fragen ist, ob die als typisch afrikanisch dargestellten geschichtlichen und kulturellen Leistungen nicht zum großen Teil Auswirkungen der islamischen Kultur Nordafrikas sind. Quaison-Sackey betont ferner, daß es stets die besondere Tugend des Afrikaners gewesen sei, Probleme friedlich zu lösen. Daraus leitet er ab, daß der Afrikaner berufen sei, den Frieden in der heutigen Welt zu sichern. Diese Auffassung erklärt denn auch das besondere Interesse Afrikas an der Organisation der Vereinten Nationen als Organ der Friedenssicherung.

Afrika tritt heute besonders in das Blickfeld der völker- und staatsrechtlichen Forschung. Beispielsweise schaffen die von den Kolonialmächten übernommenen Grenzen der neuen Staaten, wie es Mendelssohn Bartholdy schon vor bald vierzig Jahren vorausgesagt hat, ernste Schwierigkeiten in Afrika. Sie haben oft sehr willkürlich Völkerschaften und Stämme zertrennt und zu einer Kolonie miteinander verbunden. Für die politischen Führer Afrikas ergeben sich daraus große Aufgaben. Sie müssen über die neuen Landesgrenzen hinaus zusammengehörende Gebiete in größeren Einheiten zusammenfassen. Überall in Afrika entstehen daher politische und wirtschaftliche Unionen von mehr oder weniger großer Lebensdauer. Außerdem müssen die oft auseinanderstrebenden Elemente innerhalb eines Staatsgebietes erst einmal zu einem Staatsvolk zusammengeschlossen und zu einer modernen Gesellschaft entwickelt werden, um wirkliche Staaten aufbauen zu können. Die Wege zur Lösung dieser Aufgaben, die oft eng miteinander verbunden werden, können auf die Dauer interessante völker- und staatsrechtliche Aspekte bieten. Bei der Analyse der Faktoren, die diese oder jene Entwicklung beeinflussen, werden vielleicht sogar Arbeiten der alten „Kolonialrechtler" neue Bedeutung gewinnen. Mit ihrer Hilfe könnte etwa beurteilt werden, in welchem Maße die vorkoloniale oder koloniale Ordnung eines Gebietes Voraussetzung der neuen Entwicklung ist. Mit solchen und ähnlichen Fragen steht die Rechtswissenschaft jedoch erst am Anfang eines Bemühens um Afrika, für das — wie es der gegenwärtige Direktor der Forschungsstelle, Professor Dr. Herbert Krüger, einmal ausgedrückt hat — „im Grunde genommen nicht mehr als ein Forschungsprogramm geboten werden" kann [1962, S. 309]. Diese Situation kommt auch darin zum Ausdruck, daß unter den Veröffentlichungen die Publikationen von Rechtsquellen vorherrschen. Zunächst kommt es darauf an, Materialien zu sammeln und zu ordnen, um für spätere Untersuchungen ein ausreichendes Instrumentarium zur Verfügung zu haben.

Literatur

Ansari, A. [1960]: Die Verfassungen des Libanon, der Vereinigten Arabischen Republik und des Irak. Frankfurt am Main und Berlin 1960. (Die Staatsverfassungen der Welt in Einzelausgaben. Bd 2.)

Barth, H. [1857 f.]: Reisen und Entdeckungen in Nord- und Central-Afrika in den Jahren 1849 bis 1855. Bd 1—5. Gotha 1857 f.

Blittersdorff, W. Frh. von [1965]: Das internationale Plebiszit. Praktische Fragen und Technik der Verwirklichung des Selbstbestimmungsrechts. Hamburg 1965. (Hamburger öffentlich-rechtliche Nebenstunden. Bd 10.)

Braune, A. [1941]: Die Rechtspflege in den britischen Gebieten Afrikas. Hamburg 1941. (Schr. d. Kolonialinst. d. Hans. Univ. Bd 2.)

DEMPWOLFF, O. [1909]: Totemismus in Deutsch-Ostafrika. 1909. (Dt. Kolonialblatt. 1909, H. 1, S. 22 ff.)

DEMPWOLFF, O. [1913]: Beiträge zur Volksbeschreibung der Hehe. 1913. (Bäßler Archiv. 1913, S. 87—163.)

HECKER, H. [1963]: Verfassungsregister — Teil IV: Afrika — Asien — Australien. Frankfurt am Main und Berlin 1963. (Dokumente. H. XXIV B.)

HEIDELBERG, W. [1965]: Grundzüge des Niederlassungsrechts in afrikanischen Ländern. Teil 1 u. 2. Hamburg 1965. (Hamburger Beitr. d. Afrikakde. Bd 1 u. 4.)

HITLER, A. [1933]: Mein Kampf. Bd 1. 2. 5. Aufl. München 1933.

ITALIAANDER, R. [1962]: Schwarze Haut im roten Griff. Düsseldorf und Wien 1962.

KRÜGER, H. [1962]: Grundzüge der Verfassungsbildung in den neu entstehenden Staaten. Berlin und Tübingen 1962. (Deutsche Landesreferate zum VI. Internationalen Kongreß für Rechtsvergleichung in Hamburg 1962. Berlin und Tübingen 1962, S. 309—321.)

KRUSE, H. [1955]: Das Staatsangehörigkeitsrecht der Arabischen Staaten. Frankfurt am Main und Berlin 1955. (Sammlung geltender Staatsangehörigkeitsgesetze. Bd 15.)

LÜCKE, J. [1913]: Bevölkerung und Aufenthaltsrecht in den Deutschen Schutzgebieten. Hamburg 1913. (Abh. d. Hamburgischen Kolonialinst. Bd XII.)

LÜDERS, E. [1913]: Jagdrecht der deutschen Schutzgebiete. Hamburg 1913. (Abh. d. Hamburgischen Kolonialinst. Bd XV.)

LÜDERS, E. [1914]: Die Anwendung des Urheber- und Erfinderrechts in den deutschen Schutzgebieten. Hamburg 1914. (Abh. u. Mitteil. aus dem Seminar f. öffentliches Recht u. Kolonialrecht. H. 4.)

MEINHOF, K. [1914]: Afrikanische Rechtsgebräuche. Berlin 1914.

MEINHOF, K. [1929]: Die Wandlungen in den Rechtsanschauungen der Afrikaner unter dem Einfluß der Mission. (Neue Allg. Missionsz. Jg. 6, 1929, S. 108—121.)

MEINHOF, K. [1942]: Aus dem Rechtsleben der Afrikaner. (Der koloniale Kampf. 1942, H. 7.)

MENDELSSOHN BARTHOLDY, A. [1931]: Gleiches Recht für Alle. Berlin-Grunewald 1931. (Europäische Gespräche — Hamburger Monatsh. f. Auswärtige Politik. Jg. IX, S. 149—160, 205—220.)

NITSCHMANN, F. [1925]: Die auf Grund der Bestimmungen des Friedensvertrages erfolgte Abtretung der Kolonien in ihren geschichtlichen, rechtlichen und wirtschaftlichen Beziehungen. Hamburg 1925.

OPPERMANN, T. [1959]: Die Algerische Frage. Rechtlich-politische Studie. Stuttgart 1959. (Unters. z. Auswärtigen Politik. Bd 1.)

OPPERMANN, T. [1961]: Le problème algérien. Données historiques, politiques, juridiques. Paris 1961.

OPPERMANN, T. und YOUSRI, A. [1964]: Das Staatsangehörigkeitsrecht der Arabischen Staaten. Frankfurt am Main und Berlin 1964. (Sammlung geltender Staatsangehörigkeitsgesetze. Bd 15 a.)

PERELS, K. [1912]: Eingeborenenrecht in den deutschen Schutzgebieten. 1912. (Grenzbote. Jg. 71, H. 1, S. 1—8.)

POUCKE, R. v. [1943]: Die Organisation der Eingeborenenrechtspflege im belgischen Kongo. Hamburg 1943. (Hanseatische Rechts- und Gerichtszeitschrift. Jg. 26, S. 2—14.)

QUAISON-SACKEY, A. [1965]: Afrika ohne Fesseln. Gedanken eines afrikanischen Politikers. Hamburg 1965. (Darstellungen zur Auswärtigen Politik, Bd 4.)

RAUSCHNING, D. [1956]: Der Streit um den Suezkanal — Analyse — Materialien — Bibliographie. Hamburg 1956. (Hektograph. Veröff. d. Forschungsstelle f. Völkerrecht u. ausländisches öffentl. Recht d. Univ. Hamburg. Bd 27.)

REIN, A. [1933]: Die Kolonialfrage in den Friedensverhandlungen von Versailles. Berlin 1933. (Z. f. Politik. Bd 23, S. 32—44.)

SASSE, H. [1958]: Die asiatisch-afrikanischen Staaten auf der Bandung-Konferenz. Frankfurt am Main und Berlin 1958. (Dokumente. Bd XXVII.)

SCHACK, W. [1923]: Das deutsche Kolonialrecht bis zum Weltkriege. Hamburg 1923. (Abh. aus dem Gebiet d. Auslandskde. Bd 12.)

SCHMOKEL, W. [1964]: Dream of Empire: German Colonialism, 1919—1945. New Haven and London 1964. (Yale Historical Publications. Miscellany 78.)

STEINBERG, K. [1955]: Das Staatsangehörigkeitsrecht der Südafrikanischen Union. Frankfurt am Main und Berlin 1955. (Sammlung geltender Staatsangehörigkeitsgesetze. Bd 14.)

STRAUCH, H. [1964]: Panafrika — Kontinentale Weltmacht im Werden? Zürich 1964.

TIMM, W. [1941]: Die kolonialpolitische Schulung. Stuttgart 1941. (Deutschtum im Ausland. Jg. 24, H. 1/2, S. 29—33.)

TOMSON, E. [1965]: Das Staatsangehörigkeitsrecht der nichtarabischen Staaten Afrikas des französischen Rechtskreises. Frankfurt am Main und Berlin 1965. (Sammlung geltender Staatsangehörigkeitsgesetze. Bd 27.)

BERICHT [1909] über das erste Studienjahr des Hamburgischen Kolonialinstituts. Hamburg 1909.

FESTSCHRIFT [1950] für Richard Thoma. Tübingen 1950.

QUELLEN [1913 a] des deutschen Kolonialzollrechts der Gegenwart. Berlin 1913. (Z. f. Zollwesen u. Reichssteuern. Bd XIII, S. 1—5.)

QUELLEN [1913 b] des deutsch-kolonialen Fischereirechts. Hamburg 1913. (Fischerbote. Jg. V, S. 364 f.)

Eine UMFRAGE [1927]: Soll Deutschland Kolonialpolitik treiben? Berlin-Grunewald 1927. (Europäische Gespräche — Hamburger Monatsh. f. Auswärtige Politik. Jg. V, S. 609—676.)

VERTRÄGE [1963] der Volksrepublik China mit anderen Staaten. T. 2: Die Länder des Vorderen Orients und Afrikas. Frankfurt am Main und Berlin 1963. (Schr. d. Inst. f. Asienkde in Hamburg. Bd XII/2.)

Tätigkeitsbericht der Geographischen Gesellschaft

V o r s t a n d seit dem 22. November 1965:

Herr Kurt Hartwig Siemers (1. Vorsitzender)
Herr Professor Dr. Gerhard Oberbeck (2. Vorsitzender)
Herr Dr. Christian Brinckmann (Schatzmeister)
Herr Dozent Dr. Günter Borchert (Geschäftsführendes Vorstandsmitglied)
Herr Dr. Hans Bütow
Herr Oberstudienrat Dr. Erwin Eggert
Herr Claus Gottfried Holthusen
Herr Professor Dr. Albert Kolb
Herr Oberstudienrat Dr. Heinrich Lösche
Frau Dr. Ilse Möller
Herr Professor Dr. Franz Nusser
Herr Studienrat Fritz Reßke
Herr Professor Dr. Gerhard Sandner
Herr Professor Dr. Erhard Schlesier
Herr Dr. Jürgen Schucht
Herr Bürgermeister a. D. Dr. Kurt Sieveking
Herr Oberstudienrat Dr. Ludwig Sroka

Veranstaltungen

1. Allgemeine Sitzungen

Herr Prof. Dr. K. J. Pelzer (Yale University, New Haven): „Gegenwartsprobleme Südost-Asiens in geographischer Sicht" mit Farblichtbildern, 14. Januar 1965.

Herr Prof. Dr. H.-G. Gierloff-Emden (Hamburg): „Mexiko" mit Farblichtbildern, 21. Januar 1965.

Herr Dozent Dr. W. Klaer (Heidelberg): „Libanon 1964, Land zwischen Fortschritt und Verharrung" mit Farblichtbildern, 28. Januar 1965.

Herr Prof. Dr. H. Mensching (Hannover): „Der Maghreb, eine geographische Strukturanalyse" mit Farblichtbildern, 18. Februar 1965.

Herr Prof. Dr. Peter Schöller (Münster): „Hongkong" mit Farblichtbildern, 4. März 1965.

2. Fachsitzungen

Herr Regierungsdirektor Dr. Werner Kost (Hannover): „Das Urheberrecht an Landkarten, unter besonderer Berücksichtigung der Rechtsprechung des Bundesgerichtshofes in Karlsruhe" mit Farblichtbildern, 8. Januar 1965.

Herr Dr. Fritz Hölzel (Rheda): „Generalisierungsprobleme bei der Geländedarstellung" mit Lichtbildern, 25. Januar 1965.

Herr Oberregierungsrat Hans Ermel (Hamburg): „Die Entstehung einer Seekarte" und 2 Tonfilme des Kartographischen Instituts Bertelsmann, Gütersloh: „Land auf dem Papier" und „Das Bild der Welt", 26. Februar 1965.

Herr Dr. Willy Eggers (Hamburg): „Aus dem Arbeitsplan der Deutschen Forschungsgemeinschaft: Morphologisch-topographische Kartenproben 1 : 25 000 Schleswig-Holstein (Landschaftsformen der Insel Sylt; Jungmoräne und Sander im Westenseegebiet)" mit Farblichtbildern, 23. Juni 1965.

Herr Oberbaurat Dipl.-Ing. Hans Ferschke (Berlin): „Berufs- und Nachwuchsfragen der Kartographie: Ingenieurausbildung", 2. Juli 1965.

3. Exkursionen

Der Deister — Führung: Herr Prof. Dr. F. Nusser, 16. Mai 1965.

Stadt und Hafen Bremen — Führung in Bremen: Herr Dr. H. Abel, Fahrtleitung: Herr Dozent Dr. G. Borchert, 30. Mai 1965.

Ostholsteinische Seenplatte — Führung: Herr R. Martens, 29. August 1965.

Studienfahrt durch die Provence — Leitung: Herr Oberstudienrat Dr. E. Eggert, 2.—11. Oktober 1965.